现代工程教育丛书

现代制造技术工程训练

主　编　李　蔚　马保吉
编　者　李　蔚　宁生科　赵慧壁
　　　　赵振杰　侯志敏　王小翠

西北工業大學出版社

【内容简介】 本书是为配合高等工科院校在工程训练中加强现代制造技术的实践内容，并结合高等工科院校机械制造工程训练教学改革的实际需要而编写的《现代工程教育丛书》之一。

全书共11章，主要内容有先进制造技术概论、数控加工技术基础、数控车削、数控铣削、数控加工中心、数控电火花成形加工、数控电火花线切割加工、激光刻绘加工、超声加工、CAD/CAM技术在数控编程中的应用、面向环境的设计制造等。全书结合大量实例，突出了机械制造技术应用能力的培养及基本操作技能的训练。

本书既可作为高等工科院校现代制造技术工程训练的教材，也可作为高职高专的专用教材，还可供有关工程技术人员及技术工人参考。

图书在版编目（CIP）数据

现代制造技术工程训练/李蔚，马保吉主编．—西安：西北工业大学出版社，2008.12（2019.8重印）
（现代工程教育丛书）
ISBN 978-7-5612-2426-7

Ⅰ．现…　Ⅱ．①李…②马…　Ⅲ．机械加工　Ⅳ．TG506

中国版本图书馆CIP数据核字（2008）第106022号

出版发行：西北工业大学出版社
通信地址：西安市友谊西路127号　**邮编**：710072
电　　话：(029)88493844　88491757
网　　址：www.nwpup.com
印 刷 者：兴平市博闻印务有限公司
开　　本：787 mm×1 092 mm　1/16
印　　张：15.625
字　　数：374千字
版　　次：2008年12月第1版　2019年8月第12次印刷
定　　价：32.00元

丛书编委会

主　任　刘江南

副主任　张君安

委　员　马保吉　范新会　宁生科　齐　华

李　蔚　王小翠　张中林　何博雄

祁立军　郭宝亿

树立现代工程观 培养现代工程师

——《现代工程教育丛书》代序

传统的“工程”概念是“数学和自然科学的原理、知识在工农业生产中的应用”。由此得出高等工程教育的培养目标是“培养适应社会主义现代化建设需要的、德智体全面发展、获得工程师基本训练的高等工程技术人才。毕业生主要到工业部门，从事设计、制造、运行施工、科技开发、应用研究和管理等方面的工作。”这是20世纪90年代初对我国各工科院校培养目标的统一要求。

21世纪的工程已是充分体现学科的综合、交叉的“大工程”系统，仅仅从研究与开发、设计、工艺、施工、管理等分工角度来区分和培养工程师已经不能反映现代工程的性质和内涵及其对工程师的要求。现代工程是综合性立体工程，狭义的内涵是科学与技术在经济、人文、社会等条件制约下的、综合的、系统的应用；广义的内涵是在特定目的下，融科学、技术、经济、人文、社会等因素于一体的、综合的、系统的应用。这就要求现代工程师要有对全人类负责的高度责任心；要有足够的人文社会科学素质；要有把工程问题置于整个社会系统中进行综合考虑的能力；要有求真、求善、创新的素质与精神；要有在开放式大系统下全面协调、可持续的整体思维方式与能力。

传统工程教育的体系以数、理、化、生为工程的自然科学基础，以工学、农学、医学为具体应用学科，进一步开展学科基础和专业教育。这种传统体系在面向小系统、小工程和简单研究对象的情况下是成功的。现代工程的研究对象是以现代科学技术为基础的大系统、大工程或复杂系统，它要求有相应的现代工程教育体系与之对应。因此，系统科学、信息科学、控制科学应与数理化一起成为工学的科学基础，后续专业基础课、专业课的内容体系应是系统工程、信息工程、控制工程的具体应用，最终使毕业生成为掌握本专业的信息技术、控制技术以及系统方法论的高级工程技术人才。

据统计，我国本科生中接受工程教育的学生数占学生总数的33%，而西安工业大学工科学生数占该校学生总数的45%。我国全面建设小康社会，全面发展工业化是对目前在校接受工程教育的大学生赋予的历史重任，而各类从事工程教育的高等院校如何成为培养现代工程师的摇篮，则成为这些学校能否快速发展的基本条件。

中国作为一个朝气蓬勃的发展中国家已经成为世界的制造工业的中心，如何使中国下一步成为世界的设计中心、工程研发中心，是中国工程教育发展的千载难逢的机遇。我国高校还没有建立大量培养满足现代工业需求的人才体系。这些社会发展的需求、挑战和机遇为西安工业大学本科教育的发展指出了方向。

既然我们以系统工程、信息工程、控制工程作为各类工程专业的基础、核心、主线，就首先应该为学生提供一个现实的大工程系统，供学生在学习的各个阶段亲身经历这个大工程系统的运行，实现理论与实践的密切结合。为此，西安工业大学秉承“忠诚进取，精工博艺”的办学传统，发扬“注重工程实践，突出制造技术”的人才培养特色，于 2005 年 5 月创建了“西安工业大学工业中心”，它由金工实习实践教学中心、机械制造基础实验室、电子工艺训练中心、机械制造基础教研室等优化组合而成。西安工业大学工业中心创建 3 年多来取得了丰硕的成果，主要体现在：树立了现代工程观，以人为本，遵循教育规律和人才培养规律的现代工程师培养理念；构建了由自然科学基础实验、工业系统认知训练、基础工程训练、现代工程系统训练和创新训练组成的五层次训练体系；先后出版了具有自身特色的《现代工程教育丛书》7 部分册，其中 2 部教材获省部级优秀教材；形成了一套反映现代工程技术和训练体系的教学大纲、教学指导书、实习实验报告等；于 2006 年被授予陕西省综合性工程训练示范中心；“创建工业中心，探索现代工程师培养新途径”项目获得省级教学成果一等奖；先后发表了一批教学研究论文。

西安工业大学工业中心的长远发展目标是以实践论、认识论为理论基础，以现代工业大工程为背景，采用系统化的方法，将信息技术、控制技术贯穿于科学主导工程、理论回归到工程的全过程，全面体现工程科学、工程技术、工程管理的实际应用，使之成为现代工程师的工程科学认识基地、工程技术与管理训练基地、工程创新综合实验基地。

《现代工程教育丛书》由《通向现代工程师的桥梁》《工业系统认识》《机械制造基础工程训练》《现代制造技术工程训练》《电子产品制造工程训练》《工程训练指导与报告》和《机械制造基础》等组成。该套丛书从工业中心建立的理念、工程训练体系的构建到训练内容、训练项目的设计以及教学过程的组织，较全面地反映了西安工业大学以工业中心的创建为载体，开展高等工程教育改革的全过程。

参加编写本套丛书的既有长期从事工程训练教学的一线指导教师，也有相关领导、教学管理人员，从而大大提高了本套丛书指导实际工程实践教学的可操作性。作为这项工程教育改革的参与者，希冀本套丛书的出版能为我国工程教育改革带来一丝启发。

在本套丛书出版之际特写下这些感想，是为序。

西安工业大学副校长 张君安

2008 年 6 月于西安工业大学未央校区

前言

随着现代科学技术的进步，特别是微电子技术、计算机技术和信息技术等与制造技术的深度结合，制造工业的面貌发生了根本的变化，形成了现代先进制造技术体系。为了能够培养出适应现代制造工业高速发展的高级工程技术人才，高等工科院校必须根据现代高新技术发展的特点，及时调整工程实践课程的内容设置。本书是为配合高等工科院校在工程训练中加强现代制造技术实践的内容，并结合高等工科院校机械制造工程训练教学改革的实际需要而编写的《现代工程教育丛书》之分册。

本书针对高等工科院校相关专业的现代制造技术实训教学环节，以数控加工技术为核心，以现代制造技术为背景，以 CAD/CAM 技术为手段，培养学生使用现代化设计方法与制造技术的能力。全书共分 11 章，主要内容有先进制造技术概论、数控加工技术基础、数控车削、数控铣削、数控加工中心、数控电火花成形加工、数控电火花线切割加工、激光刻绘加工、超声加工、CAD/CAM 技术在数控编程中的应用等。

在编写过程中，本书力求突出重点和讲求实用，强调理论性与实用性的结合，并结合大量实例，突出了现代制造技术应用能力培养及基本操作技术的训练。

西安工业大学工业中心是陕西省省级综合性工程训练示范中心。本教材是在该工业中心教学改革基础上编写的，由李蔚、马保吉担任主编。全书共 10 章，其中第 1，5，10 章由李蔚编写；第 2，9，11 章由侯志敏编写；第 3 章由赵振杰编写；第 4 章由王小翠编写；第 6，7 章由宁生科编写；第 8 章由赵慧壁编写。全书由李蔚整理并统稿。

本书可作为高等工科院校现代制造技术工程训练的教材，也可作为高职高专的专用教材和相关专业工程技术人员及技术工人的参考用书。

由于编者水平有限，书中难免有不足甚至错误之处，敬请读者批评指正。

编　者

2008 年 5 月

于西安工业大学

目录

第 1 章

先进制造技术概论

先进制造技术(Advanced Manufacturing Technology,AMT)是一个相对的、动态的概念，是为了适应时代要求，提高竞争能力，对制造技术不断优化而形成的。虽然目前对先进制造技术仍没有一个明确的、一致的定义，但经过对其内涵和特征的分析研究，可以将其定义为“先进制造技术是制造业不断吸收机械、电子、信息(计算机与通信、控制理论、人工智能等)、能源及现代系统管理等方面的成果，并将其综合应用于产品设计、制造、检测、管理、销售、使用、服务乃至回收的全过程，以实现优质、高效、低耗、清洁、灵活生产，提高对动态多变的产品市场的适应能力和竞争能力并取得理想经济效果的制造技术总称。”

1.1 先进制造技术的构成及分类

1. 先进制造技术的构成

先进制造技术在不同发展水平的国家和同一国家的不同发展阶段，有着不同的技术内涵。对我国而言，它是一个多层次的技术群。先进制造技术的内涵、层次及其技术构成如图 1-1 所示。图中从内层到外层分别为基础技术、新型单元技术和集成技术。

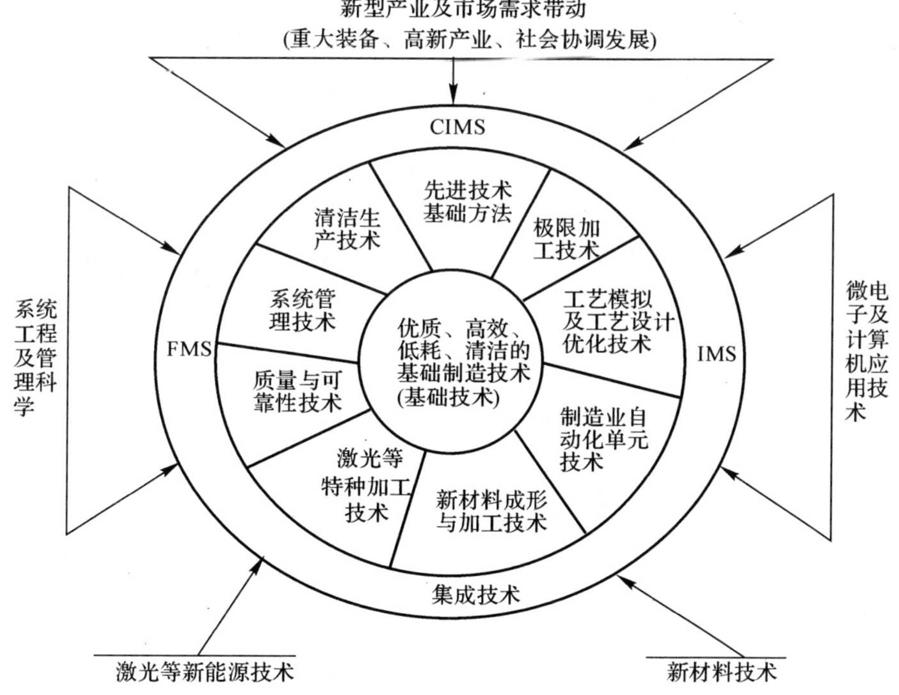

图 1-1　先进制造技术的内涵、层次及其技术构成

(1)基础技术。图 1-1 的最内层是优质、高效、低耗、少污染或无污染(清洁)的基础制造技术。铸造、锻压、焊接、热处理、表面处理、机械加工等基础工艺至今仍是生产中大量采用的、经济适用的制造工艺。这些基础工艺经过优化而形成的基础制造技术是先进制造技术的核心及重要组成部分。这些基础技术主要有精密下料、精密成形、精密加工、精密测量、毛坯强韧化、无氧化热处理、气体保护焊及埋弧焊、功能性防护涂层等。

(2)新型单元技术。中间层是新型的先进制造单元技术。它是在市场需求及新兴产业的带动下,将制造技术与电子、信息、新材料、新能源、环境科学、系统工程、现代管理等高新技术结合而形成的崭新的制造技术,如制造业自动化单元技术、极限加工技术、质量与可靠性技术、系统管理技术、先进技术基础方法、清洁生产技术、新材料成形与加工技术、激光等特种加工技术、工艺模拟及工艺设计优化技术等。

(3)集成技术。最外层是先进制造集成技术。它是应用信息、计算机和系统管理技术对上述两个层次的技术局部或系统集成而形成的先进制造技术的高级阶段,如 FMS,CIMS,IMS 等。

国际上,美国联邦科学、工程和技术协调委员会(FCCSET)下属的工业和技术委员会先进制造技术工作组在 1994 年提出将先进制造技术分为三个技术群:①主体技术群;②支撑技术群;③制造技术环境群。这三个技术群相互联系,相互促进,组成一个完整的体系。图 1-2 给出了先进制造技术的体系结构。

主体技术群

面向制造的设计技术群
1. 产品、工艺设计
计算机辅助设计
工艺过程建模和仿真
工艺工程集成
系统工程集成
工作环境设计
2. 快速成形技术
3. 并行工程

制造技术工艺群
材料生产工艺
加工工艺
连接和装配
测试和检验
环保技术
维修技术
其他

支撑技术群
1. 信息技术
接口和通信　数据库
集成框架　软件工程
人工智能　决策支持
2. 标准和框架
数据标准　产品定义标准
工艺标准　检验标准
接口框架
3. 机床和工具技术
4. 传感器和控制技术

制造技术环境群
1. 质量管理
2. 用户、供应商交互作用
3. 工作人员培训和教育
4. 全局监督和基准评测
5. 技术获取和利用

图 1-2　先进制造技术体系结构

2．先进制造技术的分类

目前，各国掌握的制造技术已系统化，对先进制造技术的研究可分为下述四大领域，它们横跨多个学科，并组成一个有机整体。

（1）现代设计技术。现代设计技术是根据产品功能要求，应用现代技术和科学知识，制定方案并使方案付诸实施的技术。它是一门多学科、多专业相互交叉的综合性很强的基础技术。现代设计技术所包含的内容有：

1）现代设计方法。现代设计方法包括产品动态分析和设计、摩擦设计、防蚀设计、可靠性和可维护性及安全设计、优化设计及智能设计等。

2）设计自动化技术。设计自动化技术指应用计算机技术进行产品造型和工艺设计、工程分析计算与模拟仿真、多变量动态优化，从而达到整体最优功能目标，实现设计自动化。

3）工业设计技术。工业设计技术指开展机械产品色彩设计和中国民族特色与世界流派相结合的造型设计，增强产品的国际竞争力。

（2）先进制造工艺。现代制造工艺技术包括精密和超精密加工技术、精密成形技术以及特种加工技术等。

1）精密和超精密加工技术。精密、超精密加工技术采用去除加工（精密切削、磨削、研磨等）、结合加工（离子镀、晶体生长、激光焊接、快速成形等）、变形加工（精锻、精铸等）等加工方法，使工件的尺寸精度、表面性能达到极高的程度。现代精密、超精密加工已经向纳米技术发展。

2）精密成形技术。精密成形技术是生产局部或全部、无余量或少余量半成品的工艺方法的统称，包括精密凝聚成形技术、精密塑性加工技术、粉末材料构件精密成形技术、精密焊接技术及复合成形技术等。其目的在于使成形的制品达到或接近成品形状的尺寸，并达到提高质量、缩短制造周期和降低成本的效果；其发展方向是精密化、高效化、强韧化和轻量化。

3）特种加工技术。特种加工技术是指那些不属于常规加工范畴的加工，如高能束流（电子束、离子束、激光束）加工、电加工（电解和电火花加工）、超声加工、高压水加工以及多种能源的组合加工等。特种加工技术因其各自的独特性能而在机械、电子、化工、轻工、航空、建筑、国防等行业以及材料、能源和信息等领域得到了广泛的应用。

4）表面改性、制膜和涂层技术。表面改性、制膜和涂层技术是采用物理、化学、金属学、高分子化学、电学、光学和机械学等技术及其组合技术对产品表面进行改性、制膜和涂层，赋予产品耐磨、耐蚀、耐（隔）热、抗疲劳、耐辐射以及光、热、磁、电等特殊功能，从而提高产品质量、延长使用寿命和赋予新性能的新技术的统称，是表面工程的重要组成部分。

（3）自动化技术。制造自动化是指用机电设备取代或放大人的体力，甚至取代和延伸人的部分智力，自动完成特定的作业，包括物料的存储、运输、加工、装配和检验等各个生产环节的自动化。其目的在于减轻劳动强度，提高生产效率，减少在制品的数量，节省能源消耗以及降低生产成本。

自动化技术主要包括数控技术、工业机器人技术、柔性制造技术、计算机集成制造技术、传感技术、自动检测及信号识别技术和过程设备工况监测与控制技术等。

（4）系统管理技术。系统管理技术是指企业在市场开发、产品设计、生产制造、质量控制到销售服务等一系列的生产经营活动中，为了使制造资源（材料、设备、能源、技术、信息以及人力）得到总体配置优化和充分利用，使企业的综合效益（质量、成本、交货期）得到提高而采取

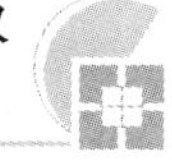

的各种计划、组织、控制及协调的方法和技术的总称。它是现代制造技术体系中的重要组成部分,对企业的最终效益提高起着重要的作用。

系统管理技术包括工程管理、质量管理、管理信息系统,以及精益生产(CIMS、敏捷制造、智能制造等)、集成化的管理技术、企业组织结构与虚拟公司等生产组织方法。

1.2 先进制造技术的特点

与传统制造技术比较,先进制造技术有以下 5 个特点。

1. 系统性

传统制造技术一般只能驾驭生产过程中的物质流和能量流,而先进制造技术由于引入了微电子、信息技术,因而成为一个能驾驭生产过程的物质流、信息流和能量流的系统工程。例如,柔性制造系统(Flexible Manufacturing System,FMS)技术、计算机集成制造系统(Computer Integrated Manufacturing Systems,CIMS) 技术是先进制造技术全过程控制物质流、信息流和能量流的典型应用案例。

2. 集成性

传统制造技术的学科,专业单一,界限分明,而现代制造技术使各专业、学科间不断交叉和融合,其界限逐渐淡化甚至消失,发展成为集机械、电子、信息、材料和管理技术为一体的新型交叉学科。例如,加工中引入声、光、电、磁等特种切削工艺,并与机械加工组成复合加工工艺(超声磨削、激光辅助切削等);又如生产技术与管理模式相结合产生了新的生产方式:敏捷制造(Agile Manufacturing,AM) 、并行工程(Concurrent Engineering,CE) 、精益生产(Lean Production,LP) 等。集成技术显示出高效率、多样化、柔性化、自动化、资源共享等特点。

3. 广泛性

传统制造技术一般单指加工制造过程的工艺方法,而现代制造技术则贯穿了从产品设计、加工制造到产品销售及用户服务等整个产品生命周期的全过程,成为"市场—产品设计—制造—市场"的大系统。

4. 高精度

现代制造对产品、零件的精度要求越来越高,在飞机、潜艇等军事设施中使用的精密陀螺、大型天文望远镜以及大规模集成电路的硅片等高新技术产品都需要超精密加工技术的支持。这些需求使激光加工、电子束和离子束加工、纳米制造、微机械制造等新方法得到迅速发展。

5. 实现优质、高效、低耗、清洁、灵活的生产

先进制造技术的核心是优质、高效、低耗、清洁、灵活生产的基础制造技术,它是从传统的制造工艺发展起来的,并与新技术实现了局部或系统集成。先进制造技术除了通常追求的优质、高效外,还要针对 21 世纪人类面临的有限资源与环保压力,实现低耗、清洁;此外,还要应对人类消费观念的改变,满足多样化市场需求,实现灵活生产。

1.3 先进制造技术的发展趋势

进入 21 世纪,制造业面临新的挑战和机遇,现代制造技术正处在不断变化与完善之中。为了适应经济全球化的需要,适应高新技术发展的需求,适应愈加激烈的市场竞争的需要,现

代制造技术将向精密化、柔性化、集成化、智能化、绿色化、全球化的方向发展。

1. 现代设计技术不断现代化

产品设计是制造业的灵魂，现代制造的设计方法和手段更加现代化，突出反映在新的设计思想、新的设计理念不断涌现，新的设计方法不断诞生，现代设计技术的深度和广度都得到了空前的拓展。现代设计技术由单一目标规划向多目标规划转变；现代设计由简单的、具体的、细节的设计转向复杂的总体设计和决策，要全面考虑包括设计、制造、检测、销售、使用、维修、报废等阶段的整个产品生命周期；现代设计由单纯考虑技术因素转向综合考虑技术、经济和社会因素，设计不是单纯追求某项性能指标的先进和高低，而注意考虑市场、价格、安全、美学、资源、环境等方面的影响；设计开发已经突破了时空的限制，实现了异地网络化设计。现代设计还在积极探求可持续发展的绿色设计之路。

2. 现代加工技术不断发展

成形制造技术正在向精密成形或净成形的方向发展，主要技术包括精密铸造技术、精密塑性成形技术和精密连接技术等。在超精密加工方面，目前的尺寸精度、形状精度和表面粗糙度均为纳米级（<10 nm，即<0.01 μm），进入了纳米加工时代。在超高速加工方面，目前机床的主轴速度已经超过 75 000 r/min，进给速度已经超过 70 m/min，同时在加工对象方面也发展到一些难以加工的材料上了。随着激光、电子束、离子束、分子束、等离子体、微波、超声波、电磁等新能源或能源载体的引入，形成了多种崭新的特种加工及高密度能束切割、焊接、熔炼、锻压、热处理、表面处理等加工工艺。随着超硬材料、高分子材料、复合材料、工程陶瓷、功能材料等新型材料的应用，扩展了加工对象，促使了某些新型加工技术的产生，例如，超塑成形、等温锻造、扩散焊接等，再如超硬材料的高能束加工，陶瓷材料的热等静压、粉浆浇注、注射成形等。

3. 柔性化程度不断提高

柔性化是制造企业对市场需求多样化的快速响应的能力，也即制造系统能够根据顾客的需求快速生产多样化的产品。制造系统的柔性化正在从计算机数字控制（Compute Numerical Control，CNC）和柔性制造系统（FMS）等底层加工系统柔性化向上层柔性化转变，随着并行工程（CE）和大规模定制生产（Mass Customization，MC）的出现，为制造系统柔性化提供了新的发展空间。随着协同产品商务（Collaborative Product Commerce，CPC）的出现，用户可以非常方便地通过 Internet 参与产品的开发设计、加工制造、营销服务等产品生命周期的活动。

4. 集成化成为现代制造系统的重要特征

自 20 世纪 70 年代微处理器诞生以来的 30 多年里，集成化问题一直是制造技术的研究重点。目前，制造系统集成化正在向深度和广度发展：从企业内部的信息集成、功能集成，发展为可实现整个产品生命周期的过程集成；从传统的工厂集成转向虚拟工厂，进一步发展到企业间的动态集成。信息集成用于实现自动化孤岛的连接，实现制造系统中的信息交换与共享；功能集成可实现企业要素诸如人员、技术及管理的集成；过程集成通过并行工程等实现产品开发过程、企业经营过程的优化；企业间的动态集成通过敏捷制造模式，建立虚拟企业（动态联盟），达到提高市场竞争力的目的。

5. 现代制造管理模式发生重大变化

随着制造模式向精益生产、并行工程、敏捷制造、虚拟制造等新型生产模式转变，同时伴随着新的制造管理模式的变革。制造管理技术的发展，其根本点将从以技术为中心向以人为中

心转变；管理的价值观从注重资金、生产设备、能源和原材料等物力资本，向注重教育、培训等人力资本建设转变；企业的组织架构将从金字塔式的多层结构向扁平的网络结构转变，从分工严密的固定组织形式向动态的、自主管理的小组工作组织形式转变；管理的权限从传统的中央集权模式向分权管理模式转变；管理活动的时空从传统的顺序工作方式向并行工作方式转变，强化快速响应的竞争策略。

6．绿色制造成为未来制造业的必然选择

绿色制造是一种综合考虑影响环境和资源效率的现代制造模式，它的目标是使产品从设计、制造、包装、运输、使用到报废的整个生命周期中，对环境的负面影响最小，资源的利用效率最高。绿色制造的内涵涉及产品生命周期全过程的制造问题、环境影响问题、资源优化问题等，它的实施将带来21世纪制造技术的一系列重要变革。

7．制造全球化正在加速

进入21世纪，随着经济全球化的迅速发展，制造全球化的趋势也日益显现。制造全球化除了跨国生产之外，还包括产品设计与开发的国际化、制造企业在全球范围内的重组与整合、制造资源的跨国采购与利用、制造技术/信息和知识的全球共享、制造产品与市场的分布及协调、市场营销的国际化等。制造全球化有利于生产要素在全球范围内的快速流动，最大规模地合理配置资源，追求最佳经济效益，已经成为21世纪制造技术发展的必然趋势。

第2章

数控加工技术基础

2.1　数控机床概述

数控机床是指装备了数控系统的机床。数控系统是一种采用数字控制技术的控制系统，它能够自动识别并处理使用规定的数字和文字编码的程序，从而控制机床完成预定的加工。

一、数控机床的基本工作过程与组成

1. 数控机床加工零件的过程

(1) 根据零件图样和加工工艺，用规定的指令和程序格式进行程序编制。

(2) 通过键盘或其他输入装置将加工程序以及加工参数输入数控装置。

(3) 完成工件安装和刀具调整。

(4) 数控机床自动完成零件加工。一方面，通过数控装置进行插补运算，控制伺服系统驱动机床各坐标轴运动，从而使刀具与工件按照要求的轨迹进行相对运动，并通过位置检测反馈装置保证位移精度。另一方面，按照加工要求，通过 PLC(Programmable Logic Controller)控制主轴及其他辅助装置协调工作。

数控机床通过程序调试、试切削后，进入正常批量加工时，操作者只需进行工件装卸，再按下程序自动循环按钮，机床就能自动完成整个加工过程。

2. 数控机床的基本组成

数控机床由数控系统和机床本体两部分组成，而数控系统又由输入装置、数控装置、伺服系统和辅助控制装置等部分组成，如图 2-1 所示。

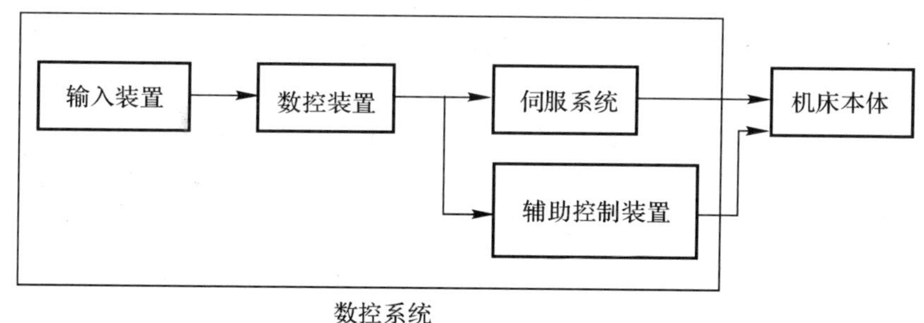

图 2-1　数控机床的组成

(1) 输入装置。输入装置的作用主要是输入加工程序和加工数据。对应于不同的输入方法，有不同的输入装置。

控制介质是用于记载零件加工过程中所需的各种加工信息的信息载体，是实现操作者与

设备之间联系的媒介物。常用的控制介质的形式有穿孔纸带、磁带和磁盘等。与之相应的输入装置有光电阅读机、录音机、软盘驱动器等。

现代数控机床可用操作面板上的键盘直接将程序和数据输入。随着CAD/CAM技术的发展,有些数控机床可利用CAD/CAM软件在通用计算机上编程,然后通过计算机与数控机床之间的通信,将程序与数据直接传送给数控装置。

(2) 数控装置。数控装置是数控机床的核心。现代数控机床一般都采用微型计算机作为数控装置,这种数控装置称为计算机数控(CNC) 装置。

数控装置的功能是接受外部输入的加工程序和各种控制命令,识别这些程序和命令并进行运算处理,处理结果输出控制命令,其中除送给伺服系统的速度和位移指令外,还有送给辅助控制装置的机床辅助动作指令。

数控装置由硬件和软件两部分组成。硬件包括通用I/O接口、CPU、存储器以及数字通信接口等。软件包括管理软件和控制软件。管理软件用来管理零件程序的输入、输出,显示零件程序、刀具位置、系统参数以及报警,诊断数控装置是否正常并检查故障原因。控制软件完成译码、刀具补偿、插补运算、位置控制等。

(3) 伺服系统。伺服系统是数控机床的重要组成部分,用于接受数控装置输出的指令信息,并经功率放大后,带动机床移动部件按照规定的轨迹和速度运动,使机床完成零件的加工。

伺服系统包括驱动装置和执行机构两部分。一般数控机床采用直流伺服电动机或交流伺服电动机作为执行机构,这些电动机均带有光电编码器等位置测量装置和测速电动机等速度测量元件。数控装置发出的指令信号与位置检测反馈信号比较后作为位移指令,再经驱动控制系统功率放大后,驱动电动机运转,从而通过机械传动装置拖动工作台或刀架运动。

每一坐标方向的进给运动部件都配备一套进给伺服驱动系统。相对于数控装置发出的每个脉冲信号,机床的进给运动部件都有一个相应的位移量,此位移量称为脉冲当量,也称为最小设定单位,其值越小,加工精度越高。根据精度的不同,数控机床常用的脉冲当量为0.01 mm,0.005 mm,0.001 mm。

伺服系统的伺服精度和动态响应将直接影响数控机床的加工精度、表面粗糙度及生产效率。位置和加工精度是数控机床的关键要素。

(4) 辅助控制装置。数控机床除对各坐标方向的进给运动部件进行速度和位置控制外,还要完成程序中的M,S,T等辅助功能所规定的动作,如主轴电机的启停和变速、刀具的选择和交换、冷却泵的开关、工件的装夹、分度工作台的转位等。另外,还要对机床的状态进行监视,如检测是否超行程、电动机是否过热等,以及要对操作面板的操作开关和按钮的状态进行扫描。这些工作通常与机床的强电部分有关,控制对象是继电器、交流接触器、电磁阀等执行元件,控制的往往是开关量信号。

完成以上控制任务的装置称为辅助控制装置。可编程控制器具有响应快、性能可靠、易于使用、编程和修改等优点,并可直接驱动机床电器,目前已普遍用作辅助控制装置。

数控机床用的PLC主要有独立式和内置式两类。独立式PLC对于CNC装置来说是一种外部设备。内置式PLC是CNC装置的组成部分,即在CNC装置中带有PLC的功能。现代CNC装置越来越多地采用内置式PLC。

(5) 机床本体。机床本体即数控机床的机械部分,除了主传动装置、进给传动装置、床身、工作台以及辅助部分(如液压、气动、冷却、润滑等) 等一般部件外,还有特殊部件,如储备刀具

 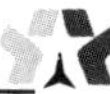

的刀库、自动换刀装置(ATC)、回转工作台等。

与普通机床相比，数控机床的传动装置更为简单，但对机床的静态和动态刚度、传动装置的传动精度要求更高，滑动面的摩擦因数要小，并要有适当的阻尼，以适应对数控机床的高定位精度和良好的控制性能的要求。

二、数控机床的分类

1. 按机床的工艺用途分类

按机床的工艺用途，可分为：

(1) 金属切削类。这类数控机床包括数控车床、数控铣床、数控镗床、数控磨床、数控钻床、数控拉床、数控刨床、数控切断机床、数控齿轮加工机床以及各类加工中心。据调查，在金属切削机床中，除插床外，国内外都开发了数控机床，而且品种越来越多。

加工中心是带有刀库和自动换刀装置的数控机床。它将铣削、镗削、钻削、攻螺纹等功能集中在一台设备上，使其有多种工艺手段。加工中心的刀库可容纳 10～100 多把各种刀具或检具，在加工过程中由程序自动选用和更换。这是它与普通数控机床的主要区别。

(2) 金属成形类。这类数控机床包括数控板料折弯机、数控直角剪板机、数控冲床、数控弯管机、数控压力机等。这类机床起步较晚，但目前发展较快。

(3) 特种加工类。这类数控机床包括数控线(电极)切割机床、数控电火花线切割机床、数控电火花成形机床、带有自动换电极的电加工中心、数控激光切割机床、数控激光热处理机床、数控激光板材成形机床、数控等离子切割机床、数控火焰切割机等。

(4) 其他类。其他类型的数控机床包括数控三坐标测量机等。

2. 按控制系统的功能水平分类

按控制系统的功能水平，可把数控机床分为低档(经济型)、中档、高档三类。此外，国内还分为全功能数控机床、普及型数控机床和经济型数控机床。这些分类方法没有明确的定义和标准，但却比较直观。

3. 按伺服系统的类型分类

(1) 开环伺服系统数控机床。开环伺服系统数控机床的特点是其伺服系统不带反馈装置，通常使用步进电机作为伺服执行元件。数控装置发出的指令脉冲，输送到伺服系统中的环行分配器和功率放大器，使步进电机转过相应的角度，然后通过减速齿轮和丝杠螺母机构，带动工作台和刀架移动。图 2－2 所示为开环伺服系统框图。

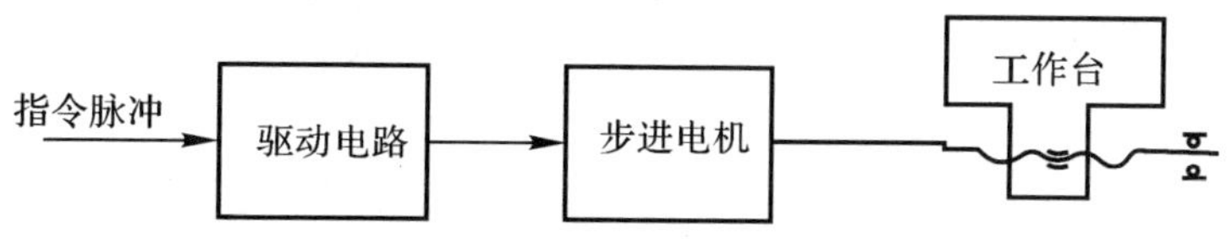

图 2－2　开环伺服系统框图

开环伺服系统对机械部件的传动误差没有补偿和校正，工作台的位移精度完全取决于步进电机的步距角精度、机械传动机构的传动精度，所以控制精度较低。同时受步进电机性能的影响，其速度也受到一定的限制。但这种系统结构简单、运行平稳、调试容易、成本低廉，因此适用于经济型数控机床或旧机床的数控化改造。

(2) 闭环伺服系统数控机床。闭环伺服系统是在移动部件上直接装有直线位移检测装置，将测得的实际位移值反馈到输入端，与输入信号作比较，用比较后的差值进行补偿，直到差值消除为止，实现移动部件的精确定位。

闭环伺服系统具有位置反馈系统，可以补偿机械传动机构中的各种误差，因而可达到很高的控制精度，一般应用在高精度的数控机床中。由于系统增加了检测、比较和反馈装置，所以结构比较复杂，调试维修比较困难。

图 2－3 所示为闭环控制伺服系统框图。

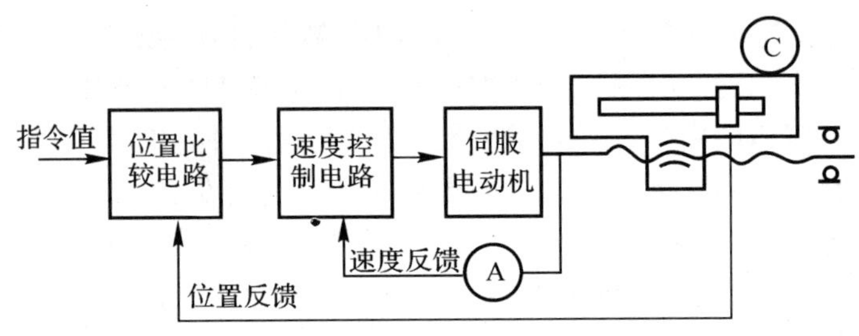

图 2－3　闭环控制伺服系统框图

(3) 半闭环伺服系统数控机床。半闭环伺服系统是在伺服机构中装有角位移检测装置（如感应同步器或光电编码器），通过检测角位移间接检测移动部件的直线位移，然后将角位移反馈到数控装置。

半闭环伺服系统没有将丝杠螺母机构、齿轮机构等传动机构包括在闭环中，所以这些传动机构的传动误差仍会影响移动部件的位移精度。但由于将惯性较大的工作台安排在闭环以外，因而使这种系统调试较容易，稳定性也好。而且，如果在半闭环伺服系统中采用精度较高的滚珠丝杠和消除间隙的齿轮副，再配以螺距误差补偿装置，还是能够达到较高的加工精度。因此，半闭环伺服系统在生产中得到了广泛的应用。

图 2－4 所示为半闭环伺服系统框图。

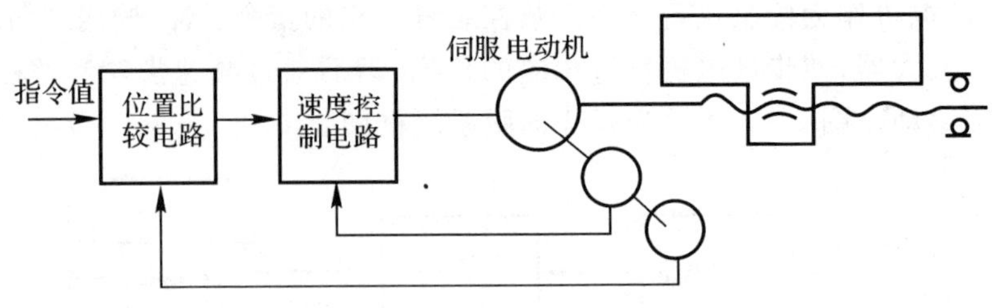

图 2－4　半闭环伺服系统框图

三、数控加工的特点和适应性

1. 数控加工的特点

数控机床是高度自动化的机床，它是按照程序自动加工零件的。与普通机床加工零件相比，数控加工主要有如下特点。

(1) 加工精度高，质量稳定。数控机床的传动装置与床身结构具有很高的结构刚度和热稳定性，而且在传动机构中采取了减少误差的措施，并由控制系统进行补偿。同时，由于数控机床是按所编程序自动进行的，消除了操作者的人为误差。因此，数控机床不仅具有较高的加工精度，而且，同批加工的零件几何尺寸一致性好，质量稳定。

(2) 生产效率高。零件加工所需要的时间包括切削时间和辅助时间两部分。数控机床能有效地减少这两部分时间，从而加工生产效率比普通机床高得多。

数控机床主轴转速和进给速度的范围比普通机床大，每道工序都可以选用合理的切削用量；同时，良好的结构刚性允许数控机床采用大切削用量的强力切削，有效地节省了切削时间；由于数控机床加工时能在一次装夹中加工出许多待加工部位，既省去了在普通机床加工中的不少中间工序（如划线、检验等），也大大缩短了辅助时间。如果采用加工中心，可在一台机床中实现多道工序的连续加工，缩短了半成品的周转时间，生产效率的提高更为明显。

(3) 对加工对象的适应性强。在数控加工中，只需重新编制程序，就能实现对新零件的加工。有些情况下，甚至只需修改程序中部分程序段或利用某些特殊指令就可实现新的加工，一般不需要重新设计制造工装，这就为单件、小批量生产以及试制新产品提供了极大的方便，大大缩短了生产准备时间及试制周期。数控机床还能完成那些普通机床很难加工或无法加工的精密复杂零件的加工。

(4) 自动化程度高，劳动强度低。数控机床的加工过程是按输入程序自动完成的，一般情况下，操作者只要做操作键盘、装卸工件、更换刀具、完成关键工序的中间检测以及观察机床运行等工作，不需要进行繁重的重复性手工操作。与操作普通机床相比，劳动强度大为降低。

(5) 便于实现现代化管理。采用数控机床加工，能准确计算零件的加工工时和费用，并有效地简化检验、工夹具和模具的管理工作。这些都有利于实现生产管理现代化，实现计算机辅助制造。数控机床是构成柔性制造系统(FMS) 和计算机集成制造系统(CIMS) 的基础。

数控机床虽然有上述的优点，但其初期投资大，维修费用高，对操作及管理人员的素质要求较高。因此，应合理地选择及使用数控机床，提高经济效益。

2. 数控加工的适应性

从经济角度考虑，数控机床的加工对象可按照适应程度分为两类。

(1) 最适应类。

1) 加工精度要求高，形状、结构复杂，尤其是具有复杂曲线、曲面轮廓的零件，或者具有不开敞内腔的盒形或壳体零件。这类零件在普通机床上很难加工、检测。

2) 必须在一次装夹中完成铣、钻、铰、镗或攻丝等多道工序的零件。

3) 需要多次更改设计后才能定型的零件。

(2) 较适应类。

1) 价格昂贵，毛坯获得困难，不允许报废的零件。这类零件在普通机床上加工时有一定的难度，容易造成次品或废品。

2) 在普通机床上加工效率低、劳动强度大、质量难以控制的零件。

3) 多品种、多规格、小批量生产的零件，需要最小生产周期的零件。

随着数控机床性能的提高、功能的完善和成本的降低，适应性也会随之发生相应的变化。

2.2 程序编制的内容与方法

一、程序编制的内容及步骤

一般说来，数控机床程序编制的步骤为工艺处理→数值计算→编写零件加工程序单→制备控制介质或程序输入→程序校验和试切。

1. 工艺处理

在对零件图进行全面分析的基础上，确定零件的装夹定位方法、加工路线（如对刀点、换刀点、进给路线）、刀具及切削用量（如进给速度、主轴转速、切削宽度和切削深度等）等工艺参数。

2. 数值计算

根据零件图和所确定的加工路线，要计算出刀具中心运动轨迹。

一般的数控装置具有直线插补和圆弧插补的功能。因此，对于加工由圆弧、直线组成的简单零件，只需计算出零件轮廓上相邻几何元素的交点或切点（基点）的坐标值，得出直线的起点、终点，圆弧的起点、终点和圆心坐标值。

当零件的形状比较复杂，并与数控装置的插补功能不一致时，需要作较复杂的计算。比如对非圆曲线等二次曲线，用仅有直线和圆弧插补功能的数控机床加工时，不仅需要计算基点，还要用直线段（或圆弧段）来逼近，在满足加工精度的条件下，计算出曲线上各逼近线段的交点（节点）的坐标值。对于这种情况，大多要借助计算机来完成数值计算工作。

3. 编写零件加工程序单

根据所计算出的刀具运动轨迹坐标值和已确定的切削用量以及辅助动作，结合数控系统规定使用的指令代码及程序段格式，编写零件加工程序单。

4. 制备控制介质或程序输入

程序单编写好之后，需要操作者或编程者将加工信息输入给数控装置，也可根据数控系统输入、输出装置的不同，先将程序移至某种控制介质上。常用的控制介质有 U 盘、磁盘、磁带等。

5. 程序校验和试切

编制好的程序必须经过校验和试切才能正式使用。校验的方法是直接将控制介质上的内容输入到数控装置中，检查刀具的运动轨迹是否正确。在有 CRT 图形显示屏的数控机床上，可以用模拟工件切削过程的方法进行校验。否则，可以笔代刀，以坐标纸代替工件，让机床空运转，画出加工轨迹。

上述这些方法只能检验刀具的运动轨迹是否正确，不能检查加工精度。因此，还应进行零件的试切。如果通过试切发现零件的精度达不到要求，就应进行程序单和控制介质的修改，以及采用误差补偿方法，直到加工出合格零件为止。

二、数控程序的编制方法

数控加工程序的编制方法有手工编程与自动编程两种。

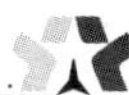

1. 手工编程

从零件图分析、工艺处理、数值计算、编写程序单、制作控制介质直到程序校验等各个阶段均由人工完成的编程方法，称为手工编程。

对于几何形状不太复杂的零件，数值计算较为简单，所需的程序段不多，程序编制容易实现。这时用手工编程较为经济而且及时。因此，手工编程被广泛用于点位加工和形状简单的轮廓加工中。

但是，下列情况不适合用手工编程：

(1) 形状较复杂的零件，特别是由非圆曲线、空间曲线等几何元素组成的零件。

(2) 几何元素并不复杂但程序量很大的零件，如在一个零件上有数百甚至上千个孔。

(3) 在铣削轮廓时，数控装置不具备刀具半径自动补偿功能，而只能以刀具中心的运动轨迹进行编程的情况。

在以上这些情况下，编程中的数值计算相当烦琐且程序量大，所费时间多且易出错。而且，有时手工编程根本难以完成。据有关统计，在采用手工编程时，一个零件在机床上的实际加工时间与编程时间之比，平均为 1∶30，而数控机床停机的原因中有 20%～30%是由于编程速度太慢。所以，为缩短生产周期，提高数控机床的利用率，有效地解决各种复杂零件的编程问题，必须采用自动编程。

2. 自动编程

由计算机完成程序编制中的大部分或全部工作的编程方法，称为自动编程。

早期曾使用自动编程工具(Automatically Programmed Tools，APT) 语言进行机械零件数控加工的自动编程。由于其编程方法直观性差，编程过程比较复杂、不易掌握，且不便检查，因而它的推广使用受到很大局限。近年来，由于计算机技术发展迅速，计算机的图形处理功能有很大提高。因此，一种直接将零件的几何图形信息自动转化为数控加工程序的全新的计算机辅助编程技术——图形交互自动编程——应运而生。

图形交互自动编程是通过专用的计算机软件来实现的。它通常以机械方面的计算机辅助设计(Computer Aided Design，CAD) 软件为基础，利用 CAD 软件的图形编辑功能将零件的几何图形绘制到计算机上，形成零件的图形文件。然后调用数控编程模块，采用人—机交互方式在计算机屏幕上指定被加工的部位。最后输入相应的加工参数，计算机便可自动进行必要的数学处理并编制出数控加工程序，同时在计算机屏幕上动态显示刀具的加工轨迹。显然，这种方法具有速度快、精度高、直观性好、使用简便、便于检查等优点。因此，图形交互自动编程已成为目前国内外先进的 CAD/CAM 软件中普遍采用的数控编程方法，有时甚至是实现某些零件加工程序编制的唯一手段。目前，除了少数情况下采用手工编程外，原则上都应采用自动编程。但是，手工编程是自动编程的基础，自动编程中的许多核心经验，都来源于手工编程。所以，对于数控编程的初学者来说，仍应从学习手工编程入手。

2.3 数控机床的坐标系

为了简化程序的编制方法和保证程序的互换性，国际标准化组织(ISO) 对数控机床的坐标和方向制定了统一的标准。我国根据 ISO 国际标准制定了 JB3051—82《数字控制机床坐标和运动方向的命名》标准。下面介绍这一标准的相关内容。

1. 命名原则

标准规定，机床在加工中不论是刀具移动，还是被加工工件移动，都永远假定工件是静止的，而刀具相对于静止的工件运动。运动的正方向是使刀具与工件之间距离增大的方向。

这一原则使编程人员在编程时不需要考虑是刀具移向工件，还是工件移向刀具，只需要根据零件图样进行编程。

2. 标准坐标系

在机床上建立一个标准坐标系，以确定机床的运动和移动的距离，这个标准坐标系也称为机床坐标系。标准中规定机床坐标系中三个直角坐标轴 X，Y，Z① 之间的关系及其正方向采用右手笛卡儿法则确定。如图 2－5 所示，大拇指的指向为 X 轴的正方向，食指指向为 Y 轴的正方向，中指指向为 Z 轴的正方向。围绕 X，Y，Z 轴旋转的三个旋转坐标轴 A，B，C 的正方向根据右手螺旋方法确定。

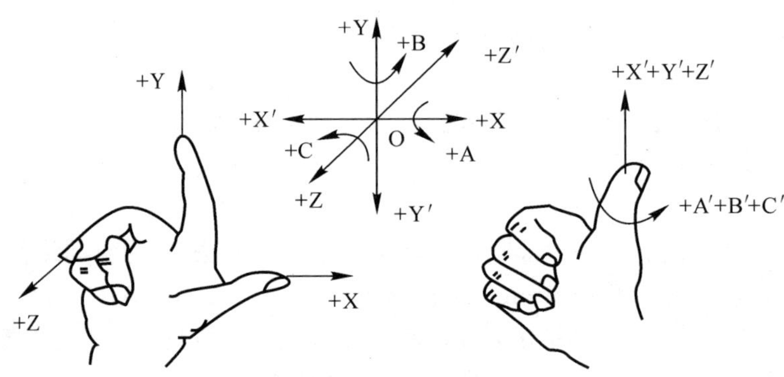

图 2－5　右手笛卡儿坐标系

对于工件运动而不是刀具运动的机床，对坐标系命名时，在坐标系的符号上应加注标记“′”，如 X′，Y′，Z′等。对于编程人员来说，应只考虑不带“′”的运动方向；对于机床制造者，须考虑带“′”的运动方向。

3. 机床坐标轴的确定

确定机床坐标轴时，一般先确定 Z 轴，再确定 X 轴、Y 轴。

（1）Z 轴的确定。规定平行于机床主轴轴线的刀具运动方向为 Z 轴方向。对于没有主轴的机床（如牛头刨床），则取垂直于装夹工件的工作台的方向为 Z 轴方向。如果机床有几个主轴，就选择其中一个与装夹工件的工作台垂直的主轴为主要主轴，并以它的方向作为 Z 轴方向。

Z 轴的正方向为刀具远离工件的方向。如在钻孔加工中，钻入工件的方向为 Z 轴的负方向，而退出方向为 Z 轴正方向。

（2）X 轴的确定。X 轴为水平方向，且垂直于 Z 轴并平行于工件的装夹平面。对于工件旋转的机床（如车床、磨床等），取平行于横向滑座的方向为 X 轴方向。

① 在数控机床编程和面板屏幕显示的过程中，所有字符都以大写正体字母的形式出现，本书中与编程和显示有关的物理量字母，也用大写正体字母表示，如坐标 X，Y，Z，U，V，W，直径 Φ，半径 R 等。

X 轴的正方向仍为刀具远离工件的方向。对于刀具旋转的机床，若主轴是垂直的（如立式铣床、钻床等），则面对刀具主轴向立柱方向看时，刀具向右为 X 轴的正方向。若主轴是水平的（如卧式铣床等），则沿刀具主轴后端向工件看时，刀具向右为 X 轴的正方向。因此，当面对机床看时，立式铣床与卧式铣床的 X 轴正方向相反。

对于无主轴的机床（如刨床），则选定主要切削方向为 X 轴正方向。

(3) Y 轴的确定。Y 轴垂直于 X，Z 轴。在 Z，X 轴方向确定后，用右手笛卡儿坐标系可确定 Y 轴方向。对于卧式车床，由于车刀刀尖安装于工件中心平面上，不需要垂直方向的运动，所以不需要规定 Y 轴方向。

卧式数控车床和立式升降台数控铣床的机床坐标系如图 2 - 6 所示。

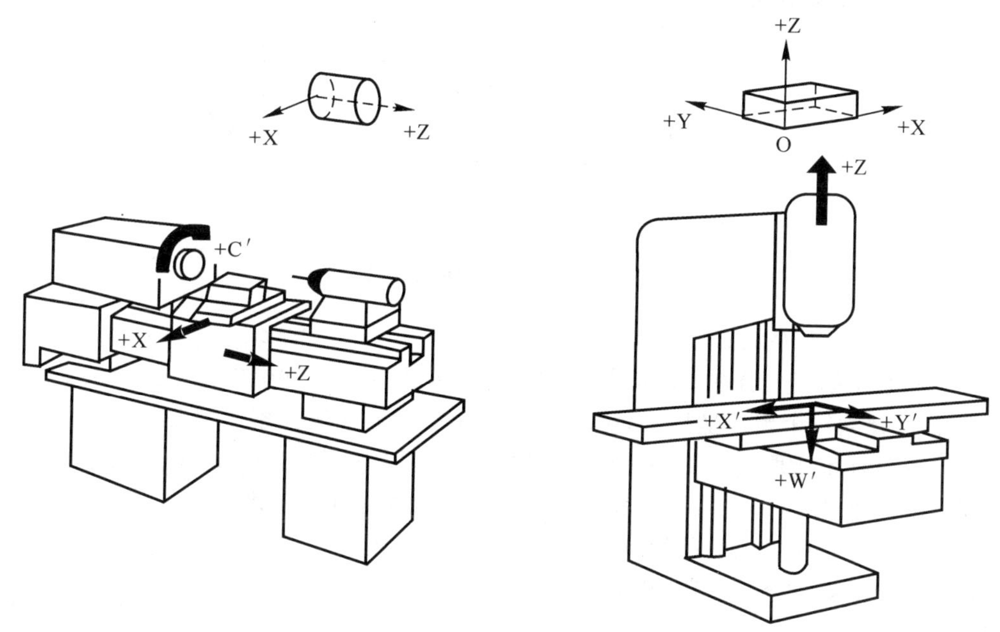

图 2 - 6　卧式数控车床与立式升降台数控铣床的坐标系

4. 附加坐标

如果机床除有 X，Y，Z 主要的直线运动坐标外，还有平行于它们的坐标运动，就应分别命名为 U，V，W。如果还有第三组直线运动，就应分别命名为 P，Q，R。如果在第一组 A，B，C 做回转运动的同时，还有平行或不平行 A，B，C 回转轴的第二组回转运动，就可命名为 D 或 E。

5. 机床零点和机床参考点

机床坐标系是机床固有的坐标系，机床坐标系的原点称为机床原点或机床零点。在机床经过设计、制造和调整后，这个原点便被确定下来，它是固定的点。

数控装置通电时并不知道机床零点，为了正确地在机床工作时建立机床坐标系，通常在每个坐标轴的移动范围内设置一个机床参考点（测量起点），机床启动时，通常要进行机动或手动调回参考点，以建立机床坐标系。

机床参考点可以与机床零点重合，也可以不重合，通过参数指定机床参考点到机床零点的距离。

机床回到了参考点位置，也就知道了该坐标轴的零点位置；找到所有坐标轴的参考点，CNC 就建立起了机床坐标系。

机床坐标轴的机械行程是由最大和最小限位开关来限定的。机床坐标轴的有效行程范围是由软件限位来界定的，其值由制造商定义。机床零点（OM）、机床参考点（Om）、机床坐标轴的机械行程及有效行程的关系如图 2-7 所示。

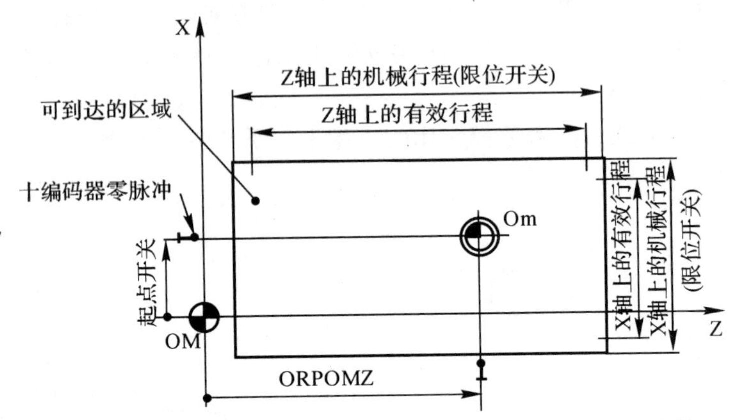

图 2-7 机床零点 OM 和机床参考点 Om

6. 工件坐标系、程序原点和对刀点

工件坐标系是编程人员在编程时使用的。编程人员选择工件上的某一已知点为原点（也称程序原点），建立一个新的坐标系，称为工件坐标系。工件坐标系一旦建立便一直有效，直到被新的工件坐标系所取代。工件坐标系的原点选择要尽量满足编程简单、尺寸换算少、引起的加工误差小等条件。一般情况下，程序原点应选在尺寸标注的基准或定位基准上。

对刀点是零件程序加工的起始点。对刀的目的是确定程序原点在机床坐标系中的位置。对刀点可与程序原点重合，也可在任何便于对刀之处，但该点与程序原点之间必须有确定的坐标联系。

可以通过 CNC 将相对于程序原点的任意点的坐标转换为相对于机床零点的坐标。

2.4 程序结构与格式

数控加工程序是根据数控机床规定的语言规则及程序格式来编制的。因此，程序编制人员应熟悉编程中用到的各种代码、加工指令和程序格式。

为便于数控机床的设计、制造、使用和维修，在程序输入代码、指令及格式等方面，已逐步趋向统一。目前，国际上已形成了两种通用的标准，即国际标准化组织的 ISO 标准和美国电子工业学会的 EIA 标准。我国根据 ISO 标准制定了 JB3208—99 等标准。这些标准是数控加工编程的基本准则。需要说明的是，由于各个数控机床生产厂家使用的数控系统不同，其采用的代码、指令、程序段格式目前尚未完全统一。因此，在编制程序时必须严格按所使用的数控机床说明书中规定的格式、代码进行。

一、程序的结构

一个完整的数控加工程序，由程序号、程序主体、程序结束指令三部分组成。

例如：

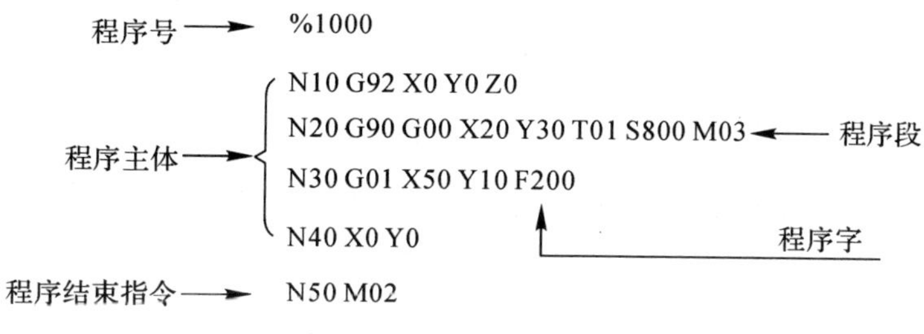

图 2－8 程序的结构

程序号位于程序主体之前，是程序的开始部分，一般独占一行。为了区别数控系统的存储器中所存的程序，每个程序必须要有程序号。程序号一般由规定的字母 O 或符号“%”打头，后面紧跟若干位数字组成。常用的是二位和四位两种，前零可以省略。

程序主体部分是程序的核心，它由若干个程序段组成。每个程序段由一个或多个指令构成，表示机床要完成的动作。在书写和打印时，一个程序段一般占一行。

程序结束指令位于程序主体的后面，其标志可用 M02（程序结束）或 M30（纸带结束，光标返回）。M02 或 M30 允许与其他程序字合用一个程序段，但最好还是将其单列一段。

二、程序段格式

数控程序是由若干程序段组成，而程序段又是由程序字组成。程序字则由地址符（英文字母）和数字（有的数字还带有符号）组成。例如，Y—50 就是一个程序字，其中“Y”为地址符，“—”为符号（负）。

一个程序段就是一个完整的加工动作指令。所谓程序段格式，指的是程序段书写（编排）的规则。JB3882—85 对此作了详细规定。以下仅介绍直观性强，运用最普遍的“使用地址符的可变程序”程序段格式。例：

O05　　N010　　G00　　Z5　　T02　　S1500　　M03

其中 O，N，G，Z，T，S，M 均为地址符；05，010，00 等均为数字；O05，N010，G00 等均为程序字；各程序段均须用分号“；”结尾（断句）。这种格式名称中的“可变程序”，指的是在一个程序段内，对各程序字的前后顺序没有严格的要求。表示地址符的英文字母的含义如表 2－1 所示。

表 2－1 常用的地址符

功　能	地址符	含　义
1. 程序号	O(%)，P	程序编号，子程序编号
2. 顺序号字	N	表示程序段的代号
3. 准备功能字	G	指令机床的工作方式
4. 辅助功能字	M	指令机床的开/关等辅助动作

续 表

<table>
<tr><th colspan="2">功　能</th><th>地址符</th><th>含　义</th></tr>
<tr><td colspan="2" rowspan="5">5. 坐标字</td><td>X,Y,Z</td><td>指令 X,Y,Z 轴的绝对坐标值</td></tr>
<tr><td>U,V,W</td><td>指令 X,Y,Z 轴的增量坐标值</td></tr>
<tr><td>A,B,C</td><td>指令绕 X,Y,Z 轴的旋转坐标值</td></tr>
<tr><td>I,J,K</td><td>指令圆弧中心坐标值</td></tr>
<tr><td>R</td><td>指令圆弧半径值</td></tr>
<tr><td colspan="2">6. 进给功能字</td><td>F</td><td>指令刀具中心的进给速度</td></tr>
<tr><td colspan="2">7. 主轴转速功能字</td><td>S</td><td>指令主轴的转速</td></tr>
<tr><td colspan="2">8. 刀具功能字</td><td>T</td><td>指令刀具的刀具号和补偿值</td></tr>
<tr><td rowspan="3">其他
程序字</td><td>偏移号</td><td>H 或 D</td><td>指令刀具补偿值</td></tr>
<tr><td>重复次数</td><td>L</td><td>指令固定循环和子程序的执行次数</td></tr>
<tr><td>暂停时间</td><td>P,X(U)</td><td>指令暂停时间</td></tr>
</table>

三、基本指令代码

表 2－1 中所列的地址符 G,M,T,S,F 实际上就是控制数控机床动作的基本指令代码。因此有必要作进一步介绍。

1. 准备功能代码

准备功能代码又称为 G 代码,它是使数控机床做好某种运动方式准备的指令。G 指令由地址符 G 和后面的两位数字组成,常用的从 G00～G99 共有 100 种,我国 JB/T3208—99 规定的准备功能代码见表 2－2。

表 2－2　准备功能代码(JB/T3208—99)

代码	功能保持到被取消或被同样的字母表示的程序指令所代替	功能仅在所出现的程度段内有效	功　能	代码	功能保持到被取消或被同样的字母表示的程序指令所代替	功能仅在所出现的程度段内有效	功　能
G00	a		点定位	G07	#	#	不指定
G01	a		直线插补	G08		*	加速
G02	a		顺时针方向圆弧插补	G09		*	减速
G03	a		逆时针方向圆弧插补	G10～G16	#	#	不指定
G04		*	暂停	G17	c		XOY 平面选择
G05	#	#	不指定	G18	c		ZOX 平面选择
G06	a		抛物线插补	G19	c		YOZ 平面选择

续表

代码	功能保持到被取消或被同样的字母表示的程序指令所代替	功能仅在所出现的程度段内有效	功　能	代码	功能保持到被取消或被同样的字母表示的程序指令所代替	功能仅在所出现的程度段内有效	功　能
G20～G32	#	#	不指定	G57	f		直线偏移 X,Y
G33	a		螺纹切削,等螺距	G58	f		直线偏移 X,Z
G34	a		螺纹切削,增螺距	G59	f		直线偏移 Y,Z
G35	a		螺纹切削,减螺距	G60	h		准确定位 1(精)
G36～G39	#	#	永不指定	G61	h		准确定位 2(中)
G40	d		刀具补偿/刀具偏置注销	G62	h		准确定位(粗)
G41	d		刀具补偿一左	G63		*	攻螺纹
G42	d		刀具补偿一右	G64～G67	#	#	不指定
G43	#(d)	#	刀具偏置一正	G68	#(d)	#	刀具偏置,内角
G44	#(d)	#	刀具偏置一负	G69	#(d)	#	刀具偏置,外角
G45	#(d)	#	刀具偏置+/+	G70～G79	#	#	不指定
G46	#(d)	#	刀具偏置+/-	G80	c		固定循环注销
G47	#(d)	#	刀具偏置-/-	G81～G89	c		固定循环
G48	#(d)	#	刀具偏置-/+	G90	j		绝对尺寸
G49	#(d)	#	刀具偏置 0/+	G91	j		增量尺寸
G50	#(d)	#	刀具偏置 0/-	G92		*	预置寄存
G51	#(d)	#	刀具偏置+/0	G93	k		时间倒数,进给率
G52	#(d)	#	刀具偏置-/0	G94	k		每分钟进给
G53	f		直线偏移,注销	G95	k		主轴每转进给
G54	f		直线偏移 X	G96	i		恒线速度
G55	f		直线偏移 Y	G97	i		每分钟转数(主轴)
G56	f		直线偏移 Z	G98～G99	#	#	不指定

注:(1)#号:如选作特殊用途,必须在程序格式说明中注明。

(2)如在直线切削控制中没有刀具补偿,则 G43 到 G52 可指定作为其他用途。

(3)在表中左栏括号中的字母(d)表示:可以被同栏中没有括号的字母 d 所注销或代替,也可被有括号的字母(d)所注销或代替。

(4)G45 到 G52 的指令可用于机床上任意两个预定的坐标。

(5)控制机上没有 G53 到 G59,G63 指令时,可以指定作为其他用途。

从表 2－2 第 2,3 列可以看出,依据指令是否具有续效性,G 代码分为两类,一类称为一次性(one shot) 代码,另一类为模态(model) 代码。在第 3 列中有标号 * 的为一次性代码,它只在所在的程序段中有效。

在第 2 列中有字母标号(如 a,d,f 等) 的均为模态代码(又称为续效代码),同标号的代码(例如同为 a) 为一组。这种代码的指令一旦被执行,则一直到同一组的代码出现或被明令取消为止都有效。即这类代码在未失效前的各程序段中尽管不书写它,但数控机床仍继续执行其功能。

2. 辅助功能代码

辅助功能代码又称为 M 代码,它是用来指定数控机床加工时的辅助动作及状态,如主轴的启停、正反转、冷却液的开关、刀具的更换、工件的夹紧与松开等。常用的 M 代码从 M00～M99 共计 100 种,我国 JB/T3208—99 规定了辅助功能代码的功能,见表 2－3。

表 2－3 辅助功能代码(JB/T3208—99)

代码	功能开始时间		功能保持到被注销或被适当程序指令代替	功能仅在出现的程序段内有作用	功能	代码	功能开始时间		功能保持到被注销或被适当程序指令代替	功能仅在出现的程序段内有作用	功能
	与程序段指令运动同时开始	在程序段指令运动完成后开始					与程序段指令运动同时开始	在程序段指令运动完成后开始			
M00		*		*	程序停止	M13	*		*		主轴顺时针方向,切削液开
M01		*		*	计划停止	M14	*		*		主轴逆时针方向,切削液开
M02		*		*	程序结束	M15	*			*	正向快速运动
M03	*		*		主轴顺时针方向	M16	*			*	负向快速运动
M04	*		*		主轴逆时针方向	M17～M18	#	#	#	#	不指定
M05		*	*		主轴停止	M19		*	*		主轴定向停止
M06	#	#		*	换刀	M20～M29	#	#	#	#	永不指定
M07	*		*		2 号切削液开	M30		*		*	纸带结果
M08	*		*		1 号切削液开	M31	#	#		*	互锁旁路
M09		*	*		切削液关	M32～M35	#	#	#	#	不指定
M10	#	#	*		夹紧	M36	*		#		进给范围 1
M11	#	#	*		松开	M37	*		#		进给范围 2
M12	#	#	#	#	不指定	M38	*		#		主轴转速范围 1

续 表

代码	功能开始时间		功能保持到被注销或被适当程序指令代替	功能仅在出现的程序段内有作用	功 能	代码	功能开始时间		功能保持到被注销或被适当程序指令代替	功能仅在出现的程序段内有作用	功 能
	与程序段指令运动同时开始	在程序段指令运动完成后开始					与程序段指令运动同时开始	在程序段指令运动完成后开始			
M39	*		#		主轴转速范围 2	M57～M59	#	#	#	#	不指定
M40～M45	#	#	#	#	如有需要则作为齿轮换挡，此外不指定	M60		*		*	更换工作
M46～M47	#	#	#	#	不指定	M61	*				工件直线位移，位置 1
M48		*	*		注销 M49	M62	*		*		工件直线位移，位置 2
M49	*		#		进给率修正旁路	M63～M70	#	#	#	#	不指定
M50	*		#		3 号切削液开	M71	*		*		工件角度位移，位置 1
M51	*		#		4 号切削液开	M72	*		*		工件角度位移，位置 2
M52～M54	#	#	#	#	不指定	M73～M89	#	#	#	#	不指定
M55	*		#		刀具直线位移，位置 1	M90～M99	#	#	#	#	永不指定
M56	*		#		刀具直线位移，位置 2						

注：(1)“#”号表示若选作特殊用途，必须在程序说明中注明。

(2)“不指定”代码，在将来修订本标准时，可能对它规定功能。

(3)M90～M99 可指定为特殊用途。

(4)“*”号表示对该具体情况起作用。

M00 是程序停止指令。执行该程序，机床的主轴、进给及冷却液都自动停止，但是全部现存的模态信息保持不变。重按“启动”键，便可继续执行后续的程序。

M02 是程序结束指令。在全部程序结束后，用此指令使机床复位、停机。该指令必须出现在程序的最后一个程序段中。

M 代码也分为模态代码和非模态代码，其意义与 G 代码中的模态和非模态相同。

3．刀具功能代码

用地址符 T 表示，主要用来选择刀具，也可以用来选择刀具的长度补偿和半径补偿。T 代码后有 4 位数字，前两位数字代表刀具编号，后两位数字代表该刀的刀具补偿号。例如 T0203 表示调用 2 号刀的第 3 号刀补。

后两位数字为 00 时，表示取消刀补。一般应在取消刀补的状态下调出某号刀具。例如 T0200，表示调用第 2 号刀，然后，再调用该刀的某号刀补。

4．主轴功能代码

用地址符 S 表示，又称为 S 指令或 S 代码。该指令是模态指令，其功能主要是制定主轴的转速或速度，单位为 r/min 或 m/min。S 代码与不同的 G 代码组合表示不同的意义。如果按 JB3208—99 规定：

G96 S ________，表示限制主轴最高转速。例 G96 S1400 表示限制主轴转速不超过 1 400 r/min。

G97 S ________，表示控制圆周切削速度。例 G97 S50 表示使切削点的速度保持为50 m/min。

由于线速度(v)、回转半径(R)、转速(n) 之间的关系为 $v=2\pi Rn/1\ 000$，所以为了维持恒定的线速度(m/min)，数控系统必须能依据切削点距主轴轴线的距离 R，自动调整主轴转速 n。

5．进给功能代码

用地址符 F 表示，又称为 F 指令或 F 代码。该指令是模态指令，其功能是指定切削进给速度，有两种不同的意义。在切削螺纹状态下，F 代码表示进给量(主轴每转一圈，刀具的轴向位移)，即螺纹导程，单位为 mm/r；在其他状态下，表示刀具相对于工件的进给速度，单位一般为 mm/min。

2.5 数控编程中的数值计算

数控机床一般都有直线、圆弧等插补功能。数控编程时，数值计算的主要内容是根据零件图样和选定的走刀路线、编程误差等计算出以直线和圆弧组合所描述的刀具轨迹。下面分别介绍数值计算中的基点计算和节点计算。

一、基点计算

通常将各个几何元素间的连接点称为基点，如两条直线的交点、直线与圆弧的切点与交点、圆弧与圆弧的切点与交点、圆弧与二次曲线的切点与交点等。

大多数的工件轮廓由直线或圆弧段组成，这时的基点计算比较简单，如图 2－9 所示的 A,B,C,D,E 点均为基点，其中，A,B,D,E 四个点的坐标值为已知，而 C 点为直线 CD 与圆弧 BC 的切点，可通过建立直线 CD 和圆弧 BC 的方程，来求得 C 点的坐标值。

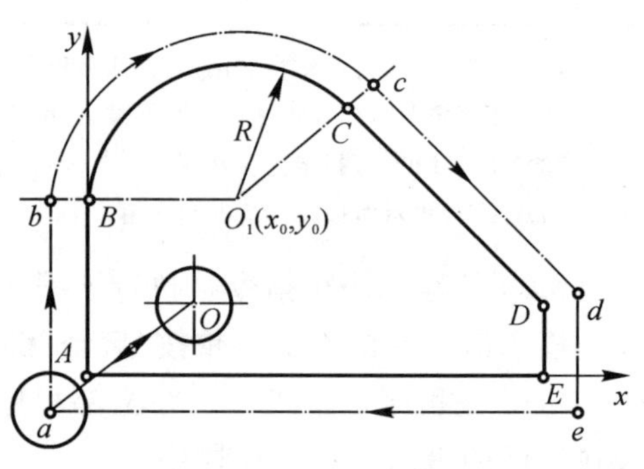

图 2－9　基点计算

二、节点计算

一般的数控系统只具备直线插补和圆弧插补功能，在加工非圆曲线时，常用直线或圆弧线段去逼近，这些逼近线段的交点称为节点。因此对于非圆曲线轮廓的加工，手工编程时除了计算基点坐标外，还应计算出各逼近线段的长度和节点坐标值，并以节点划分程序段。

用直线或圆弧逼近方程曲线 $y=f(x)$ 时，节点的数目和坐标值主要取决于曲线的特性和逼近线段的形状及允许的逼近误差。根据这些条件，可用数学方法求出各节点的坐标。是用直线还是用圆弧作为逼近线段，应考虑在保证逼近精度的前提下，使节点数最少，也就是使程序段数最少，计算简单。一般来说，对于曲率半径较大的曲线用直线逼近比较有利，若曲线某段接近圆弧，则自然用圆弧逼近比较有利。

直线逼近方法主要有等间距法、等步长法和等误差法。随着自动编程方法的广泛应用，非圆曲线轮廓的编程一般都用自动编程系统实现，因此在实际编程中已经很少用手工计算节点。下面仅对等间距直线逼近法及节点计算方法作简单介绍。

等间距直线逼近法是使每一程序段中的某一坐标的增量相等。在直角坐标系中，可令 x 坐标的增量相等。如图 2-10 所示，将曲线上的 x 坐标划分成等间距，然后求出曲线上相应的节点 A,B,C,D,E,F，将相邻节点连成直线，用这些直线代替原来的轮廓曲线，进行直线插补编程，并使逼近误差在允许的范围内。可见 Δx 越大，直线段取代曲线段的逼近误差也越大。

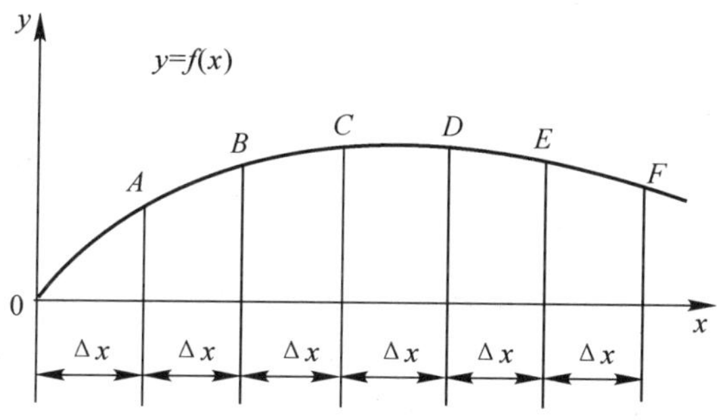

图 2-10　等间距法节点计算

Δx 的取值与曲线的曲率及允许误差有关。通常先取 $x=0.1$ mm，试计算出节点坐标值，然后进行误差校验。误差校验的方法如图 2-11 所示。

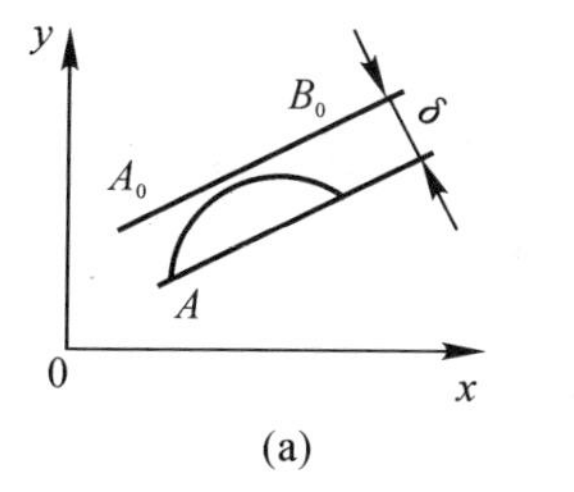

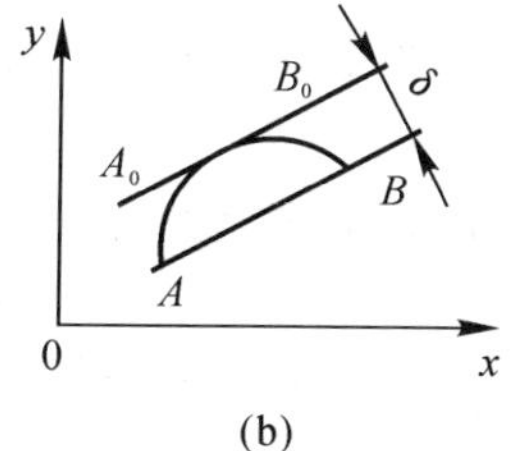

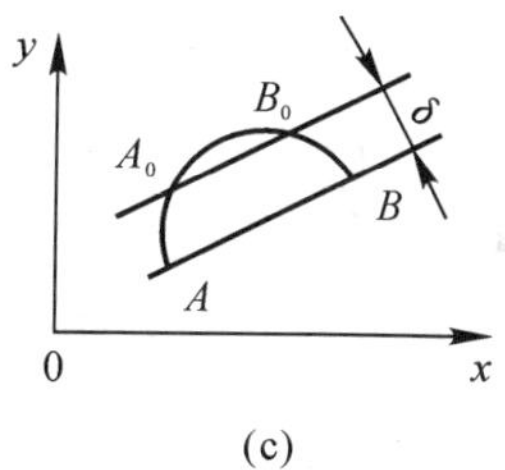

图 2-11　等间距误差校验

根据允许误差写出直线 AB 平行的直线 A_0B_0 方程式，并与轮廓曲线方程 $y=f(x)$ 联立求解。若无解，表明直线 A_0B_0 与轮廓曲线 $y=f(x)$ 不相交，如图 2-11(a) 所示，逼近误差在允许误差之内；若有一解，表明直线 A_0B_0 与轮廓曲线 $y=f(x)$ 有一交点，如图 2-11(b) 所示，逼近误差与允许误差相等。若有两解，表明直线 A_0B_0 与轮廓曲线 $y=f(x)$ 有两个交点，如图 2-11(c) 所示，逼近误差超出了允许误差，此时，应减少 Δx 的数值，再重新进行误差校验，直到逼近误差小于或等于允许误差为止。

2.6 数控加工工艺处理

数控加工工艺处理主要包括以下几方面：

(1) 被加工零件图样的分析，明确加工内容及技术要求。

(2) 确定零件的加工方案，制定数控加工工艺路线，如工序的划分、加工顺序的安排与传统加工工序的衔接等。

(3) 设计数控加工工序，如工步的划分、零件的定位与夹具的选择、刀具的选择、切削用量的确定等。

(4) 调整数控加工工序的程序，如对刀点和换刀点的选择、加工路线的确定、刀具的补偿等。

(5) 分配数控加工中的允许误差。

(6) 处理数控机床上的部分工艺指令。

总之，数控加工工艺处理内容较多，有些与普通机床加工相似，有些则要体现数控加工的特点，这里仅对编程中工艺处理的主要内容予以讨论。

一、零件图样的分析

零件图样的分析是工艺处理中的首要工作，它直接影响零件加工程序的编制及加工结果。此项工作主要包括下述内容。

1. 零件图标题栏的分析

看标题栏的目的主要是了解零件的名称、材料及其大概用途等，通过看比例及总体尺寸可以知道该零件的大概外形及大小。有些国外的零件图要看看有没有区别于国内标注方法的特殊要求，例如公制与英制标注的区别、公差的标法、视图画法及投影方向的区别等，如果有则要作相应的处理。

2. 加工轮廓几何条件的分析

由于设计等多方面的原因，在图样上可能出现加工轮廓的数据不充分、尺寸模糊不清及尺寸封闭等缺陷，这样就增加了编程的难度，有时甚至无法编程。在发现以上情况时，应向图样的设计人员或技术管理人员及时反映，解决以后才能进行程序编制工作。

3. 尺寸公差要求的分析

分析零件图样上的尺寸公差要求，以确定控制尺寸精度的加工工艺。一般把零件图样上的尺寸分为两类，即重要尺寸和一般尺寸。尺寸公差要求高的尺寸称为重要尺寸，尺寸公差要求低的尺寸称为一般尺寸。重要尺寸在数控编程以及加工过程中应特别注意，因为其公差值小，在加工过程中难以控制，而一般尺寸相对容易保证。同时，在该项分析过程中，还可以同时进行一些编程尺寸的简单换算，如增量尺寸、绝对尺寸、中值尺寸及尺寸链计算等。在实际编程过程

中，经常取尺寸的中间值作为编程的尺寸依据。

4. 形状和位置公差要求的分析

图样上给定的形状和位置公差是保证零件精度的重要要求。在工艺准备过程中，除了按其要求确定零件的定位基准和检测基准，并满足其设计基准的规定外，还可以根据机床的特殊需要进行一些技术性处理，以便有效地控制其形状和位置公差。对于数控切削加工，零件的形状和位置公差主要受机床机械运动副精度的影响。因此，数控机床本身的精度对加工来讲也是一个非常重要的方面，如果无法提高机床本身的精度，那么只有在工艺处理工作中，考虑进行工艺方面技术性处理的有关方案。

5. 表面粗糙度要求的分析

表面粗糙度是保证零件表面微观精度的重要条件，也是合理选择机床、刀具及确定切削用量的重要依据。

6. 材料与热处理要求的分析

图样上给出的零件材料与热处理要求，是选择刀具（材料、几何参数及使用寿命）和选择机床型号及确定有关切削用量等的重要依据。

7. 毛坯要求的分析

零件的毛坯要求主要指对坯件形状和尺寸的要求，如棒料、管材或铸、锻坯件的形状及其尺寸等。分析上述要求，对确定数控机床的加工工序，选择机床型号、刀具材料及几何参数、走刀路线和切削用量等，都是必不可少的。当有些铸、锻坯件的加工余量过大或很不均匀时，若采用数控加工，则既不经济，又降低了机床的使用寿命。

8. 数量要求的分析

加工零件的数量，对零件的定位与装夹、刀具的选择、工序安排及走刀路线的确定等都是不可忽视的参数。

二、确定加工方案的原则

加工方案又称工艺方案，数控机床的加工方案主要包括制定工序、工步和走刀路线等内容。

在数控机床加工过程中，由于加工对象复杂多样，特别是轮廓曲线的形状及位置千变万化，加上材料不同、批量不同等多方面因素的影响，在对具体零件制定加工方案时，应该进行具体分析和区别对待，灵活处理。只有这样，才能使所制定的加工方案更加合理，从而达到质量优、效率高和成本低的目的。

制定某一零件加工方案的方法很多，应根据具体零件而定。在对加工工艺进行认真和仔细的分析后，制定加工方案的一般原则为先粗后精，先近后远，先内后外，程序段最少，走刀路线最短等。

1. 先粗后精

为了提高生产效率并保证零件的加工质量，在数控切削加工中，一般应先安排粗加工工序，接着安排半精加工工序，最后再安排精加工工序。

数控粗加工及半精加工的工序安排与普通加工大致相同，但在安排可以一刀或多刀进行的数控精加工工序时，其零件的最终轮廓应由最后一刀连续加工而成。此时一定要考虑好刀具进刀和退刀的具体位置，尽量不要在连续的轮廓切削中安排切入和切出或换刀及停顿等工步，以免因切削力突然变化而造成弹性变形，致使在光滑连接轮廓上产生表面划伤、形状突变或滞留刀痕等疵病。

2. 先近后远

这里所说的远与近，是按加工部位相对于对刀点的距离大小而言的。在一般情况下，特别是在粗加工中，通常安排离对刀点近的部位先加工，离对刀点远的部位后加工，以便缩短刀具移动距离，减少空行程时间。对于车削加工，先近后远还有利于保持坯件或半成品的刚性，改善其切削条件，保证零件加工最终的刚性要求。例如，在加工图 2－12 所示零件时，如果按 $\phi38$ mm→$\phi36$ mm→ $\phi34$ mm 的次序安排车削，不仅会增加刀具返回对刀点所需的空行程时间，而且还可能使台阶的外直角处产生毛刺。对这类直径相差不大的台阶轴，当第一刀的吃刀深度未超限时，宜按 $\phi34$ mm → $\phi36$ mm → $\phi38$ mm 的次序先近后远地安排车削。

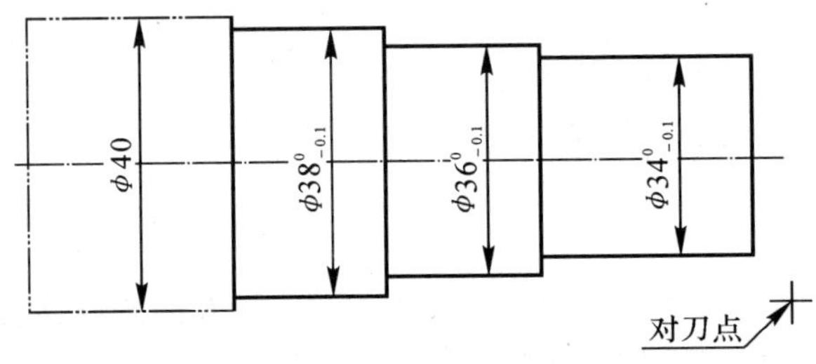

图 2－12　先近后远示例

3. 先内后外

对既有内表面又有外表面的零件加工，在制定其加工方案时，通常应安排先加工内形和内腔，后加工外形表面。这是因为控制内表面的尺寸和形状较困难，刀具刚性相应较差，刀具的使用寿命易受切削热影响而降低，而且在加工中清除切屑较困难。

4. 程序段最少

对于数控加工程序的编制，在满足零件合格加工的前提下，应尽可能使得程序段数最少，以使程序简洁，减少出错的几率及提高编程工作的效率。但程序段数的多少没有硬性的规定，事实上也没法规定，只能根据加工零件的具体情况，很好地安排加工过程中的工序和工步，同时合理安排每把刀的走刀路线，尽量减少辅助程序段的数目。这样，不但可以大大减少计算的工作量，而且能减少程序输入的时间及计算机内存的占有量。

5. 走刀路线最短

确定走刀路线的目的主要在于确定粗加工、半精加工及空行程的走刀路线，因精加工切削过程的走刀路线基本上都是沿其零件轮廓顺序进行的。

走刀路线是指刀具从对刀点（或机床固定原点）开始运动起，直至返回该点并结束加工程序所经过的路线，包括切削加工的路线及刀具切入、切出等非切削空行程路线。在保证加工质量的前提下，使加工程序具有最短的走刀路线，不仅可以节省整个加工过程的执行时间，还能减少一些不必要的刀具消耗及机床进给机构滑动部件的磨损等。

三、刀具及夹具的选择

合理选择数控加工用的刀具及夹具，是工艺处理过程中的重要内容。在数控加工中，产品

的加工质量和劳动生产率在很大程度上将受到刀具、夹具的制约。虽然大多数刀具、夹具与普通加工所用的刀具、夹具基本相同，但对一些工艺难度较大或其轮廓、形状等方面较特殊的零件加工，所选用的刀具、夹具必须具有较高要求，或须作进一步的特殊处理，以满足数控加工的需要。

1. 数控加工对刀具的要求

(1) 刀具性能及材料。数控加工刀具的基本性能与普通加工刀具的性能大致相同。但数控加工对刀具的要求更高，不仅要求精度高、刚度好、耐用度高，而且要求尺寸稳定、安装调整方便等。

为适应机械加工技术的要求，特别是数控机床加工技术的高速发展，刀具材料也在大力发展之中。这就要求采用新型优质材料制造数控加工刀具，并优选刀具参数。除了量大、面广的高速钢及硬质合金刀具材料外，还可选用涂层刀具和陶瓷、金刚石及立方氮化硼等新型材料作为数控加工的刀具材料。

(2) 刀具的选用。

1) 应尽可能选择通用的标准刀具，不用或少用特殊的非标准刀具。

2) 尽量使用不重磨刀片，少用焊接式刀片。

3) 大力推广标准模块化刀夹(刀柄和刀杆等) 的使用。

4) 不断推进可调式刀具(如浮动可调控刀头) 的开发和应用。

2. 数控加工对夹具的要求

为了充分发挥数控机床的高速度、高精度和自动化的效能，还应有相应的数控夹具进行配合。数控机床所用的夹具除了刀具夹具(刀夹) 外，这里特指在数控机床上对加工零件进行定位和夹紧的夹具。

(1) 零件定位安装的基本原则。在数控机床上加工零件时，定位安装的基本原则与普通机床相同，也要合理选择定位基准和夹紧方案。为了提高数控机床的效率，在确定定位基准与夹紧方案时应注意下列 3 点：

1) 力求设计、工艺与编程计算的基准统一。

2) 尽量减少装夹次数，尽可能在一次定位装夹后，加工出全部待加工表面。

3) 避免采用占机人工调整式加工方案，以充分发挥数控机床的效能。

(2) 选择夹具的基本原则。数控加工的特点对夹具提出了两个基本要求：一是保证夹具的坐标方向与机床的坐标方向相对固定；二是要协调零件和机床坐标系的尺寸关系。除此之外，还要考虑以下 4 点：

1) 当零件加工批量不大时，应尽量采用组合夹具、可调式夹具及其他通用夹具，以缩短生产准备时间，节省生产费用。

2) 在成批生产中才考虑采用专用夹具，但力求结构简单。

3) 零件的装卸要快速、方便、可靠，以缩短机床的停顿时间。

4) 夹具上各零部件应不妨碍机床对零件各表面的加工，即夹具要开敞，其定位、夹紧机构不能影响加工中的走刀(如产生碰撞等) 。

此外，为了提高数控加工的效率，在成批生产中还可以采用多位、多件夹具，例如在数控铣床或立式加工中心的工作台上安装的新型平板式夹具元件等。

四、确定切削用量

数控机床加工中的切削用量是表示机床主体的主运动和进给运动大小的重要参数，包括切削深度、主轴转速和进给速度，并与普通机床加工中所要求的各切削用量对应一致。

在加工程序的编制工作中，选择好切削用量，使切削深度、主轴转速和进给速度三者间能互相适应，以形成最佳切削参数，这是工艺处理的重要内容之一。

1. 切削深度 a_p 的确定

当加工工艺系统刚性允许时，应尽可能选取较大的切削深度，以减少走刀次数，提高生产效率。当零件的精度要求较高时，则应考虑适当留出半精加工和精加工的切削余量，所留精加工切削余量一般比普通加工时所留出的余量小。车削和镗削加工时，常取精加工切削余量为 0.1 ～ 0.5 mm，铣削时，则常取为 0.2 ～ 0.8 mm。

2. 主轴转速的确定

除车削螺纹外，主轴转速的确定方法与普通机床加工时的方法一样，可用下式进行计算：

$$n = \frac{1\ 000v}{\pi d}$$

式中 n —— 主轴转速，r/min；

v —— 切削速度，m/min，由刀具的耐用度决定；

d —— 工件或刀具直径，mm。

在确定主轴转速时，首先需要按零件和刀具的材料及加工性质（如粗、精切削）等条件确定其允许的切削速度，其常用的切削速度可以参阅有关技术手册或资料。如何确定加工中的切削速度，在实践中也可根据实际经验进行确定。

3. 进给速度的确定

对于绝大多数的数控车床、铣床、镗床和钻床，进给速度都规定其单位为 mm/min。另外，有些数控机床规定可以选用进给量（f）表示其进给速度，如有的数控车床规定其进给速度的单位为 mm/r。

（1）进给速度的确定原则。

1）当工件的加工质量要求能够得到保证或在粗加工时，为了提高生产效率，可选择较高的进给速度。

2）切断、精加工（如顺铣削）、深孔加工或用高速钢刀具切削时，宜选择较低的进给速度，有时还需要选择极低的进给速度。

3）刀具或工件作空行程运动，特别是远距离返回程序原点或机床固定原点时，可以设定尽量高的进给速度，其最高进给速度由数控系统决定，目前最高的进给速度可达 120 m/min。

4）切削时，进给速度应与主轴转速和切削深度等切削用量相适应，不能顾此失彼。

（2）进给速度的确定。

1）每分钟进给速度的计算。进给速度 F 包括 X 轴向、Y 轴向和 Z 轴向的进给速度（即 F_X，F_Y 和 F_Z），其计算公式为

$$F = nf$$

式中，进给量 f 是指刀具在进给运动方向上相对工件的位移量（mm/min），其量值大小应根据切削用量、刀具状况和加工精度等进行综合考虑，也可参考有关技术手册。

2）进给速度所用单位的换算。表示进给速度的单位mm/r与mm/min可以相互进行换算，其换算公式为

$$\mathrm{mm/r} = \frac{\mathrm{mm/min}}{n}$$

五、确定程序编制的允许误差

确定程序编制的允许误差，不仅为制定加工方案提供了重要的依据，而且还对工艺准备工作中的某些细节要求（如夹具的定位、刀具的对刀等）提供了较具体的参考依据。

1. 程序编制误差

通常所说的程序编制误差 $\Delta_{编}$，主要由以下两项误差决定，即

$$\Delta_{编} = f(\Delta_{拟}, \Delta_{计})$$

式中 $\Delta_{拟}$ —— 用直线或圆弧拟合零件轮廓曲线时所产生的误差；

$\Delta_{计}$ —— 在数学处理中，由计算过程而产生的数值计算误差。

2. 数控加工误差

在数控加工中，其加工误差 $\Delta_{加}$ 将由多种误差决定，即

$$\Delta_{加} = f(\Delta_{编}, \Delta_{控}, \Delta_{伺}, \Delta_{刀}, \Delta_{定})$$

式中 $\Delta_{控}$ —— 数控装置系统误差；

$\Delta_{伺}$ —— 伺服驱动系统误差；

$\Delta_{刀}$ —— 对刀误差；

$\Delta_{定}$ —— 工件的定位误差。

在数控加工误差中，由于数控装置系统误差一般极小，因而可忽略不计。对刀误差可通过自动补偿等给予排除，因此伺服驱动系统误差和工件的定位误差是影响加工误差的主要因素。为了消除其误差对加工的影响，应当相应减少程序编制误差，其减小的幅度视工件定位误差和伺服驱动系统误差的实际情况而定。

3. 程序编制允许误差

确定程序编制允许误差 $\delta_{允}$ 的途径，主要是通过按一定比例压缩其加工零件公差 $T_{工}$ 而实现的。在数控加工实践中，一般取程序编制的允许误差为加工零件公差的 1/3 左右，对精度要求较高的工件，则取其加工零件公差的 1/10 ～ 1/15。

程序编制的允许误差越小，手工编程时进行拟合计算或基点数值计算的工作量和难度越大。如果能在制定加工方案工作中，预先排除可能产生的其他一些误差，以使允许误差不致设定得太小，那么对整个数控加工将是十分有益的。

第3章 数控车削

3.1 数控车床简介

数控车床是最常见的数控机床，主要用于加工轴类、盘套类等回转体零件，能够通过程序控制自动完成内、外圆柱面，锥面，圆弧面，螺纹等工序的切削加工，并进行切槽、钻孔、扩孔、铰孔等动作。数控车削中心和数控车铣中心在一次装夹中可以完成更多的加工工序，提高了加工质量和生产效率，因此特别适宜复杂形状回转类零件的加工。

一、数控车床的分类

数控车床品种繁多，按数控系统的功能和机械构成可分为简易数控车床（经济型数控车床）、多功能数控车床和数控车削中心。

(1) 简易数控车床。采用步进电机和单片机对普通车床的进给系统进行改造后形成的简易型数控车床，成本较低，但自动化程度和功能都较差，车削加工精度也不高，适用于要求不高的回转类零件的车削。

(2) 多功能数控车床。多功能数控车床也称全功能型数控车床，它是在结构上进行了专门设计并配备通用数控系统而形成的数控车床，数控系统功能强，自动化程度和加工精度比较高，适用于一般回转类零件的车削加工。这种数控车床可同时控制两个坐标轴，即 X 轴和 Z 轴。

(3) 数控车削中心。车削中心是以全功能型数控车床为主体，配备刀库、自动换刀装置、分度装置和机械手等部件，实现多工序复合加工的机床。在车削中心上，工件在一次装夹后，可以完成回转类零件的车、铣、钻、铰、螺纹加工等多种工序的加工。车削中心的功能全面，加工质量和速度都很高，但价格也很高。

按结构和用途，数控车床主要可分为数控卧式车床、数控立式车床和数控专用车床（数控凸轮车床、数控曲轴车床、数控丝杠车床等）。

二、数控车床的基本结构

数控车床的结构与普通车床相似，即由床身、主轴箱、刀架、进给系统、冷却系统和润滑系统等部分组成，但其进给系统与普通车床有本质区别。传统普通车床的进给系统是由进给箱和交换齿轮组成的；而数控车床是直接利用伺服电机通过滚珠丝杠驱动溜板箱和刀架实现进给运动的，因而其进给系统的结构大为简化。图 3－1 所示为 CK6136i 型数控车床外形图。表 3－1 为 CK6136i 型数控车床的主要技术参数。

图 3－1　CK6136i 型数控车床

表 3－1　CK6136i 型数控车床的主要技术参数

技术参数	数　值
最大工件回转直径/mm	360
机床顶尖距/mm	570,1 000
主轴头/内孔锥度	A2－5/MT5
主轴转速范围/(r·mm^{-1})	A 类 L:35～480,H:215～3 000　B 类 150～3 000
主轴电机功率/kW	变频:4.0(5.5)
通孔,拉管直径/mm	A 类 40,28　B 类 52,28
刀架形式	电动四方或直排
数控系统	广数:GSK980T　华中:HNC21T　FANUC:0i Mate－TC
主轴最大输出扭矩/(N·m)	A 类 L:238,H:37　B 类 37

三、数控车床的加工特点

由于数控车床自身的特点,在生产加工过程中,它有着与普通车床不同的加工特点,具体表现在以下几个方面:

1. 适应性强,适于多品种小批量零件的加工

在传统的自动或半自动车床上加工一个新零件,一般需要通过调整机床或机床附件,以使机床适应被加工零件的要求。在使用数控车床加工不同形状的零件时,只要重新编制或修改加工程序,就可以迅速达到加工新零件的要求,省去了调整机床的时间,从而大大缩短技术准备时间。

2. 加工精度高,加工质量稳定

数控车床的加工过程是通过预先输入的加工程序进行控制的,这就避免了人为误差或失误。另外,由于数控车床本身的重复定位精度高,在加工同一批零件时,能保证加工工件的一致性,并有稳定的质量。

3. 有较高的生产效率和较低的加工成本

数控车床的主轴转速和进给速度变化范围很大,并可实现无级调速,加工时可选用最佳的切削用量,从而有效缩短机动时间。数控车床的自动换刀、快速空行程、循环加工功能及装夹简单等特点,可大大缩短辅助时间。数控车床的生产效率一般为普通车床的 2～6 倍。应用数控车床，可降低加工成本，同时减少普通车床的类型和台数，有效节省设备投资。

4. 改善劳动条件，减轻操作者的劳动强度

数控车床不需要人工手动操作，使操作过程简化，生产环境比较整洁，既改善了劳动条件，又减轻了操作者的劳动强度。

四、数控车削的主要加工对象

数控车床具有加工精度高，有直线和圆弧插补功能以及在加工过程中能自动变速等特点，因此其加工范围比普通车床宽得多。与普通车床相比，数控车床比较适合车削具有以下要求和特点的回转体零件。

1. 精度要求高的零件

由于数控车床刚性好，制造和对刀精度高，并能方便、精确地进行人工补偿和自动补偿，所以能加工尺寸精度要求较高的零件，有些工件能达到以车代磨的效果。另外，由于数控车床的运动是通过高精度插补运算和伺服驱动来实现的，所以它能加工直线、圆弧、圆柱等形状精度要求高的零件。同时，由于数控车床一次装夹能完成加工的内容较多，所以它还能有效提高零件的位置精度，并且加工尺寸稳定。数控车床具有恒线速度切削功能，所以它不仅能加工出表面粗糙度小而均匀的零件，而且还适合车削各部位表面粗糙度要求不同的零件。一般数控车床的加工精度可达 0.001 mm，表面粗糙度 R_a 可达 0.16 μm（精密数控车床可达 0.02 μm）。

2. 表面轮廓形状复杂的零件

由于数控车床具有直线和圆弧插补功能（部分数控车床还有某些非圆弧曲线插补功能），所以它可以车削由任意直线和各类平面曲线组成的形状复杂的回转体零件，包括通过拟合计算处理后的、不能用方程式描述的列表曲线。

3. 带一些特殊类型螺纹的零件

普通车床所能车削的螺纹相当有限，它只能车削等导程的直、锥面公、英制螺纹，而且一台普通车床只能限定加工若干种导程的螺纹。数控车床不但能车削任何导程的直、锥螺纹和端面螺纹，而且能车削增导程、减导程、要求等导程与变导程之间平滑过渡的螺纹，以及高精度的模数螺旋零件（如圆柱、圆弧蜗杆）和端面（盘形）螺旋零件等。

数控车床车削螺纹不必像普通车床那样交替变换主轴转向，它可以一刀一刀地连续车削，而且可以使用较高的转速，所以车削螺纹的效率高，车削出来的螺纹精度高、表面粗糙度小。

3.2 数控车床编程

一、数控车床编程的特点

数控车床的编程具有以下特点：

（1）绝对值编程和增量值编程。在一个程序段中，根据图样标注的尺寸，可采用绝对值编程或增量值编程，也可以采用混合编程。利用自动编程软件编程时，通常采用绝对值编程。

（2）直径编程和半径编程。数控车床的编程有直径编程和半径编程两种方法。直径编程是指 X 轴上的有关尺寸为直径值，半径编程是指 X 轴的有关尺寸为半径值。

（3）车削固定循环功能。数控车床上工件的毛坯大多数为圆棒料，加工余量较大，一个加

工表面往往需要进行多次反复的加工。为了简化加工程序，一般情况下，数控车床的数控系统常具有不同形式的固定循环功能，可进行多次重复循环切削。

(4) 车刀刀尖圆弧半径补偿。编程时，认为车刀刀尖是一个点，而实际上为了提高刀具的使用寿命和工件的表面质量，车刀刀尖常磨成一个半径不大的圆弧。为保证加工精度，编制圆头刀程序时，需要对刀具半径进行补偿，以弥补刀具磨损、刀尖圆弧半径以及安装刀具时产生的误差。

二、数控车床的坐标系

坐标系是程序编制前首先要搞清楚的重要概念。数控车床编程也分为机床坐标系（或机械坐标系）和工件坐标系（或编程坐标系）两种。

1. 机床坐标系

(1)数控车床原点是车床上的一个固定点，是生产厂家设置在车床上的一个物理位置，一般设在卡盘后端面与主轴轴线的交点处，如图 3－2 所示。

(2)机床坐标系是以机床原点为坐标原点建立的 OXYZ 直角坐标系，如图 3－2 所示，是用来确定工件坐标系的基本坐标系。

Z 轴：与数控车床主轴轴线方向平行的标准坐标轴为 Z 轴，刀具远离工件（卡盘）的方向为正方向。

X 轴：在工件的直径方向且平行于横向滑座并与 Z 轴垂直的为 X 轴，刀具远离工件回转中心的方向为正方向。

Y 轴：根据工件 Z 轴和 X 轴的方向，按右手笛卡儿直角坐标系确定 Y 轴的正方向。

(3)数控车床参考点是刀架相对于机床原点沿 X，Z 轴正向退至极限的一个固定点，其位置由行程开关或机械挡铁确定，在机床出厂前由制造商采用精密测量方法确定。该点与机床原点的相对位置是固定的。如图 3－2 所示，O′点，Φa，b 表示了刀架在参考点与机床原点之间的工件范围。

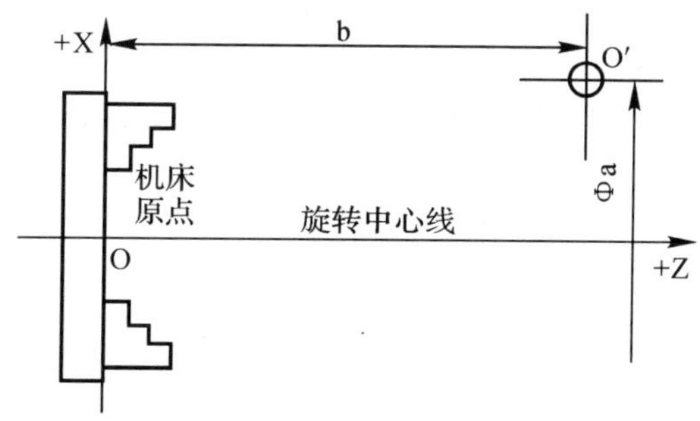

图 3－2　机床坐标系

2. 工件坐标系和对刀点

数控车床工件坐标系的原点，通常取工件的左端面或右端面与 Z 轴的交点，一般设定为工件的右端面与 Z 轴的交点处，以便于对刀和测量工件的长度，如图 3－3 所示。如果是左、右对称零件，那么可取其对称面与 Z 轴的交点为编程原点，以便采用同一个程序对工件进行调头加工。

对刀点是零件程序加工的起始点，对刀的目的是确定程序原点在机床坐标系中的位置，即保证好刀具、工件及程序之间的关系。对刀点可以与程序原点重合或不重合。

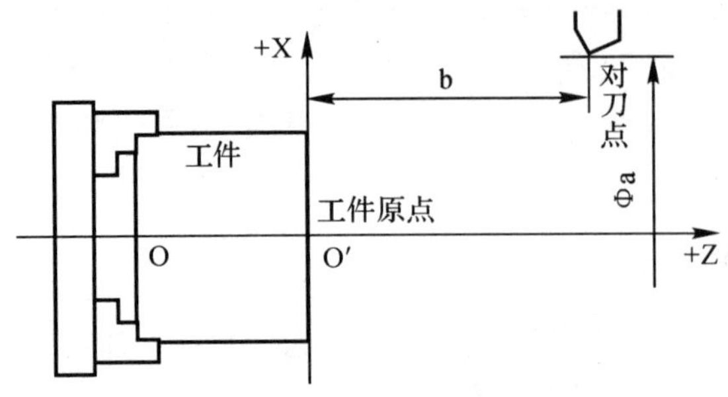

图 3-3　工件坐标系

确定对刀点在工件坐标系下的坐标值，其选择的一般原则是：

(1) 方便数学计算和简化编程。

(2) 容易找正对刀。

(3) 便于加工检查。

(4) 引起的加工误差小。

(5) 不要与机床、工件发生碰撞。

(6) 方便拆卸工件。

(7) 空行程不要太长。

3. 起刀点和换刀点的确定

起(对)刀点是在数控机床上加工工件时，刀具相对于工件运动的起始点。起刀点应选在不妨碍工件装夹、不与工件夹具碰撞、编程简单的位置。数控车床加工中，起刀点一般选在靠近参考点附近。

数控车床加工中经常要换刀，故编程时要设置一个换刀点。所谓"换刀点"，是指刀架转位换刀时的位置。该点可以是某一固定点，也可以是任意设定的一点。换刀点应设在工件外部的合适位置，且一个加工程序中只设一个换刀点。换刀时应保证刀具转位时不碰撞工件和其他部件。

三、数控车床基本编程指令

数控车床常用的功能指令有准备功能 G、进给功能 F、主轴转速功能 S、辅助功能 M 和刀具功能 T。由于车床种类不同，系统配置各不相同，程序编制指令也有所不同。程序编制时应按所用数控车床的编程说明书中规定的指令进行。本章针对 HNC—21/22T 华中世纪星数控车床系统进行编程说明，其编程语言为广泛使用的 ISO 码。

1. 准备功能指令

准备功能也称为 G 功能或 G 代码，是用地址 G 及其后面的数字来指令机床动作的。它用来规定刀具和工件的相对运动轨迹、机床坐标系、坐标平面、刀具补偿、坐标偏置等多种加工操作。

G 功能根据功能的不同分成若干组，其中 00 组的 G 功能称非模态 G 功能，其余组的称模

态 G 功能(见表 3－2)。

模态 G 功能组中包含一个缺省 G 功能,上电时将被初始化为该功能。

没有共同地址符的不同组 G 代码可以放在同一程序段中,而且与顺序无关。例如,G90,G17 可与 G01 放在同一程序段。

表 3－2 准备功能一览表

G 代码	组	功 能	参数(后续地址字)
G00 ▶G01 G02 G03	01	快速定位 直线插补 顺圆插补 逆圆插补	X,Z 同上 X,Z,I,K,R 同上
G04	00	暂停	P
G20 ▶G21	08	英寸输入 毫米输入	
G28 G29	00	返回到参考点 由参考点返回	X,Z 同上
G32	01	螺纹切削	X,Z,R,E,P,F
▶G36 G37	16	直径编程 半径编程	
▶G40 G41 G42 G53	09 00	刀尖半径补偿取消 左刀补 右刀补 直接机床坐标系编程	 D D
▶G54 G55 G56 G57 G58 G59	11	坐标系选择 坐标系选择 坐标系选择 坐标系选择 坐标系选择 坐标系选择	
G71 G72 G73 G76	06	外/内径车削复合循环 端面车削复合循环 闭环车削复合循环 螺纹切削复合循环	X,Z,U,W,C,P,Q,R,E
▶G80 G81 G82 G90 G91 G92	01 13 00	内/外径车削固定循环 端面车削固定循环 螺纹切削固定循环 绝对值编程 增量值编程 工件坐标系设定	X,Z,I,KC,P,R,E X,Z
▶G94 G95	14	每分钟进给 每转进给	
▶G96 G97		恒线速度有效 取消恒线速度	S

注:(1)00 组中的 G 代码是非模态的,其他组的 G 代码是模态的。

(2)标记▶者为缺省值。

（1）有关单位设定的 G 功能。

1）尺寸单位选择 G20，G21。

格式： G20；

G21；

说明：

G20：英制输入制式。

G21：公制输入制式。

两种制式下线性轴、旋转轴的尺寸单位如表 3-3 所示。

表 3-3 尺寸输入制式及其单位

单位/类别 制式	线性轴	旋转轴
英制（G20）	英寸（in）	度（°）
公制（G21）	毫米（mm）	度（°）

G20，G21 为模态功能，可相互注销，G21 为缺省值。

2）进给速度单位的设定 G94，G95。

格式： G94[F_]；

G95[F_]；

说明：

G94：每分钟进给。对于线性轴，F 的单位依据 G20，G21 的设定为 mm/min 或 in/min；对于旋转轴，F 的单位为（°）/min。

G95：每转进给，即主轴转一周时刀具的进给量。F 的单位依据 G20，G21 的设定为 mm/r 或 in/r。这个功能只在主轴装有编码器时才能使用。

G94，G95 为模态功能，可相互注销，G94 为缺省值。

（2）有关坐标系和坐标的 G 功能。

1）绝对值编程 G90 与相对值编程 G91。

格式： G90；

G91；

说明：

G90：绝对值编程，每个编程坐标轴上的编程值是相对于程序原点的。

G91：相对值编程，每个编程坐标轴上的编程值是相对于前一位置而言的，该值等于沿轴移动的距离。

绝对编程时，用 G90 指令后面的 X，Z 表示 X 轴、Z 轴的坐标值。

增量编程时，用 U，W 或 G91 指令后面的 X，Z 表示 X 轴、Z 轴的增量值，其中表示增量的字符 U，W 不能用于循环指令 G80，G81，G82，G71，G72，G73，G76 程序段中，但可用于定义精加工轮廓的程序中。

G90，G91 为模态功能，可相互注销，G90 为缺省值。

例 3-1 如图 3-4 所示，使用 G90，G91 编程：要求刀具由原点按顺序移动到 1，2，3 点，

然后回到原点。

按例 3－1 要求，所编程序如图 3－4 所示。

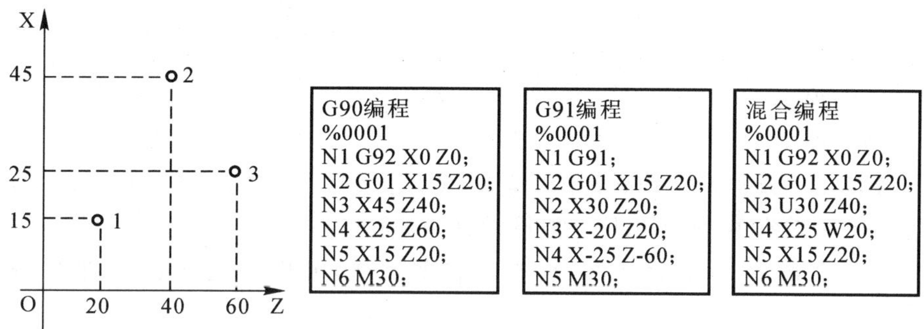

图 3－4 G90/G91 编程

选择合适的编程方式可使编程简化。当图纸尺寸由一个固定基准给定时，采用绝对方式编程较为方便；而当图纸尺寸是以轮廓顶点之间的间距给出时，采用相对方式编程较为方便。

G90，G91 可用于同一程序段中，但要注意其顺序所造成的差异。

2）坐标系设定 G92。

格式：G92 X_Z_；

说明：

X，Z：对刀点到工件坐标系原点的有向距离。

在执行 G92 XαZβ 指令后，系统内部即对(α，β) 进行记忆，并建立一个使刀具当前点坐标值为(α，β) 的坐标系，系统控制刀具在此坐标系中按程序进行加工。执行该指令只建立一个坐标系，刀具并不产生运动。

例如，图 3－5 所示坐标系的设定，当以工件左端面为工件原点时，应按下行建立工件坐标系。

G92 X180 Z254；

当以工件右端面为工件原点时，应按下行建立工件坐标系。

G92 X180 Z44；

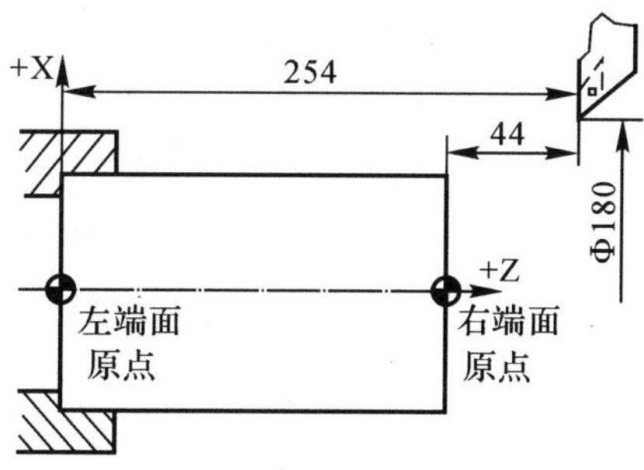

图 3－5 G92 设立坐标系

显然，当 α，β 不同或改变刀具位置时，即刀具当前点不在对刀点位置上，则加工原点与程序原点不一致。因此，在执行程序段 G92 XαZβ 前，必须先对刀。

3）直径方式编程 G36 和半径方式编程 G37。

格式： G36；

G37；

说明：

G36：直径编程。

G37：半径编程。

数控车床的工件外形通常是旋转体，其 X 轴尺寸可以用两种方式加以指定：直径方式和半径方式。G36 为缺省值，机床出厂一般设为直径编程。

例 3－2 加工图 3－6 所示的零件，按同样的轨迹，分别用直径编程、半径编程编写加工程序。

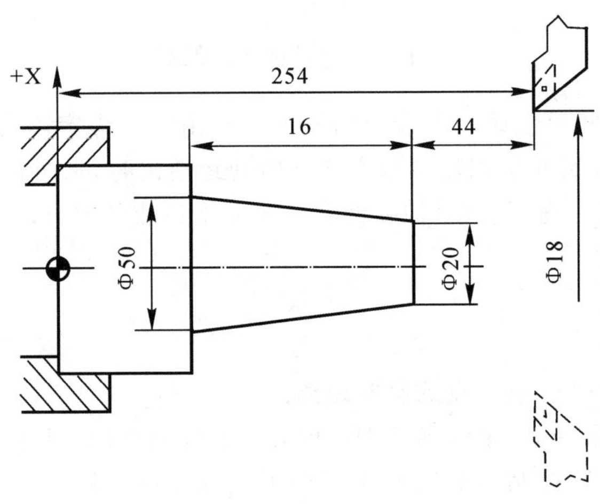

图 3－6 直径编程和半径编程

按图 3－6 所示零件的要求，编写的加工程序如下。

直径编程	半径编程
%1235	%1236
N1 G92X180Z254；	N1 G92X90Z254；
N2 G36G01X20W－44；	N2 G37G01X10W－44；
N3 U30Z204；	N3 U15Z204；
N4 G00X180Z254；	N4 G00X90Z254；
N5 M30；	N5 M30

（3）进给控制指令。

1）快速定位 G00。

格式：G00X(U) _Z(W) _；

说明：

X，Z：绝对编程时，快速定位终点在工件坐标系中的坐标。

U，W：增量编程时，快速定位终点相对于起点的位移量。

G00 指令刀具相对于工件以各轴预先设定的速度，从当前位置快速移动到程序段指令的定位目标点。G00 指令中的快移速度由机床参数“快移进给速度”对各轴分别设定，不能用 F

规定。G00 一般用于加工前快速定位或加工后快速退刀。快移速度可由面板上的快速修调按钮修正。G00 为模态功能,可由 G01,G02,G03 或 G32 功能注销。

注意:

在执行 G00 指令时,由于各轴以各自速度移动,不能保证各轴同时到达终点,因而联动直线轴的合成轨迹不一定是直线。操作者必须格外小心,以免刀具与工件发生碰撞。常见的做法是,将 X 轴移动到安全位置,再放心地执行 G00 指令。

2) 线性进给及倒角 G01。

格式:G01X(U) _Z(W) _F_;

说明:

X,Z:绝对编程时,终点在工件坐标系中的坐标。

U,W:增量编程时,终点相对于起点的位移量。

F_:合成进给速度。

G01 指令刀具以联动的方式,按 F 规定的合成进给速度,从当前位置按线性路线(联动直线轴的合成轨迹为直线) 移动到程序段指令的终点。G01 是模态代码,可由 G00,G02,G03 或 G32 功能注销。

例 3-3　如图 3-7 所示,用直线插补指令编程。

按图 3-7 所示零件要求,编程如下:

```
%1236
N1  G92X100Z10;
N2  G00X16Z2M03;
N3  G01U10W-5F300;
N4  Z-48;
N5  U34W-10;
N6  U20Z-73;
N7  X90;
N8  G00X100Z10;
N9  M05;
N10  M30;
```

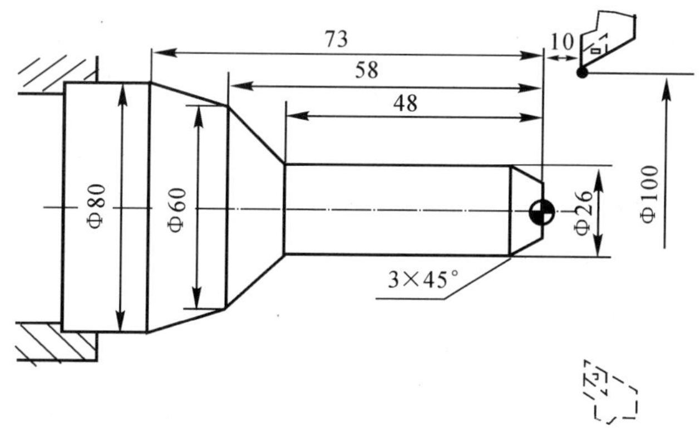

图 3-7　G01 编程实例

倒直角：

格式：G01X(U) _Z(W) _C_；

说明：

直线倒角 G01：指令刀具从 A 点到 B 点，然后到 C 点(见图 3－8)。

X，Z：绝对编程时，未倒角前两相邻轨迹程序段的交点 G 的坐标值。

U，W：增量编程时，G 点相对于起始直线轨迹的始点 A 点的移动距离。

C：相邻两直线的交点 G，相对于倒角始点 B 的距离。

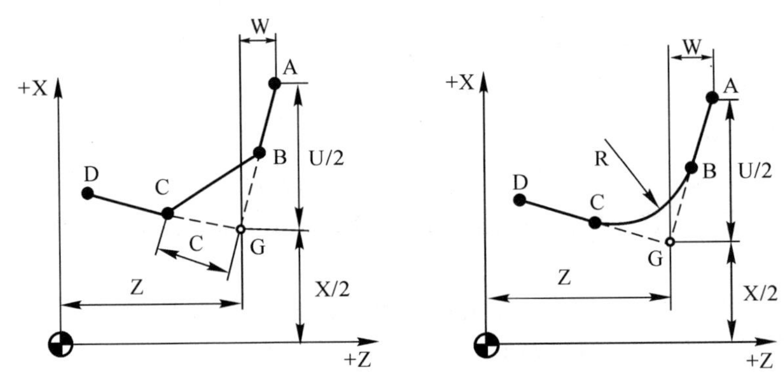

图 3－8　倒角参数说明

倒圆角：

格式：G01X(U) _Z(W) _R_；

说明：

直线倒角 G01：指令刀具从 A 点到 B 点，然后到 C 点(见图 3－8)。

X，Z：绝对编程时，未倒角前两相邻轨迹程序段的交点 G 的坐标值。

U，W：增量编程时，G 点相对于起始直线轨迹的始点 A 点的移动距离。

R：倒角圆弧的半径值。

注：在螺纹切削程序段中不得出现倒角控制指令。

3）圆弧进给 G02/G03。

格式：

$$\begin{Bmatrix} G02 \\ G03 \end{Bmatrix} X(U)\_Z(W)\_ \begin{Bmatrix} I\_K\_ \\ R\_ \end{Bmatrix} F\_;$$

说明：

G02/G03 指令刀具按顺时针/逆时针进行圆弧加工。

圆弧插补 G02/G03 的判断，是在加工平面内，根据其插补时的旋转方向为顺时针/逆时针来区分的。加工平面为观察者迎着 Y 轴的指向，所面对的平面，如图 3－9 所示。

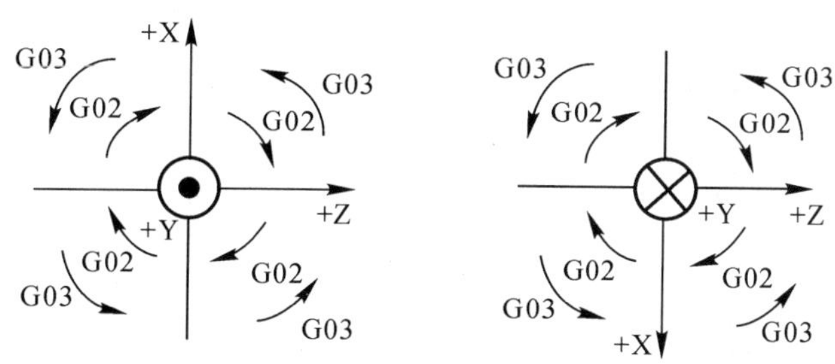

图 3-9　G02/G03 插补方向

例 3-4　如图 3-10 所示，用圆弧插补指令编程。

按图 3-10 所示零件要求，编程如下：

```
%3310
N1  G92X40Z5;
N2  M03S400;
N3  G00X0;
N4  G01Z0F60;
N5  G03U24W—24R15;
N6  G02X26Z—31R5;
N7  G01Z—40;
N8  X40Z5;
N9  M05;
N10  M30;
```

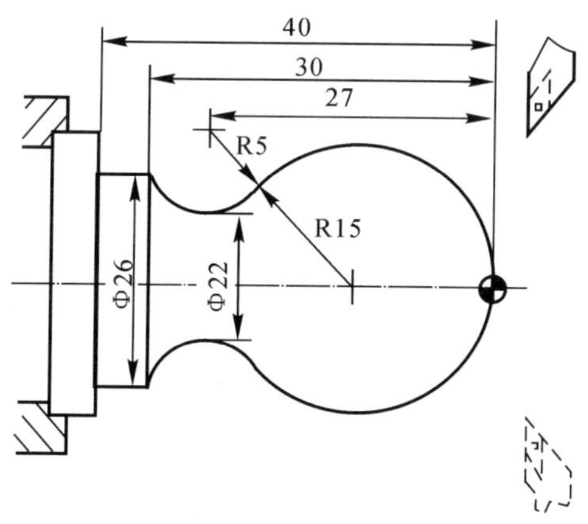

图 3-10　G02/G03 编程实例

4）螺纹切削 G32。

格式：G32X(U) __Z(W) __R__E__P__F__;

说明：

X,Z：绝对编程时，有效螺纹终点在工件坐标系中的坐标。

U,W：增量编程时，有效螺纹终点相对于螺纹切削起点的位移量。

F:螺纹导程,即主轴每转一圈,刀具相对于工件的进给值。

R,E:螺纹切削的退尾量,R 表示 Z 向退尾量;E 为 X 轴向退尾量。R,E 在绝对编程或增量编程时都是以增量方式指定,其为正表示沿 Z,X 轴正向回退;其为负表示沿 Z,X 轴负向回退。使用 R,E 可免去退刀槽。R,E 可以省略,表示不用回退功能;根据螺纹标准,R 一般取 0.75～1.75 倍的螺距,E 取螺纹的牙型高。

P:主轴基准脉冲处距离螺纹切削起始点的主轴转角。

使用 G32 指令能加工圆柱螺纹、锥螺纹和端面螺纹。

例 3-5 对图 3-11 所示的圆柱螺纹编程。螺纹导程为 1.5 mm,δ=1.5 mm,δ'=1 mm,每次吃刀量(直径值) 分别为 0.8 mm,0.6 mm,0.4 mm,0.16 mm。

按图 3-11 所示零件要求,编程如下:

```
%1236
N1   G92X50Z120;
N2   M03S300;
N3   G00X29.2Z101.5;
N4   G32Z19F1.5;
N5   G00X40;
N6   Z101.5;
N7   X28.6;
N8   G32Z19F1.5;
N9   G00X40;
N10  Z101.5;
N11  X28.2;
N12  G32Z19F1.5;
N13  G00X40;
N14  Z101.5;
N15  U-11.96;
N16  G32W-82.5F1.5;
N17  G00X40;
N18  X50Z120;
N19  M05;
N20  M30;
```

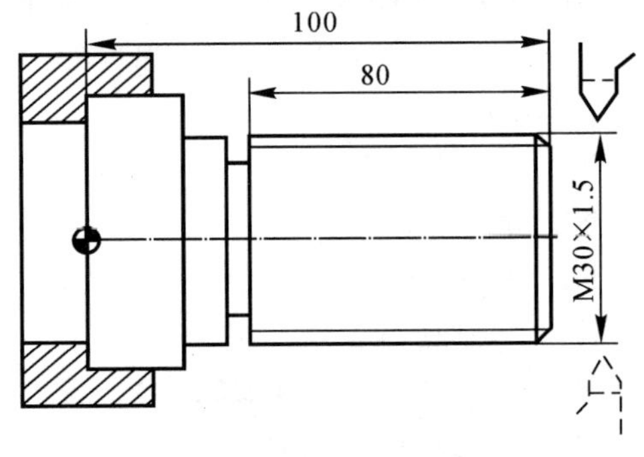

图 3-11 螺纹编程实例

(4) 简单循环。

切削循环通常是用一个含 G 代码的程序段完成用多个程序段指令的加工操作,使程序得以简化。

有三类简单循环,分别是:

G80:内(外)径切削循环;

G81:端面切削循环;

G82:螺纹切削循环。

1) 内(外)径切削循环 G80。

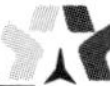

格式：G80 X__Z__F__；

说明：

X,Z：绝对值编程时，为切削终点 C 在工件坐标系下的坐标；增量值编程时，为切削终点 C 相对于循环起点 A 的有向距离。图形中用 U,W 表示，其符号由轨迹 1 和 2 的方向确定。

该指令执行如图 3－12 所示 A→B→C→D→A 的轨迹动作。

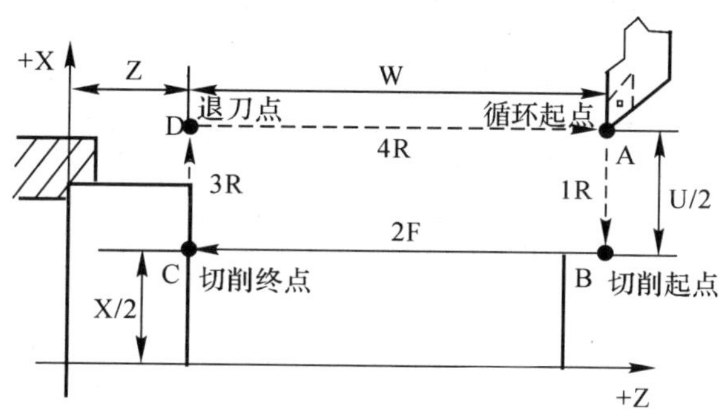

图 3－12 圆柱面内(外)径切削循环

2）端面切削循环 G81。

格式： G81 X__Z__F__；

说明：

X,Z：绝对值编程时，为切削终点 C 在工件坐标系下的坐标；增量值编程时，为切削终点 C 相对于循环起点 A 的有向距离。图形中用 U,W 表示，其符号由轨迹 1 和 2 的方向确定。

该指令执行如图 3－13 所示 A→B→C→D→A 的轨迹动作。

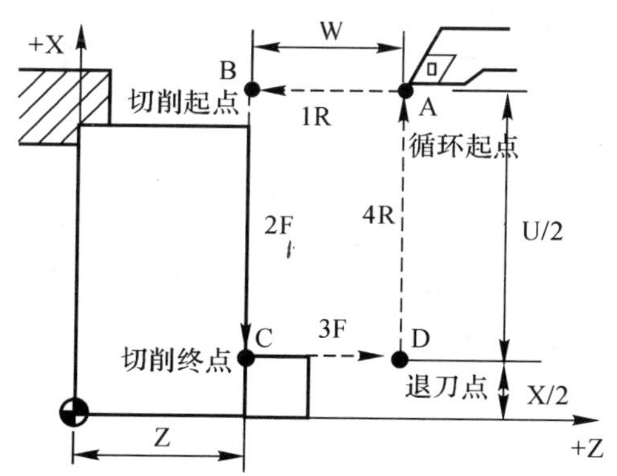

图 3－13 端平面切削循环

3）螺纹切削循环 G82。

格式： G82 X(U)__Z(W)__R__E__C__P__F__；

说明：

X,Z：绝对值编程时，为螺纹终点 C 在工件坐标系下的坐标；增量值编程时，为螺纹终点 C 相对于循环起点 A 的有向距离。图形中用 U,W 表示，其符号由轨迹 1 和 2 的方向确定。

R，E：螺纹切削的退尾量，R,E 均为向量，R 为 Z 轴向回退量；E 为 X 轴向回退量。R,E

可以省略,表示不用回退功能。

C:螺纹头数,为 0 或 1 时切削单头螺纹。

P:单头螺纹切削时,为主轴基准脉冲处距离切削起始点的主轴转角(缺省值为 0);多头螺纹切削时,为相邻螺纹头的切削起始点之间对应的主轴转角。

F:螺纹导程。

该指令执行如图 3 - 14 所示 A→B→C→D→E→A 的轨迹动作。

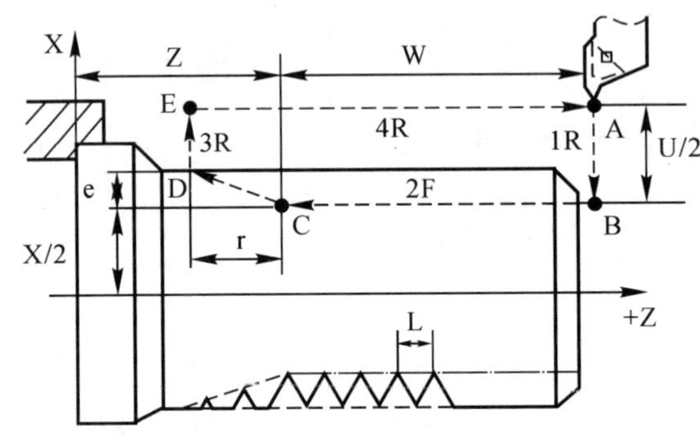

图 3 - 14　直螺纹切削循环

注意:

螺纹切削循环与 G32 螺纹切削一样,在进给保持状态下,该循环在完成全部动作之后才停止运动。

例 3 - 6　如图 3 - 15 所示,用 G82 指令编程,毛坯外形已加工完成。

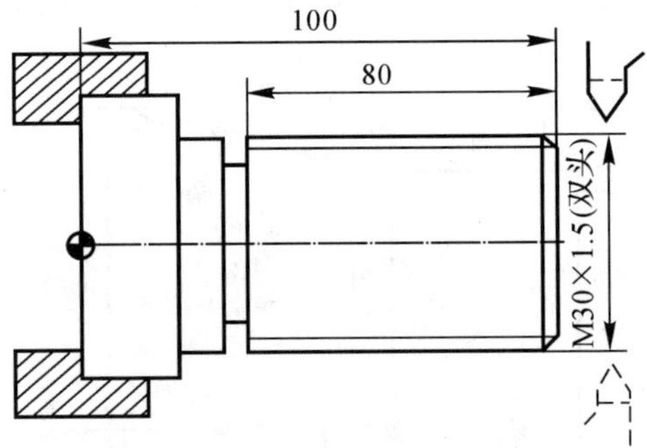

图 3 - 15　G82 切削循环编程实例

按图 3 - 15 所示零件要求,编程如下:

```
%3323
N1   G55 G00 X35 Z104;             (选定坐标系 G55,到循环起点)
N2   M03 S300;                     (主轴以 300 r/min 正转)
N3   G82 X29.2 Z18.5 C2 P180 F3;   (第一次循环切螺纹,切深 0.8 mm)
N4   X28.6 Z18.5 C2 P180 F3;       (第二次循环切螺纹,切深 0.4 mm)
N5   X28.2 Z18.5 C2 P180 F3;       (第三次循环切螺纹,切深 0.4 mm)
N6   X28.04 Z18.5 C2 P180 F3;      (第四次循环切螺纹,切深 0.16 mm)
```

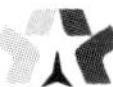

N7　M05；　　　　　　　　　　　　（主轴停，主程序结束并复位）

N8　M30；

(5) 复合循环。

运用这组复合循环指令，只需指定精加工路线和粗加工的吃刀量，系统会自动计算粗加工路线和走刀次数。

有四类复合循环，分别是：

G71：内(外) 径粗车复合循环；

G72：端面粗车复合循环；

G73：封闭轮廓复合循环；

G76：螺纹切削复合循环。

这里只简单介绍 G71，G72，其他指令详见机床编程说明书。

1) 内(外) 径粗车复合循环 G71。

格式：

G71U(Δd) R(r) P(ns) Q(nf) X(Δx) Z(Δz) F(f) S(s) T(t) ；

该指令执行如图 3－16 所示的粗加工和精加工，其中精加工路径为 A→A′→B′→B 的轨迹。

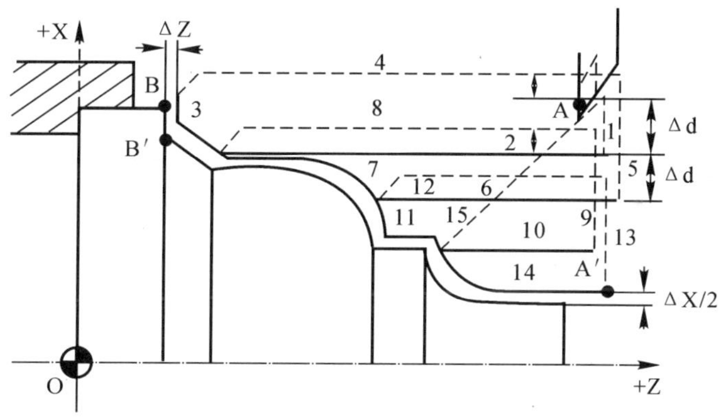

图 3－16　内(外)径粗车复合循环

说明：

Δd：切削深度(每次切削量)，指定时不加符号，方向由矢量 AA′决定。

r：每次退刀量。

ns：精加工路径第一程序段(即图中的 AA′) 的顺序号。

nf：精加工路径最后程序段(即图中的 B′B) 的顺序号。

△x：X 轴方向精加工余量。

△z：Z 轴方向精加工余量。

f，s，t：粗加工时 G71 中编程的 F，S，T 有效，而精加工时处于 ns 到 nf 程序段之间的 F，S，T 有效。

注意：

(i)G71 指令必须带有 P，Q 地址 ns，nf，且与精加工路径起、止顺序号对应，否则不能进行该循环加工。

(ii)ns 的程序段必须为 G00/G01 指令,即从 A 到 A′的动作必须是直线或点定位运动。

(iii)在顺序号为 ns 到顺序号为 nf 的程序段中,不应包含子程序。

例 3-7 用外径粗车复合循环编制图 3-17 所示零件的加工程序:要求循环起始点在 A(46,3),切削深度为 1.5 mm(半径量),退刀量为 1 mm,X 轴方向精加工余量为 0.4 mm,Z 轴方向精加工余量为 0.1 mm,其中点划线部分为工件毛坯。

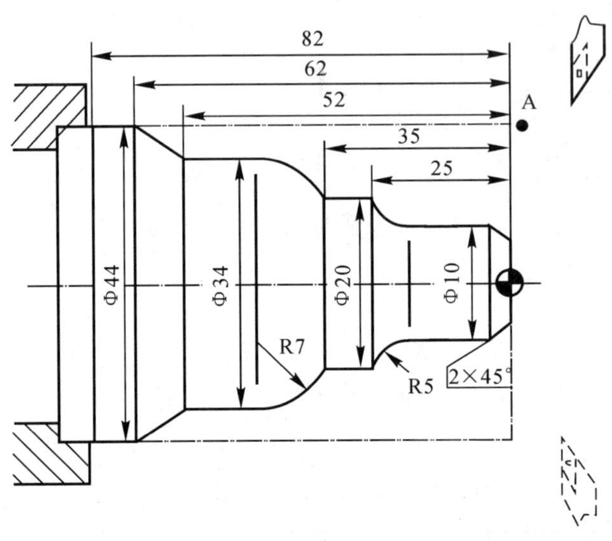

图 3-17 G71 外径粗车复合循环编程实例

按例 3-7 零件的要求,编程如下:

```
%1237
N1  G54G00X80Z80;
N2  M03S400;
N3  G01X46Z3F100;
N4  G71U1.5R1P5Q13X0.4Z0.1;
N5  G00X0;
N6  G01X10Z-2;
N7  Z-20;
N8  G02U10W-5R5;
N9  G01W-10;
N10  G03U14W-7R7;
N11  G01Z-52;
N12  U10W-10;
N13  W-20;
N14  X50;
N15  G00X80Z80;
N16  M05;
N17  M30;
```

2）端面粗车复合循环 G72。

格式：

G72 W(Δd) R(r) P(ns) Q(nf) X(Δx) Z(Δz) F(f) S(s) T(t)；

该循环与 G71 的区别仅在于切削方向平行于 X 轴。

说明：

Δd：切削深度（每次切削量），指定时不加符号。

r：每次退刀量。

ns：精加工路径第一程序段的顺序号。

nf：精加工路径最后程序段的顺序号。

Δx：X 轴方向精加工余量。

Δz：Z 轴方向精加工余量。

f，s，t：粗加工时 G71 中编程的 F，S，T 有效，而精加工时处于 ns 到 nf 程序段之间的 F，S，T 有效。

2. 辅助功能 M、主轴功能 S、进给速度 F 和刀具功能 T 代码

(1) 辅助功能 M 代码。辅助功能由地址字 M 和其后的一或两位数字组成，主要用于控制零件程序的走向，以及机床各种辅助功能的开关动作。

华中世纪星 HNC—21T 数控装置 M 代码及功能如表 3－4 所示。

表 3－4　M 代码及功能

代　码	模　态	功能说明	代　码	模　态	功能说明
M00	非模态	程序停止	M03	模态	主轴正转启动
M02	非模态	程序结束	M04	模态	主轴反转启动
M30	非模态	程序结束并返回程序起点	▶M05	模态	主轴停止转动
			M06	非模态	换刀
M98	非模态	调用子程序	M07	模态	切削液打开
M99	非模态	子程序结束	▶M09	模态	切削液停止

注：标记▶者为缺省值，指的是系统上电时将被初始化为该功能。

1）CNC 程序暂停 M00。

当 CNC 执行到 M00 指令时，将暂停执行当前程序，以方便操作者进行刀具和工件的尺寸测量、工件调头、手动变速等操作。

暂停时，机床的主轴、进给及冷却液停止，而全部现存的模态信息保持不变，欲继续执行后续程序，重按操作面板上的“循环启动”键。

2）程序结束 M02。

M02 一般放在主程序的最后一个程序段中。

当 CNC 执行到 M02 指令时，机床的主轴、进给、冷却液全部停止，加工结束。

使用 M02 的程序结束后，若要重新执行该程序，就得重新调用该程序，或在自动加工子菜单下按子菜单 F4 键，然后再按操作面板上的“循环启动”键。

3）程序结束并返回到零件程序头M30。

M30和M02功能基本相同，只是M30指令还兼有控制返回到零件程序头（%）的作用。

使用M30的程序结束后，若要重新执行该程序，只需再次按操作面板上的“循环启动”键。

4）子程序调用M98及从子程序返回M99。

M98用来调用子程序。

M99表示子程序结束，执行M99使控制返回到主程序。

（i）子程序的格式。

%****

……

M99

在子程序开头，必须规定子程序号，以作为调用入口地址。在子程序的结尾用M99，以控制执行完该子程序后返回主程序。

（ii）调用子程序的格式。

M98　P_ L_

说明：

P：被调用的子程序号。

L：重复调用次数。

（2）主轴功能S代码。主轴功能S控制主轴转速，其后的数值表示主轴转速，单位为转/分（r/min）。

恒线速度功能时，S指定切削线速度，其后的数值单位为米/分（m/min）。（G96恒线速度有效、G97取消恒线速度）

S是模态指令，S功能只有在主轴速度可调节时有效。

S所编程的主轴转速可以借助机床控制面板上的主轴倍率开关进行修调。

（3）进给速度F代码。F指令表示工件被加工时刀具相对于工件的合成进给速度，F的单位取决于G94（mm/min）或G95（mm/r）。

使用下式可以实现每转进给量与每分钟进给量的转化。

$$fm = fr \times S$$

式中　fm——每分钟的进给量，mm/min；

fr——每转进给量，mm/r；

S——主轴转数，r/min。

工作在G01，G02或G03方式下，编程的F一直有效，直到被新的F值所取代；而工作在G00方式下，快速定位的速度是各轴的最高速度，与所编F无关。

借助机床控制面板上的倍率按键，F可在一定范围内进行倍率修调。在执行攻丝循环G76，G82，螺纹切削G32时，倍率开关失效，进给倍率固定在100%。

注意：

1）在使用每转进给量方式时，必须在主轴上安装一个位置编码器。

2）直径编程时，X轴方向的进给速度为：半径的变化量（mm/min）、半径的变化量（mm/r）。

（4）刀具功能T代码。T代码用于选刀，其后的4位数字分别表示选择的刀具号和刀具

补偿号。T 代码与刀具的关系是由机床制造厂规定的，请参考机床厂家的说明书。

执行 T 指令，转动转塔刀架，选用指定的刀具。

当一个程序段同时包含 T 代码与刀具移动指令时，先执行 T 代码指令，而后执行刀具移动指令。T 指令同时调入刀补寄存器中的补偿值。

3.3　数控车床加工操作

本节以华中世纪星 HNC—21T 系统为例，介绍 NC 编程与加工有关的基本操作，主要有显示功能、自动运行、手动运行、数据设定、数控程序的管理和操作等功能。一般在进行自动操作和手动操作之前，先进行有关的原点设定、刀具数据设定、程序操作或参数设定等操作，与这些操作相关的方式（模式）键和功能键按钮分布在机床的操作面板上，下面就从介绍机床的操作面板开始，依次介绍数控车床的操作。

一、操作装置

1. 机床控制面板

如图 3－18 所示，华中世纪星 HNC—21T 车床数控装置控制面板为标准固定结构，由显示器、NC 键盘、“急停”按钮、功能键和机床控制面板几部分组成。其中，显示器用于汉字菜单、系统状态、故障报警的显示和加工轨迹的图形仿真。NC 键盘包括精简型 MDI 键盘和 F1～F10 十个功能键，用于零件程序的编制、参数输入、MDI 及系统管理操作等。机床控制面板用于直接控制机床的动作或加工过程。

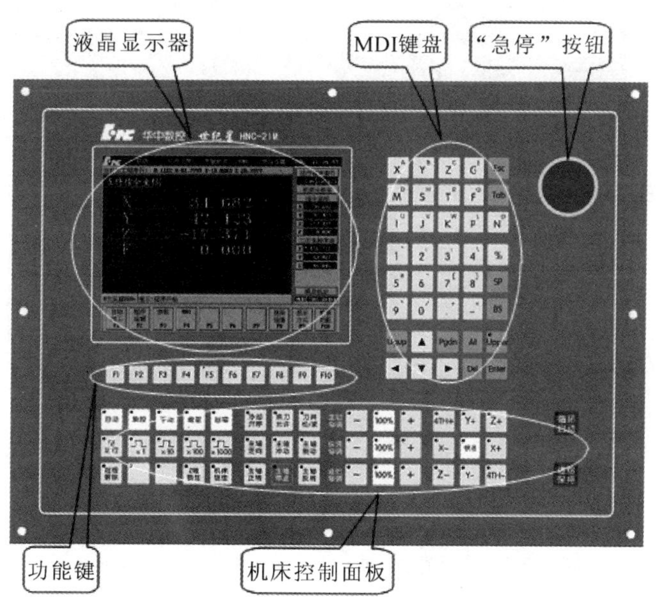

图 3－18　华中世纪星 HNC—21T 车床数控装置控制面板

2. 手持单元

由手摇脉冲发生器、坐标轴选择开关组成，用于手摇方式增量进给坐标轴。其外形结构如

图 3－19 所示。

图 3－19　手持单元

3. 软件操作界面

HNC—21T 的软件操作界面如图 3－20 所示。

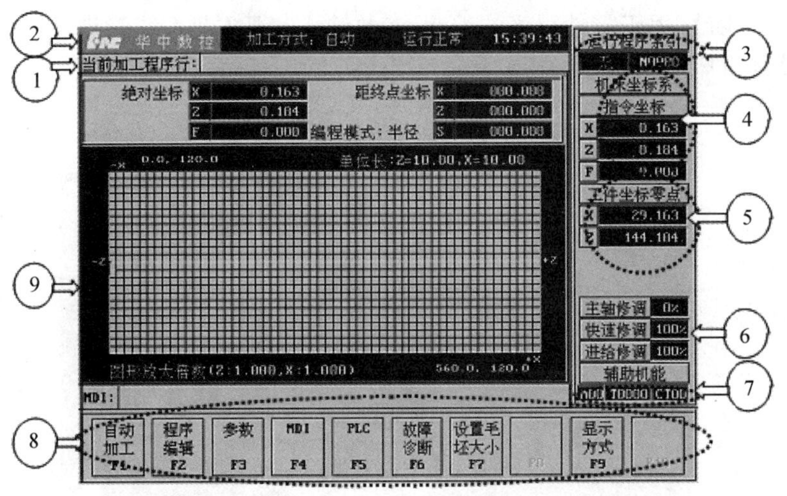

图 3－20　HNC—21T 的软件操作界面

①—当前加工程序行；②—当前加工方式、系统运行状态及当前时间；
③—运行程序索引；④—选定坐标系下的坐标值；⑤—工件坐标零点；
⑥—倍率修调；⑦—辅助机能；⑧—菜单命令条；⑨—图形显示窗口

操作界面中最重要的一块是菜单命令条。系统功能的操作主要通过菜单命令条中的功能键 F1～F10 来完成。由于每个功能包括不同的操作，菜单采用层次结构，即在主菜单下选择一个菜单项后，数控装置会显示该功能下的子菜单，用户可根据该子菜单的内容选择所需的操作，如图 3－21 所示。

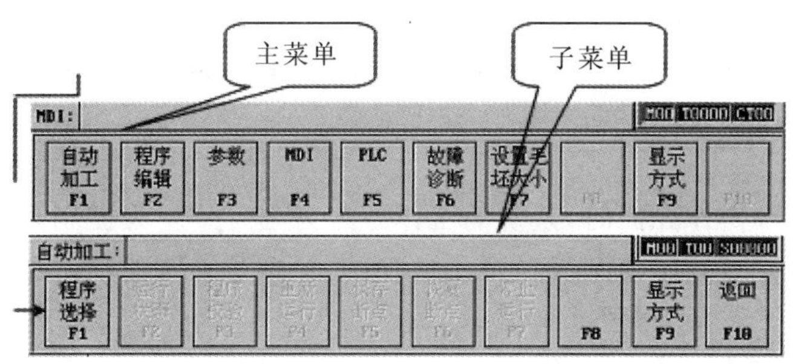

图 3-21　菜单层次

要返回主菜单时，按子菜单下的 F10 键即可。

HNC—21T 的菜单结构如表 3-5 所示。

表 3-5　HNC—21T 菜单结构

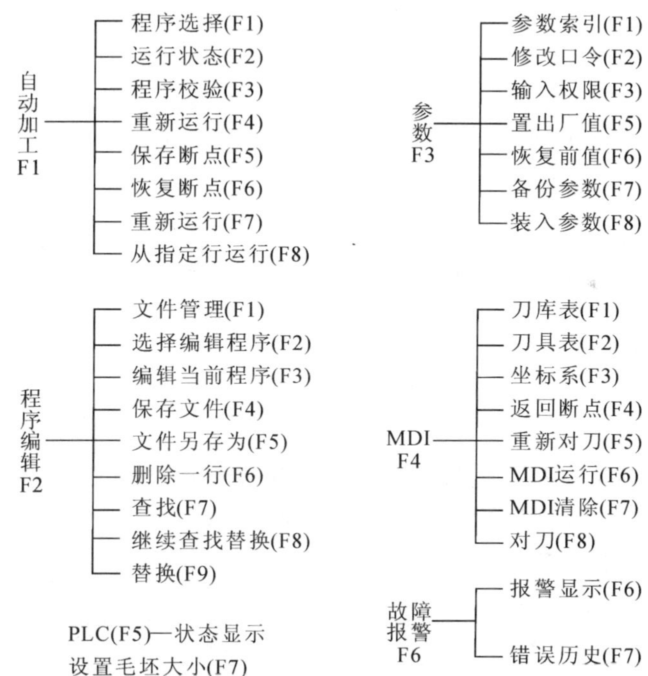

- 自动加工 F1
  - 程序选择(F1)
  - 运行状态(F2)
  - 程序校验(F3)
  - 重新运行(F4)
  - 保存断点(F5)
  - 恢复断点(F6)
  - 重新运行(F7)
  - 从指定行运行(F8)
- 参数 F3
  - 参数索引(F1)
  - 修改口令(F2)
  - 输入权限(F3)
  - 置出厂值(F5)
  - 恢复前值(F6)
  - 备份参数(F7)
  - 装入参数(F8)
- 程序编辑 F2
  - 文件管理(F1)
  - 选择编辑程序(F2)
  - 编辑当前程序(F3)
  - 保存文件(F4)
  - 文件另存为(F5)
  - 删除一行(F6)
  - 查找(F7)
  - 继续查找替换(F8)
  - 替换(F9)
- MDI F4
  - 刀库表(F1)
  - 刀具表(F2)
  - 坐标系(F3)
  - 返回断点(F4)
  - 重新对刀(F5)
  - MDI运行(F6)
  - MDI清除(F7)
  - 对刀(F8)
- 故障报警 F6
  - 报警显示(F6)
  - 错误历史(F7)

PLC(F5)—状态显示

设置毛坯大小(F7)

二、数控装置的上电、关机、急停

1. 上电

(1) 检查机床状态是否正常。

(2) 检查电源电压是否符合要求，接线是否正确。

(3) 按下“急停”按钮。

(4) 机床上电。

(5) 数控上电。

(6) 检查风扇电机运转是否正常。

(7) 检查面板上的指示灯是否正常。

接通数控装置电源后，HNC—21T 自动运行系统软件。此时，液晶显示器显示如图 3-20 所示，系统上电屏幕(软件操作界面) 工作方式为“急停”。

2. 复位

系统上电进入软件操作界面时，系统的工作方式为“急停”。为控制系统运行，需左旋并拔起操作台右上角的“急停”按钮使系统复位，并接通伺服电源。系统默认进入“回参考点”方式，软件操作界面的工作方式变为“回零”。

3. 回参考点

控制机床运动的前提是建立机床坐标系，为此，系统接通电源、复位后首先应进行机床各轴回参考点的操作。方法如下：

(1) 如果系统显示的当前工作方式不是回零方式，按一下控制面板上面的“回零”按键，确保系统处于“回零”方式。

(2) 根据 X 轴机床参数“回参考点方向”按一下“＋X”“＋Z”(“回参考点方向”为“＋”)，X，Z 轴回到参考点后，指示灯亮。

4. 急停

机床运行过程中，在危险或紧急情况下，按下“急停”按钮，CNC 即进入急停状态，伺服进给及主轴运转立即停止工作(控制柜内的进给驱动电源被切断)；松开“急停”按钮(左旋此按钮自动跳起)，CNC 进入复位状态。

5. 关机

(1) 按下控制面板上的“急停”按钮，断开伺服电源。

(2) 断开数控电源。

(3) 断开机床电源。

三、数据设置

数据设置主要包括坐标系数据设置、刀库数据设置和刀具数据设置。

在图 3-20 所示的软件操作界面下，按 F4 键进入 MDI 功能子菜单，其命令行与菜单条的显示如图 3-22 所示。在该功能子菜单下可以输入刀具、坐标系等数据。

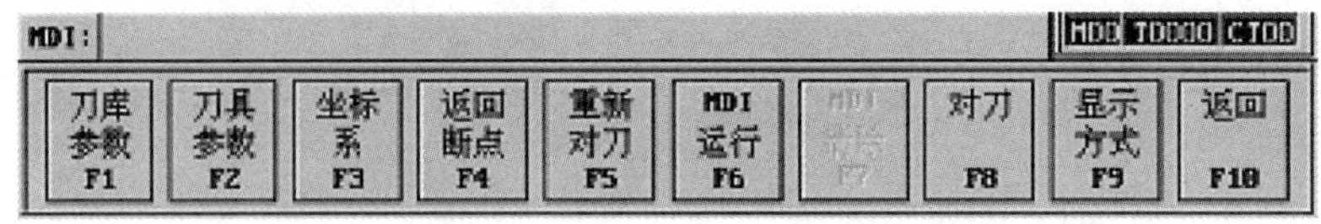

图 3-22　MDI 功能子菜单

1. 坐标系

(1)手动输入坐标系偏置值(F3→F4)。在 MDI 功能子菜单(见图 3-22) 下按 F3 键，即进入坐标系手动数据输入方式，图形显示窗口首先显示 G54 坐标系数据如图 3-23 所示。按页面提示输入坐标系、当前工件坐标系等的偏置值(坐标系零点相对于机床零点的值)，或当前相对值零点。

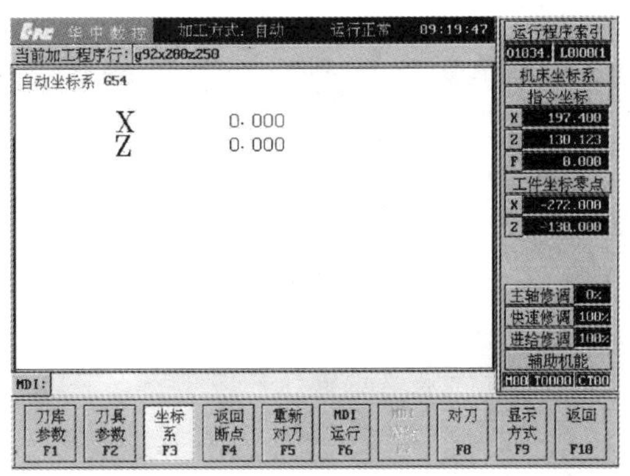

图 3-23　MDI 方式下的坐标系设置

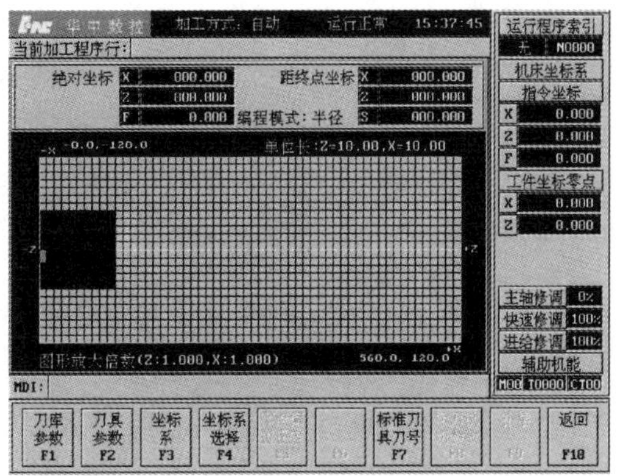

图 3-24　自动数据设置

(2)自动设置坐标系偏置值(F4→F8)。

1)在 MDI 功能子菜单(见图 3-22) 下按 F8 键,即进入坐标系自动数据设置方式,如图 3-24所示。按 F4 键,选择要设置的坐标系。

2)选择一把已设置好刀具参数的刀具试切工件外径,沿 Z 轴退刀,依屏幕提示选择 X 轴对刀,输入工件直径(半径),系统将自动设置所选坐标系下的 X 轴零点偏置值。

3) 选择一把已设置好刀具参数的刀具试切工件端面,然后沿着 X 轴方向退刀,依屏幕提示选择 Z 轴对刀,输入 Z 轴距离值,系统将自动设置所选坐标系下的 Z 轴零点偏置值。

2. 刀库参数(F1 →F4)

在 MDI 功能子菜单(见图 3-22)下按 F1 键,进行刀库设置,图形显示窗口将出现刀库数据,如图 3-25 所示。

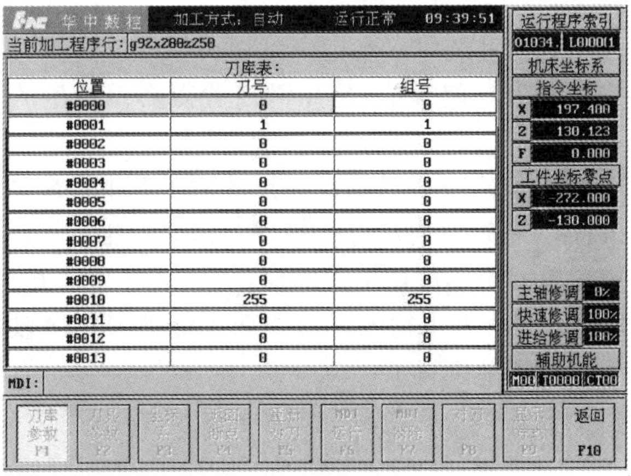

华中数控　加工方式：自动　运行正常　09:39:51

当前加工程序行：g92x200z250

刀库表：

位置	刀号	组号
#0000	0	0
#0001	1	1
#0002	0	0
#0003	0	0
#0004	0	0
#0005	0	0
#0006	0	0
#0007	0	0
#0008	0	0
#0009	0	0
#0010	255	255
#0011	0	0
#0012	0	0
#0013	0	0

运行程序索引　O1034　L0000l

机床坐标系　指令坐标　X 197.400　Z 130.123　F 0.000

工件坐标零点　X -272.000　Z -130.000

主轴修调 0%　快速修调 100%　进给修调 100%　辅助机能　M00 T0000 CT00

MDI:

刀库参数 F1　返回 F10

图 3-25　刀库参数的修改

选择要编辑的选项,用▶,◀,BS,Del 键进行编辑修改。修改完毕,按 Enter 键确认。若输入正确,则图形显示窗口相应位置将显示修改过的值,否则原值不变。

3. 刀具参数

(1) 手动输入刀具参数(F2→F4)。在 MDI 功能子菜单(见图 3-22)下按 F2 键,进行刀

具设置，图形显示窗口将出现刀具数据，如图 3－26 所示。

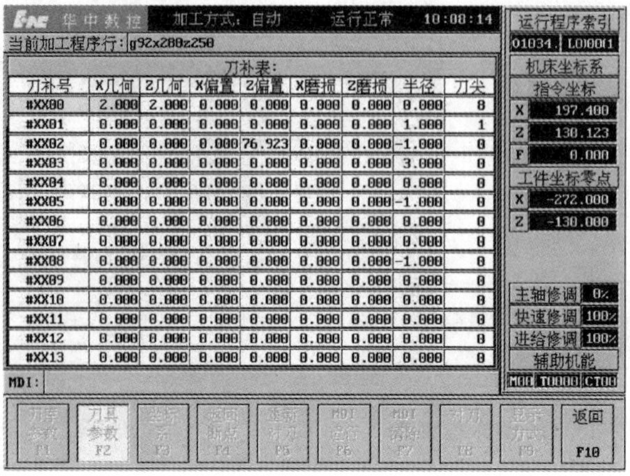

刀补号	X几何	Z几何	X偏置	Z偏置	X磨损	Z磨损	半径	刀尖
#XX00	2.000	2.000	0.000	0.000	0.000	0.000	0.000	8
#XX01	0.000	0.000	0.000	0.000	0.000	0.000	1.000	1
#XX02	0.000	0.000	0.000	76.923	0.000	0.000	-1.000	0
#XX03	0.000	0.000	0.000	0.000	0.000	0.000	3.000	0
#XX04	0.000	0.000	0.000	0.000	0.000	0.000	0.000	0
#XX05	0.000	0.000	0.000	0.000	0.000	0.000	-1.000	0
#XX06	0.000	0.000	0.000	0.000	0.000	0.000	0.000	0
#XX07	0.000	0.000	0.000	0.000	0.000	0.000	0.000	0
#XX08	0.000	0.000	0.000	0.000	0.000	0.000	-1.000	0
#XX09	0.000	0.000	0.000	0.000	0.000	0.000	0.000	0
#XX10	0.000	0.000	0.000	0.000	0.000	0.000	0.000	0
#XX11	0.000	0.000	0.000	0.000	0.000	0.000	0.000	0
#XX12	0.000	0.000	0.000	0.000	0.000	0.000	0.000	0
#XX13	0.000	0.000	0.000	0.000	0.000	0.000	0.000	0

图 3－26　刀具数据的输入与修改

选择要编辑的选项，用▶，◀，BS，Del 键进行编辑修改。修改完毕，按 Enter 键确认。若输入正确，则图形显示窗口相应位置将显示修改过的值，否则原值不变。

(2) 自动设置刀具偏置值(F4→F8)。在 MDI 功能子菜单(见图 3－22)下按 F8 键，进入刀具偏置值自动设置方式，如图 3－24 所示。

1) 按 F7 键，在弹出的输入框中输入正确的标准刀具刀号。

2)使用标准刀具试切工件外径，然后沿着 Z 轴方向退刀。按 F8 键，在弹出的对话框中，选择标准刀具 X 值；按 Enter 键，在弹出的输入框中输入试切后工件的直(半) 径值，系统将自动记录试切后标准刀具 X 轴机床坐标值。

3)使用标准刀具试切工件端面，然后沿着 Z 轴方向退刀。按 F8 键，在弹出的对话框中，选择标准刀具 Z 值；按 Enter 键，系统将自动记录试切后标准刀具 Z 轴机床坐标值。

4)按 F2 键，选择要设置的刀具偏置值；使用需设置刀具偏置值的刀具试切工件外径，然后沿着 Z 轴方向退刀。

5)按 F9 键，选择 X 轴补偿；按 Enter 键，在弹出的输入框中输入试切后工件的直径值(直径编程)或半径值(半径编程)，系统将自动计算并保存该刀具相对于标准刀具的 X 轴偏置值。

6)使用需设置刀具偏置值的刀具试切工件端面，然后沿着 Z 轴方向退刀；按 F9 键，选择 Z 轴补偿；按 Enter 键，在弹出的输入框中输入试切端面到标准刀具 Z 轴的距离，系统将自动计算并保存该刀相对于标准刀的 Z 轴偏置值。

四、程序输入与文件管理

在图 3－20 所示的软件操作界面下，按 F2 键，编辑功能子菜单命令行与菜单条的显示如图 3－27 所示，在此可以对零件程序进行编辑、存储与传递以及对文件进行管理。

在编辑功能子菜单(见图 3－27) 下按 F2 键，将弹出如图 3－28 所示的“选择编辑程序”菜单。用光标选中相应的选项，依屏幕提示操作，可将文件程序调入编辑缓冲区(见图 3－29) ，文件的保存、修改、运行都在此修改。

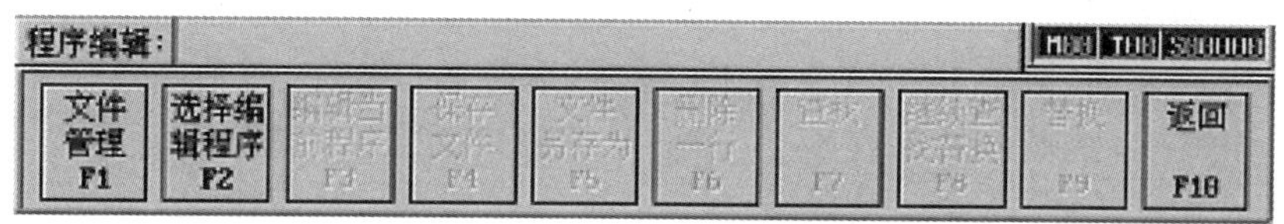

图 3－27 编辑功能子菜单

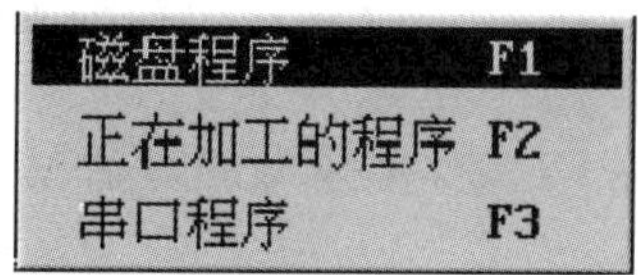

图 3－28 选择编辑程序

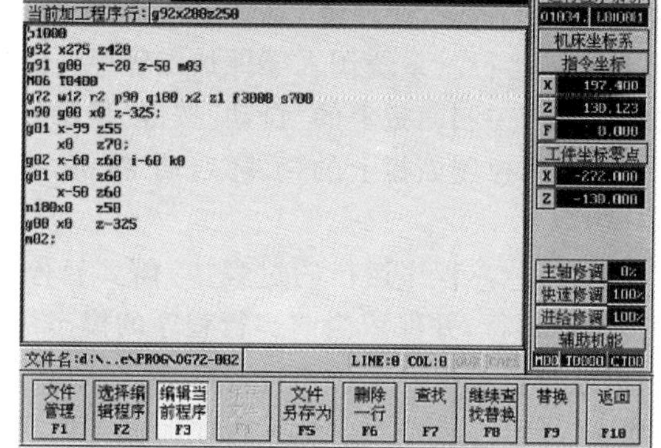

图 3－29 调入文件到编辑缓冲区

在编辑功能子菜单(见图 3－27)下,还能完成以下功能:

(1)按 F3 键,编辑当前程序。

(2)按 F6 键,可删除光标所在的程序行。

(3)按 F7 键,可在编辑状态下查找字符串。

(4)按 F9 键,可在编辑状态下替换字符串。

(5)按 F8 键,继续查找或替换。

(6)按 F4 键,可对当前编辑程序进行存盘。

(7)按 F5 键,文件另存为。

(8)按 F1 键,文件管理,可以进行新建目录、更改文件名、拷贝文件、删除文件等操作。

五、程序运行

在图 3－20 所示的软件操作界面下,按 F1 键进入程序运行子菜单,命令行与菜单条的显示如图 3－30 所示。

图 3－30 程序运行子菜单

在程序运行子菜单下,可以装入、检验并自动运行一个零件程序。

1. 选择运行程序(F1→F1)

在程序运行子菜单(见图 3－30)下按 F1 键,可选择运行程序,包括磁盘程序、正在编辑的程序和 DNC 程序。系统调入加工程序后,图形显示窗口会发生一些变化,其显示的内容取决于当前图形显示方式。

2. 程序校验(F1→F3)

程序校验用于对调入加工缓冲区的零件程序进行校验,并提示可能的错误。以前未在机床上运行的新程序在调入后最好先进行校验运行,正确无误后再启动自动运行。

3. 启动、暂停、中止、再启动

(1)启动自动运行。系统调入零件加工程序,经校验无误后,可正式启动运行。

1)按一下机床控制面板上的“自动”按键(指示灯亮),进入程序运行方式。

2)按一下机床控制面板上的“循环启动”按键,指示灯亮,机床开始自动运行调入的零件加工程序。

(2)暂停运行。在程序运行的过程中,需要暂停运行,可按 F7 键,在弹出的对话框中,按 N 键则暂停程序运行,并保留当前运行程序的模态信息。

(3)中止运行。在程序运行的过程中,需要中止运行,按 F7 键,在弹出的对话框中, 按 Y 键则中止程序运行,并卸载当前运行程序的模态信息。

(4)暂停后的再启动。在自动运行暂停状态下,按一下机床控制面板上的“循环启动”按键,系统将从暂停前的状态重新启动,继续运行。

(5)重新运行当前加工程序。中止自动运行后,希望从程序头重新开始运行时,可在程序运行子菜单下,按 F4 键,在弹出的对话框中按 Y 键,则光标将返回到程序头,按 N 键则取消重新运行;按机床控制面板上的“循环启动”按键,从程序首行开始重新运行当前加工程序。

六、网络与通信

建立网络路径的操作步骤如下:

(1)在编辑功能菜单(见图 3－27)下按 F1,弹出如图 3－31 所示文件管理子菜单。

新建目录 F1
更改文件名 F2
拷贝文件 F3
删除文件 F4
映射网络盘 F5
断开网络盘 F6
接收串口文件 F7
发送串口文件 F8

图 3－31 文件管理子菜单

图 3－32 映射网络路径

(2)用▲、▼选中“映射网络盘”选项。

(3)按 Enter 键,弹出如图 3－32 所示映射路径输入框。

(4)在映射路径输入框内,输入一个虚拟驱动器名及其对应的具体网络路径名,如

X:。\LK\111。

(5)按 Enter 键，系统出现瞬间黑屏后又返回到 HNC—21T 界面，并建立了网络路径。选择网络程序的操作与选择磁盘程序的操作方法完全一样。

七、显示

HNC—21T 的主显示窗口共有 3 种显示模式(见图 3－33) 可供选择(F9)

(1) 正文。当前加工的 G 代码程序(见图 3－34)。

(2) 大字符。由“显示值”菜单所选显示值的大字符。

(3) ZOX 平面图形。在 ZOX 平面上的刀具轨迹(见图 3－35)。

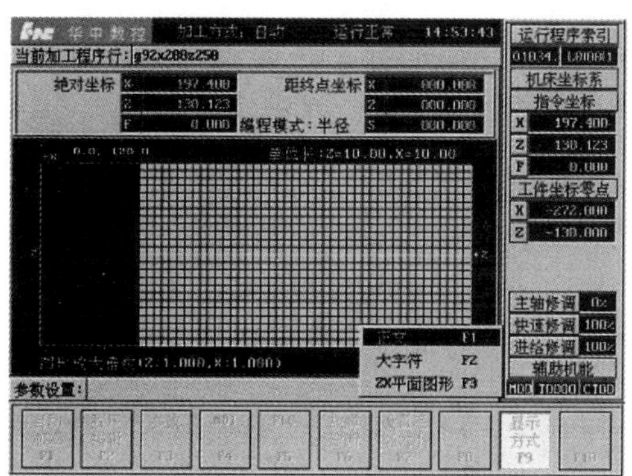

图 3－33　选择显示模式

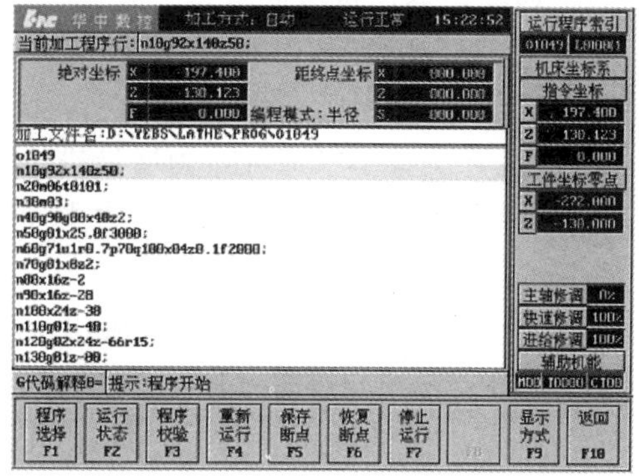

图 3－34　正文显示

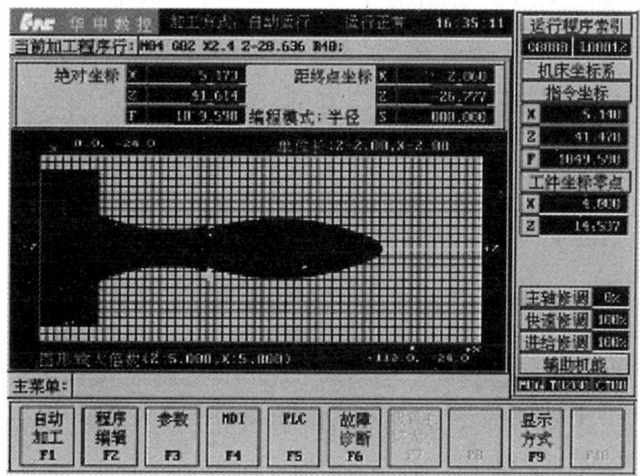

图 3－35　ZOX 平面图形显示模式

八、操作汇总

1. 急停

机床运行过程中，在危险或紧急情况下，按下“急停”按钮，CNC 即进入急停状态，伺服进给及主轴运转立即停止工作(控制柜内的进给驱动电源被切断);松开“急停”按钮(左旋此按钮,按钮将自动跳起),CNC 进入复位状态。

2. 方式选择

机床的工作方式由手持单元和控制面板上的方式选择类按键共同决定。方式选择类按键及其对应的机床工作方式如下:

(1) 自动。自动运行方式。

(2) 单段。单程序段执行方式。

(3) 手动。手动连续进给方式。

(4) 增量。增量/手摇脉冲发生器进给方式。

(5) 回零。返回机床参考点方式。

其中,按下“增量”按键时,视手持单元的坐标轴选择波段的开关位置,对应两种机床工作方式:

1) 波段开关置于“Off”档,为增量进给方式。

2) 波段开关置于“Off”档之外,为手摇脉冲发生器进给方式。

3. 轴手动按键

“+X”,“+Z”,“-X”,“-Z”按键用于在手动连续进给、增量进给和返回机床参考点方式下,选择进给坐标轴和进给方向。

“+C”,“-C”只在车削中心上有效,用于手动进给 C 轴。

4. 速率修调

(1) 进给修调。在自动方式或 MDI 方式下,当 F 代码编程的进给速度偏高或偏低时,可用进给修调右侧的“100%”,“+”,“-”按键,修调程序中编制的进给速度。

(2) 快速修调。在自动方式或 MDI 运行方式下,可用快速修调右侧的“100%”和“+”,“-”按键,修调 G00 快速移动时系统参数“最高快移速度”设置的速度。

(3) 主轴修调。在自动方式或 MDI 运行方式下,当 S 代码编程的主轴速度偏高或偏低时,可用主轴修调右侧的“100%”和“+”,“-”按键,修调程序中编制的主轴速度。

5. 自动运行

按一下“自动”按键(指示灯亮),系统处于自动运行方式,机床坐标轴的控制由 CNC 自动完成。

6. 手动机床动作控制

手动机床动作控制包括“主轴正转”、“主轴反转”、“主轴停止”、“主轴点动”、“刀位转换”、“冷却开停”、“卡盘松紧”。按下相应的按键,即可实现相应的功能。

3.4 加工实例

[实例一]

编制图 3-36 所示零件的加工程序。

工艺条件:工件材质为 45# 钢或铝;棒料毛坯直径为 32 mm,长为 100 mm。

刀具选用:1 号端面刀加工工件端面,2 号端面外圆刀粗加工工件轮廓,3 号端面外圆刀精

加工工件轮廓，4 号切断刀切断工件。

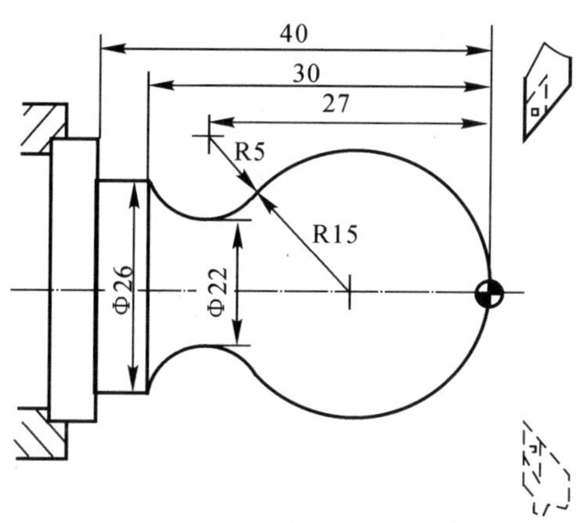

图 3－36　实例一零件

程序	说明
%1111	程序号
N1　T0101；	换 1# 刀工作，刀补 01 号
N2　M03S300；	主轴正转，转速为 300 r/min
N3　M08；	冷却液开
N4　G00X32Z2；	刀具快速移动到毛坯右端面
N5　G01X0F100；	车削右端面
N6　G01Z0F100；	车削右端面
N7　G00X100Z100；	退刀
N8　T0202；	换 2# 刀工作，刀补 02 号
N9　M03S500；	主轴正转，转速为 500 r/min
N10　G00X32Z2；	刀具快速移动到毛坯右端面
N11　G71U1.5R1P13Q17E0.2；	粗车外径至 Φ30.5
N12　G01X0Z0F100；	车削右端面
N13　G03X24Z－24R15；	车削 R15 圆弧
N14　G02X26Z－31R5；	车削 R5 圆弧
N15　G01Z－40；	车削 Φ26 外圆
N16　G00X32；	刀具退出
N17　G00X100Z100；	刀具退出
N18　T0303；	换 3# 刀工作，刀补 03 号
N19　M03S1000；	主轴正转，转速为 1 000 r/min
N20　G00X32Z2；	刀具快速移动到毛坯右端面
N21　G01X0Z0F80；	精车右端面至工件原点
N22　G03X24Z－24R15；	精车 R15 圆弧
N23　G02X26Z－31R5；	精车 R5 圆弧
N24　G01Z－40；	精车 Φ26 外圆

N25 G00X32；	刀具退出
N26 G00X100Z100；	刀具退出
N27 T0404；	换 4# 刀工作，刀补 04 号
N28 G00X32Z2；	刀具快速移动到毛坯右端面
N29 G00Z－42；	刀具快速移动到毛坯左端面
N30 G01X0F60；	切断工件
N31 G00X100Z100；	刀具退出
N32 M09；	冷却液关
N33 M05；	主轴停止
N34 M30；	程序结束

［实例二］

待车削零件的图纸如图 3－37 所示。

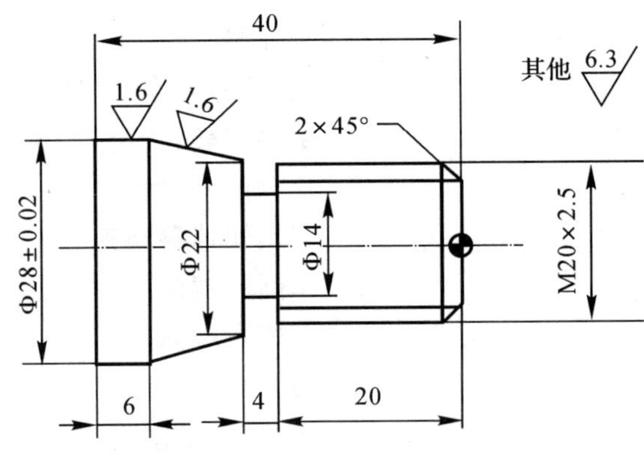

图 3－37 实例二的零件

%1000；	程序号
N1 G28U0W0；	回零
N2 T0101；	换 1# 刀工作，刀补 01 号
N3 M03S1000；	主轴正转，转速为 1 000 r/min
N4 G90G98G00X28Z2；	绝对值编程，每分钟进给，快速定位
N5 G01Z0F100；	刀具靠至端面
N6 G71U0.5R1P007Q012X0.5F100；	外圆切削复合循环
N7 N007 G01X16F50；	直线插补至 Φ16 mm 处
N8 G01X20Z－2；	车削 2×45°倒角
N9 Z－24；	切削至 24 mm
N10 X22；	切削至 22 mm
N11 X28Z－34；	切斜线
N12 N012 G01Z－40；	切削至 40 mm
N13 G00X30Z0；	快速退刀至外圆 Φ30 mm 端面处

```
N14  G01X19.98F00;                                   切削至螺纹大径
N15  Z－24F50;
N16  G00X30;
N17  Z150;                                           快速定位到安全距离处换刀
N18  T0202;                                          换 2# 切槽刀工作,刀补 02 号
N19  M03S300;                                        换主轴转速为 300 r/min
N20  G00Z－24;                                       快速定位至 Φ24 mm×24 mm 处
N21  G01Z14F20;                                      切槽
N22  G04P2;                                          暂停 2 s
N23  G01X22F100;                                     退刀
N24  G00X30;
N25  Z150;                                           快速定位至安全距离处
N26  T0303;                                          换 3# 螺纹刀工作,刀补 03 号
N27  M03S600;                                        换主抽转速为 600 r/min
N28  G00X19.19Z5;                                    快速定位至起刀点处
N29  G76C5A60X17.16Z－21K1.0110U0.1V0.1Q0.3F2.5;
                                                     螺纹切削复合循环
N30  G00X30;                                         快速退刀
N31  Z150;
N32  T0404;
N33  G00X29;
N34  Z－40;
N35  M03S400;
N36  G01X0F20;                                       切断
N37  X29F100;
N38  G00X30;
N39  Z150;
N40  M05;                                            主轴停转
N41  G28U0W0;                                        回零
N42  M30;                                            程序结束
                                                     程序停止并回到程序起始位
```

第4章

数控铣削

4.1 数控铣床简介

数控铣床是一类很重要的数控机床，在数控机床中所占的比例最大，在航空航天、汽车制造、一般机械加工和模具制造业中应用非常广泛。数控铣床至少有三个控制轴，即X，Y，Z轴，可同时控制其中任意两个坐标轴联动，也能控制三个甚至更多个坐标轴联动，主要用于各类较复杂的平面、曲面和壳体类零件的加工。

一、数控铣床的分类

数控铣床种类很多。按机床的体积大小可分为小型、中型和大型数控铣床；按控制坐标的联动数可分为二轴半、三轴、三轴半、四轴、五轴联动数控铣床，半轴是指该轴只能作单独运动不能与其他各轴作联动；按数控系统的功能可分为经济型数控铣床、全功能数控铣床和高速铣削数控铣床；按机床的主轴布局形式可分为立式、卧式和立卧两用数控铣床。

1. 立式数控铣床

立式数控铣床是数控铣床中最常见、应用范围也最广泛的一种布局形式，其主轴轴线垂直于工作台水平面，如图4－1所示。此类机床以二轴半、三轴联动较多，若附加一个旋转坐标，并加以控制即称四轴联动数控铣床。其各坐标的控制方式主要有以下两种：

(1)工作台纵、横向移动并升降，主轴只完成主运动。目前小型数控铣床一般采用这种方式。

(2)工作台纵、横向移动，主轴升降。这种方式一般运用在中型数控铣床中。

立式数控铣床结构简单，工件安装方便，加工时便于观察，但不便于排屑。

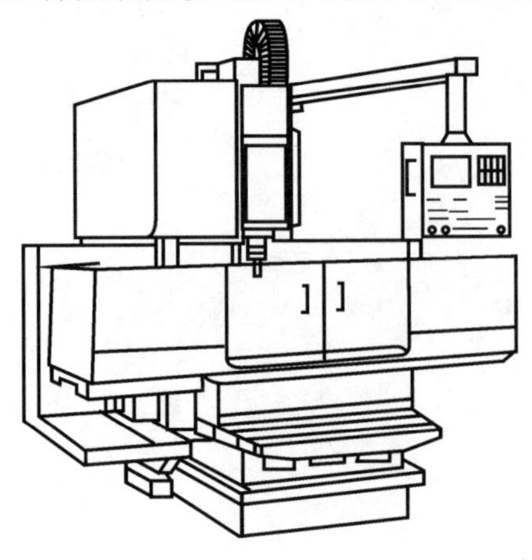

图4－1　立式数控铣床

2. 卧式数控铣床

卧式数控铣床的主轴轴线平行于工作台水平面，主要用来加工零件的侧面，如图 4－2 所示。为扩大加工范围，一般增加数控回转工作台实现三轴半、四轴甚至五轴联动。这样，工件经过一次装夹，数次转动可完成多方位的加工，特别在箱体类零件加工中具有明显的优势。

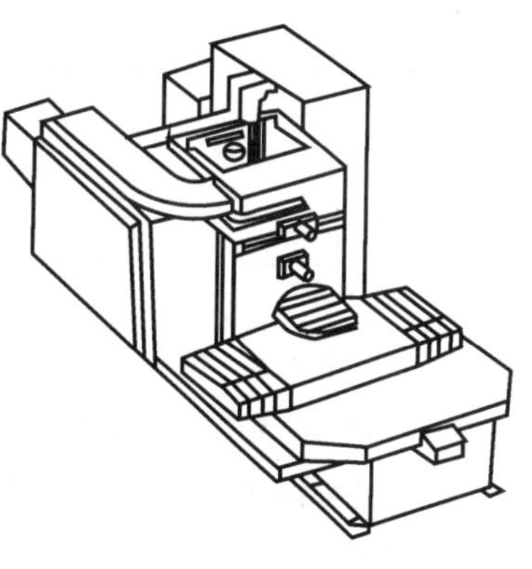

图 4－2　卧式数控铣床

卧式数控铣床比立式数控铣床结构复杂，在加工时不便观察，但排屑顺畅。

3. 立卧两用数控铣床

主轴轴线可以变换，使一台铣床具备立式数控铣床和卧式数控铣床的功能。这类机床适应性更强，应用范围更广，尤其适合于多品种、小批量又需要立、卧两种方式加工的情况，但其主轴部分的结构较为复杂。

二、数控铣床的组成

数控铣床一般由以下几个部分组成。

1. 铣床主体

铣床主体是数控铣床的机械部件，包括床身、主轴箱、铣头、工作台、进给机构等。

2. 控制部分

控制部分（CNC 装置）是数控铣床的控制核心，实际上是一台机床专用计算机，由印刷电路板、各种电器元件、监视器、键盘等组成。

3. 驱动装置

驱动装置是数控铣床执行机构的驱动部件，包括主轴电动机、进给伺服电动机等。

4. 辅助装置

辅助装置是指数控铣床的一些配套部件，包括液压和传动装置、冷却和润滑系统、排屑装置等。

图 4－3 所示为 XK7132 型数控铣床外形图，表 4－1 为 XK7132 型数控铣床的主要技术参数。

图 4－3　XK7132 型数控铣床

表 4－1　XK7132 型数控铣床的主要技术参数

技术参数	参数值
X 轴行程	500 mm
Y 轴行程	320 mm
Z 轴行程	350 mm
主轴鼻端至工作台面距离	80～430 mm
主轴中心至立柱导轨面距离	360 mm
快速移动(X,Y,Z)	12 000 mm/min,12 000 mm/min,10 000 mm/min
切削进给速度	1～4 000 mm/min
工作台尺寸	800 mm×320 mm
工作台最大承重	300 kg
工作台 T 型槽数/宽度/间距	3 mm/14 mm/100 mm
主轴最高转速	3 000 r/min 或 6 000 r/min
主轴电机功率	2.2 kW

三、数控铣床加工特点

1. 加工灵活、通用性强

数控铣床的最大特点是高柔性，即灵活、通用、万能，可以加工不同形状的工件。在数控铣床上能完成钻孔、镗孔、铰孔、铣平面、铣斜面、铣槽、铣曲面(凸轮)、攻螺纹等加工。在一般情况下，可以一次装夹就完成所需要的加工工序。

2. 加工精度高

目前，数控装置的脉冲当量一般为 0.001 mm，高精度的数控系统可达 0.1 μm，一般情况下都能保证工件精度。另外，数控加工还避免了操作人员的操作失误，同一批加工零件的尺寸同一性好，大大提高了产品质量。由于数控铣床具有较高的加工精度，能加工很多普通机床难以加工或根本不能加工的复杂型面，所以在加工各种复杂模具时更显出其优越性。

3. 生产效率高

数控铣床上一般不需要使用专用夹具等专用工艺装备。在更换工件时，只需调用储存于数控装置中的加工程序、装夹工件和调整刀具数据即可，因而大大缩短了生产周期。其次，数控铣床具有铣床、镗床和钻床的功能，使工序高度集中，大大提高了生产效率并减少了工件装夹误差。另外，数控铣床的主轴转速和进给速度都是无级变速的，因此有利于选择最佳切削用量。数控铣床具有快进、快退、快速定位功能，可大大减少机动时间。据统计，数控铣床加工比普通铣床加工生产效率可提高 3～5 倍；对于复杂的成形面加工，生产效率可提高十几倍，甚至几十倍。

此外，采用数控铣床还能改善工人的劳动条件，大大减轻劳动强度。

四、数控铣床的加工对象

数控铣削是机械加工中最常用和最主要的数控加工方法之一。数控铣床与普通铣床相

比，具有加工精度高、加工零件的形状复杂、加工范围广等特点。它除了能铣削普通铣床所能铣削的各种零件表面外，还能铣削普通铣床不能铣削的、需要二至五坐标联动的各种平面轮廓和立体轮廓。适合数控铣削加工的零件有以下几种。

1. 平面类零件

加工面平行、垂直于水平面或与水平面成定角的零件称为平面类零件，如图 4-4 所示。这一类零件的特点是加工单元面为平面或可展开成平面。其数控铣削相对比较简单，一般只需要用三坐标数控铣床的两坐标联动（两轴半坐标加工）就可以完成加工。

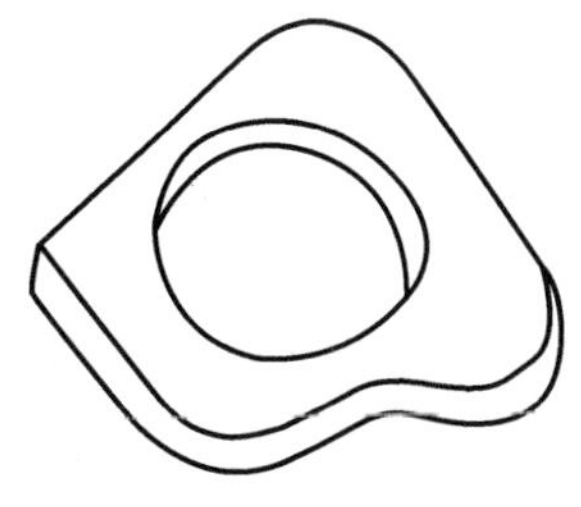

图 4-4　平面类零件

2. 曲面类（立体类）零件

加工面为空间曲面的零件称为曲面类零件，如图 4-5 所示。其特点是加工面不能展开成平面，加工中铣刀与零件表面始终是点接触式。对于此类零件一般采用三坐标联动数控铣床，其加工一般采用球头刀具，因为其他刀具加工曲面时更容易产生干涉而铣削到邻近表面。

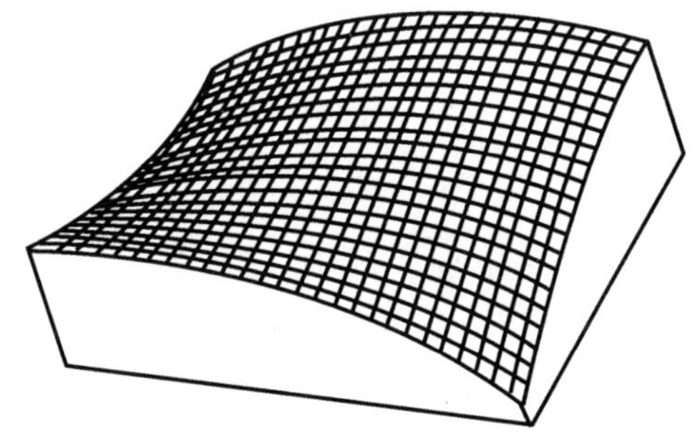

图 4-5　曲面类零件

3. 变斜角类零件

如图 4-6 所示，加工面与水平面的夹角呈连续变化的零件称为变斜角类零件，以飞机零部件常见。其特点是加工面不能展开成平面，加工中加工面与铣刀周围接触的瞬间为一条直线。对于此类零件一般采用四坐标或五坐标数控铣床摆角加工。

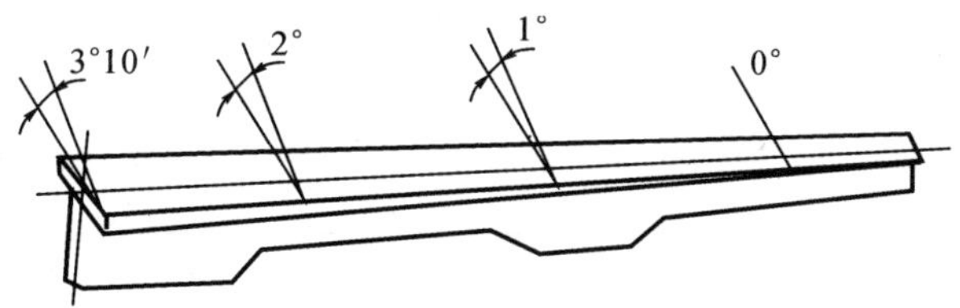

图 4-6　变斜角类零件

4. 孔及螺纹

一般采用定尺寸刀具进行钻、扩、铰、镗及攻丝等。一般数控铣床都有镗、钻、铰的功能。

虽然数控铣床的加工范围广泛，但是因受数控铣床自身特点的制约，某些零件仍不适合在数控铣床上加工。如简单的粗加工面，加工余量不太充分或很不均匀的毛坯零件，以及生产批量特别大、而精度要求又不高的零件等。

4.2 数控铣床编程

一、数控铣床的编程特点

数控铣床是通过两轴联动加工零件的平面轮廓，通过两轴半控制、三轴或多轴联动来加工空间曲面零件，在编程时应考虑以下内容。

(1) 数控铣床一般仅具有直线插补和圆弧插补功能，因此非圆曲线的加工是按编程允差将曲线分割成许多小段再用直线或圆弧逼近得到的，编程时须计算各节点坐标。

(2) 数控铣床具备镜像加工功能，加工一个轴对称零件只须编出一半加工程序即可。

(3) 数控铣床具备刀补功能，在编程时可以直接按工件尺寸编程而无须计算刀具中心的轨迹坐标；同时，利用改变刀具半径补偿值的方法，可以用同一个加工程序进行粗、精加工及加工同一个公称尺寸的内、外两个型面。

(4) 当一个工件上有相同加工部位时，运用子程序调用可以简化程序的编制。

二、数控铣床的坐标系

1. 机床坐标系

数控铣床坐标系以机床主轴轴线方向为 Z 轴，刀具远离工件的方向为 Z 轴正方向。X 轴平行于工件的装夹平面，对于卧式铣床，人面对机床主轴，左侧方向为 X 轴正方向；对于立式铣床，人面对机床主轴，右侧方向为 X 轴正方向。Y 轴方向则根据 X 轴、Z 轴按右手笛卡儿直角坐标系来确定。立式铣床的机床坐标系如图 4－7 所示。

机床坐标系是机床本身固有的，机床坐标系的原点称为机械零点。每次启动机床后，机床三个坐标轴依次走到机床正方向的一个极限位置，这个极限位置是机床装配完工后确定的一个固定位置，该位置就是机床坐标系的原点。

2. 工件坐标系

工件坐标系是为确定工件几何形体上各要素的位置而设置的坐标系。工件坐标系的原点即为工件零点。工件零点是任意的，它是由编程人员在编制程序时根据零件的特点选定的，也称工件原点。它在工件装夹完毕后，通过对刀确定，如图 4－7 所示。

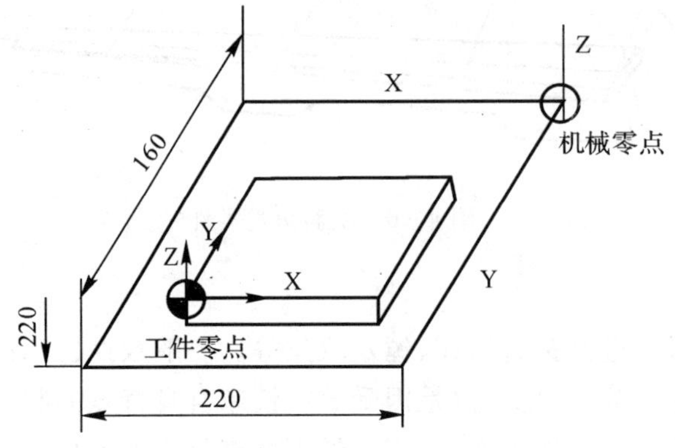

图 4－7　立式铣床的机床坐标系及工件坐标系

设定工件坐标系的目的是以工件原点为坐标原点，确定刀具起始点的坐标值。在选择工件原点位置时，应注意：

（1）工件原点应选择在零件图的尺寸基准上，这样便于坐标值的计算，并减少错误。

（2）工件原点尽量选在精度较高的工件表面，以提高被加工零件的加工精度。

（3）对于对称的零件，工件原点应设在对称中心上。

（4）对于一般零件，工件原点设在工件外轮廓的某一角上。

（5）Z 轴方向上的工件原点，一般设在工件上表面。

三、数控铣削常用指令介绍

本节以 XK7132 型数控铣床为基础，介绍数控铣床程序编制的基本方法。该铣床配备的是华中世纪星 HNC—21M 数控系统，该系统与第 3 章介绍的 HNC—21/22T 系统很相似，这里只介绍铣削中最常用的一些 G 指令。表 4－2 为 HNC—21M 数控系统准备功能一览表。

表 4－2　HNC—21M 数控系统准备功能一览表

G 代码	组	功　能	参数(后续地址字)
G00	01	快速定位	X,Y,Z,4TH
▶G01		直线插补	同上
G02		顺圆插补	X,Y,Z,I,J,K,R
G03		逆圆插补	同上
G04	00	暂停	P
G07	16	虚轴指定	X,Y,Z,4TH
G09	00	准停校验	
▶G17	02	XOY 平面选择	X,Y
G18		ZOX 平面选择	X,Z
G19		YOZ 平面选择	Y,Z
G20	08	英寸输入	
▶G21		毫米输入	
G22		脉冲当量	
G24	03	镜像开	X,Y,Z,4TH
▶G25		镜像关	
G28	00	返回到参考点	X,Y,Z,4TH
G29		由参考点返回	同上
▶G40	09	刀具半径补偿取消	
G41		左刀补	D
G42		右刀补	D
G43	10	刀具长度正向补偿	H
G44		刀具长度负向补偿	H
▶G49		刀具长度补偿取消	

续 表

G代码	组	功　能	参数(后续地址字)
▶G50	04	缩放关	
G51		缩放开	X,Y,Z,P
G52	00	局部坐标系设定	X,Y,Z,4TH
G53		直接机床坐标系编程	
▶G54	11	工件坐标系1选择	
G55		工件坐标系2选择	
G56		工件坐标系3选择	
G57		工件坐标系4选择	
G58		工件坐标系5选择	
G59		工件坐标系6选择	
G60	00	单方向定位	X,Y,Z,4TH
▶G61	12	精确停止校验方式	
G64		连续方式	
G65	00	子程序调用	P,A～Z
G68	05	旋转变换	X,Y,Z,P
▶G69		旋转取消	
G73	06	深孔钻削循环	X,Y,Z,P,Q,R,I,J,K
G74		逆攻丝循环	同上
G76		精镗循环	同上
▶G80		固定循环取消	同上
G81		定心钻循环	同上
G82		钻孔循环	同上
G83		深孔钻循环	同上
G84		攻丝循环	同上
G85		镗孔循环	同上
G86		镗孔循环	同上
G87		反镗循环	同上
G88		镗孔循环	同上
G89		镗孔循环	同上
▶G90	13	绝对值编程	
G91		增量值编程	
G92	00	工件坐标系设定	X,Y,Z,4TH
▶G94	14	每分钟进给	
G95		每转进给	
▶G98	15	固定循环返回起始点	
G99		固定循环返回到R点	

模态 G 功能组中包含一个缺省 G 功能(表 4－2 中,有▶标记者),上电时将被初始化为该功能。

没有共同参数的不同组 G 代码可以放在同一程序段中,而且与顺序无关。例如,G90,G17 可与 G01 放在同一程序段,但 G24,G68,G51 等不能与 G01 放在同一程序段。

1. 有关坐标系和坐标的指令

(1) 工件坐标系设定 G92。

格式:G92X_Y_Z_A_;

说明:

X,Y,Z,A:设定的工件坐标系原点到刀具起点的有向距离。这里第四轴用 A 表示。

G92 指令通过设定刀具起点(对刀点)与坐标系原点的相对位置建立工件坐标系。工件坐标系一旦建立,绝对值编程时的指令值就是在此坐标系中的坐标值。

例 4－1　使用 G92 编程,建立如图 4－8 所示的工件坐标系。

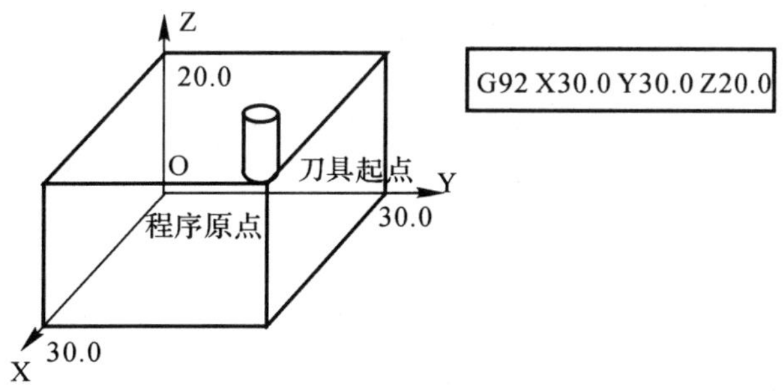

图 4－8　工件坐标系的建立

执行此程序段只建立工件坐标系,刀具并不产生运动。

G92 指令为非模态指令,一般放在一个零件程序的第一段。

(2) 工件坐标系选择 G54～G59。

G54～G59 是系统预定的 6 个工件坐标系(见图 4－9),可根据需要任意选用。

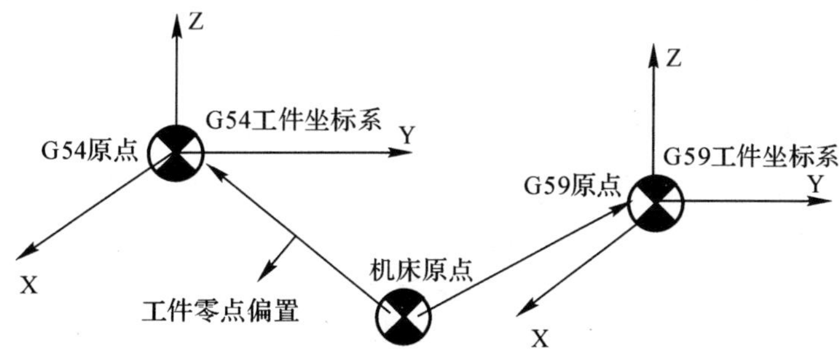

图 4－9　工件坐标系选择

这 6 个预定工件坐标系的原点在机床坐标系中的值(工件零点偏置值)可用 MDI 方式输入,系统自动记忆。

工件坐标系一旦选定,后续程序段中绝对值编程时的指令值均为相对此工件坐标系原点的值。

G54～G59 为模态功能,可相互注销,G54 为缺省值。

例 4-2 如图 4-10 所示,使用工件坐标系编程:要求刀具从当前点移动到 A 点,再从 A 点移动到 B 点。

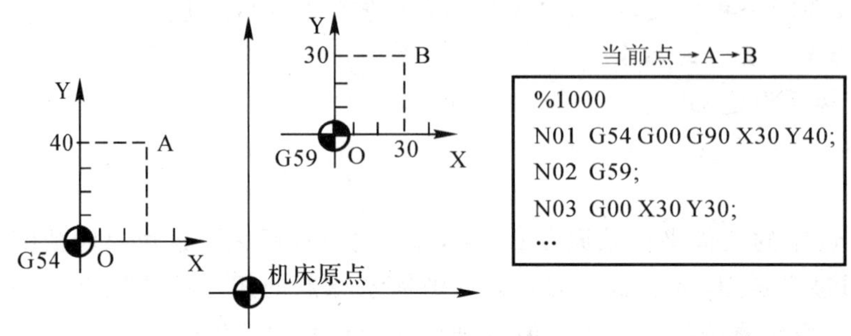

图 4-10 使用工件坐标系编程

注意:

使用该组指令前,先用 MDI 方式输入各坐标系的坐标原点在机床坐标系中的坐标值。

2. 进给控制指令

(1) 快速定位 G00。

格式:G00 X_Y_Z_A_;

说明:

X,Y,Z,A:快速定位终点,在 G90 时为终点在工件坐标系中的坐标;在 G91 时为终点相对于起点的位移量。

G00 指令刀具相对于工件以各轴预先设定的速度,从当前位置快速移动到程序段指令的定位目标点。

G00 指令中的快移速度由机床参数“快移进给速度”对各轴分别设定,不能用 F 规定。

G00 一般用于加工前快速定位或加工后快速退刀。快移速度可由面板上的快速修调旋钮修正。

G00 为模态功能,可由 G01,G02,G03 或 G33 功能注销。

注意:

在执行 G00 指令时,由于各轴以各自速度移动,不能保证各轴同时到达终点,因而联动直线轴的合成轨迹不一定是直线。操作者必须格外小心,以免刀具与工件发生碰撞。常见的做法是,将 Z 轴移动到安全高度,再放心地执行 G00 指令。

例 4-3 如图 4-11 所示,使用 G00 编程:要求刀具从 A 点快速定位到 B 点。

当 X 轴和 Y 轴的快进速度相同时,从 A 点到 B 点的快速定位路线为 A→C→B,即以折线的方式到达 B 点,而不是以直线方式从 A→B。

(2) 线性进给 G01。

格式:G01X_Y_Z_A_F_;

说明:

X,Y,Z,A:线性进给终点,在 G90 时为终点在工件坐标系中的坐标;在 G91 时为终点相对于起点的位移量;

F:合成进给速度。

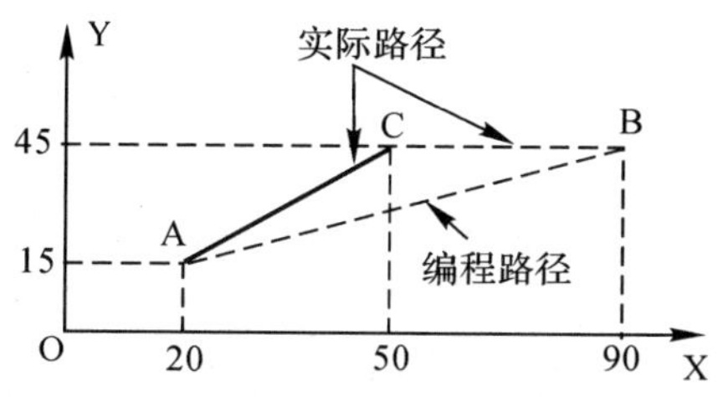

从A到B快速定位

绝对值编程:
G90 G00 X90 Y45;
增量值编程:
G91 G00 X70 Y30;

图 4－11　G00 编程

G01 指令刀具以联动的方式,按 F 规定的合成进给速度,从当前位置按线性路线(联动直线轴的合成轨迹为直线)移动到程序段指令的终点。

G01 是模态代码,可由 G00,G02,G03 或 G33 功能注销。

例 4－4　如图 4－12 所示,使用 G01 编程:要求从 A 点线性进给到 B 点(此时的进给路线是从 A→B 的直线)。

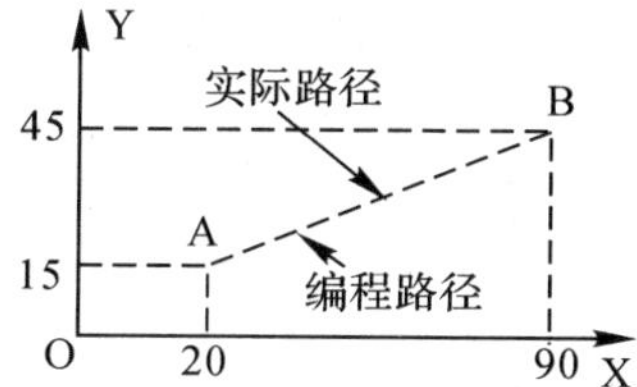

从A到B线性进给

绝对值编程:
G90 G01 X90 Y45 F800;
增量值编程:
G91 G01 X70 Y30 F800;

图 4－12　G01 编程

(3) 圆弧进给 G02/G03。

格式:

$$G17\begin{Bmatrix}G02\\G03\end{Bmatrix}X\_Y\_\begin{Bmatrix}I\_J\_\\R\_\end{Bmatrix}F\_;$$

$$G18\begin{Bmatrix}G02\\G03\end{Bmatrix}X\_Z\_\begin{Bmatrix}I\_K\_\\R\_\end{Bmatrix}F\_;$$

$$G19\begin{Bmatrix}G02\\G03\end{Bmatrix}Y\_Z\_\begin{Bmatrix}J\_K\_\\R\_\end{Bmatrix}F\_;$$

说明:

G02:顺时针圆弧插补,如图 4－13 所示 ;

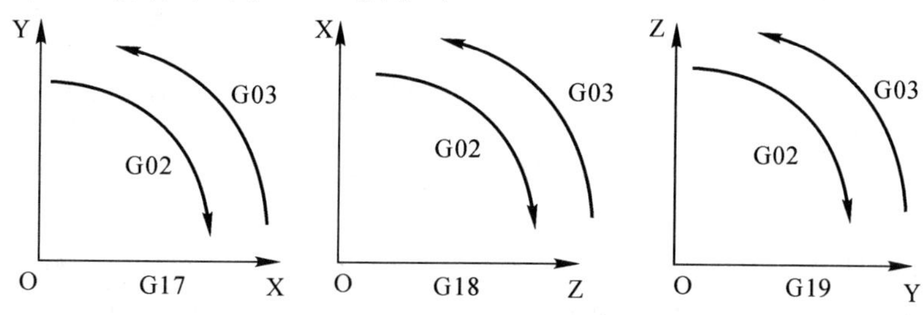

图 4－13　不同平面的 G02 与 G03 选择

G03：逆时针圆弧插补，如图 4－13 所示。

G17：XOY 平面的圆弧。

G18：ZOX 平面的圆弧。

G19：YOZ 平面的圆弧。

X，Y，Z：圆弧终点，在 G90 时为圆弧终点在工件坐标系中的坐标；在 G91 时为圆弧终点相对于圆弧起点的位移量。

I，J，K：圆心相对于圆弧起点的偏移值（等于圆心的坐标减去圆弧起点的坐标，如图 4－14 所示），在 G90/G91 时都是以增量方式指定。

R：圆弧半径，当圆弧圆心角小于 180°时，R 为正值，否则 R 为负值。

F：被编程的两个轴的合成进给速度。

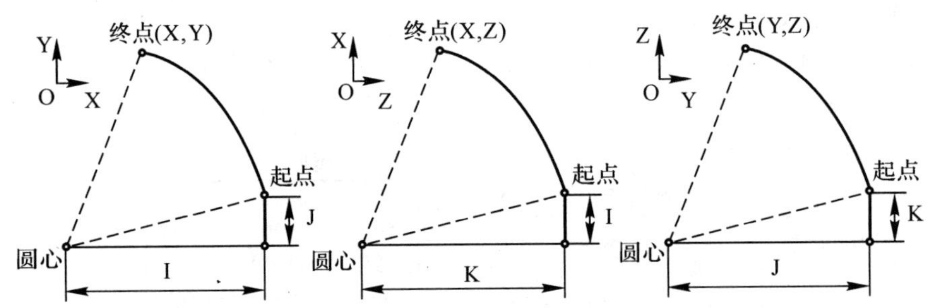

图 4－14　I，J，K 的选择

例 4－5　使用 G02 对图 4－15(a)所示圆弧 a 和圆弧 b 编程。

按图 4－15(a)的要求，对圆弧 a，b 的编程结果如图 4－15(b)所示。

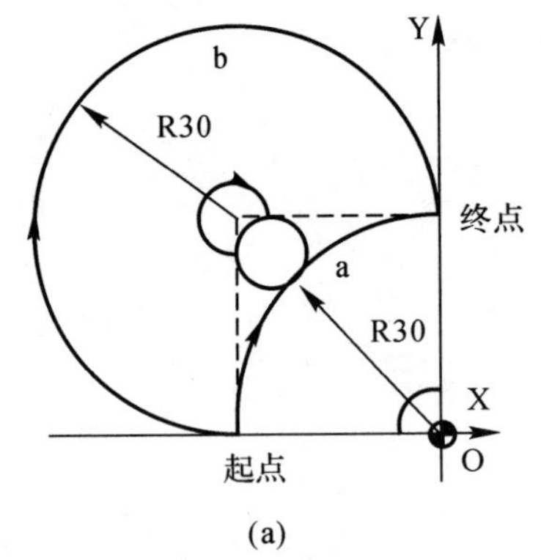

(a)

```
(i)圆弧a
G91 G02 X30 Y30 R30 F300;
G91 G02 X30 Y30 I30 J0 F300;
G90 G02 X0 Y30 R30 F300;
G90 G02 X0 Y30 I30 J0 F300;

(ii) 圆弧b
G91 G02 X30 Y30 R—30 F300;
G91 G02 X30 Y30 I0 J30 F300;
G90 G02 X0 Y30 R—30 F300;
G90 G02 X0 Y30 I0 J30 F300;
```

(b)

图 4－15　圆弧编程

例 4－6　使用 G02/G03 对图 4－16 所示的整圆编程。

注意：

顺时针或逆时针是从垂直于圆弧所在平面的坐标轴的正方向看到的回转方向。

整圆编程时不可以使用 R，只能用 I，J，K，同时编入 R 与 I，J，K 时，R 有效。

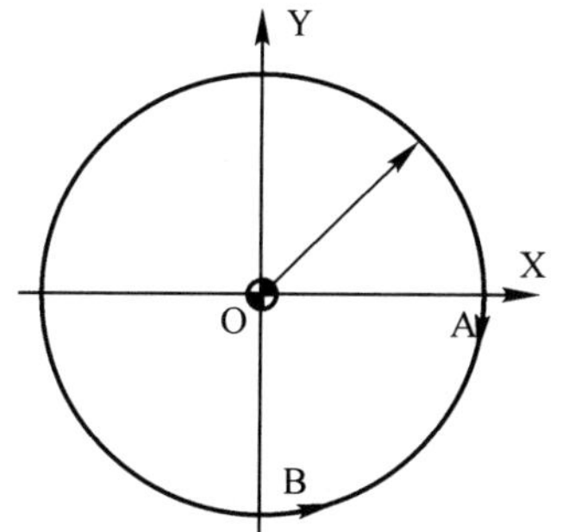

(i)从A点顺时针一周时
G90 G02 X30 Y0 I—30 J0 F300;
G91 G02 X0 Y0 I—30 J0 F300;

(ii)从B点逆时针一周时
G90 G03 X0 Y—30 I0 J30 F300;
G91 G03 X0 Y0 I0 J30 F300;

图 4－16　整圆编程

3. *刀具补偿功能指令*

(1) 刀具半径补偿 G40,G41,G42。

格式：$\left\{\begin{matrix}G17\\G18\\G19\end{matrix}\right\}$ $\left\{\begin{matrix}G40\\G41\\G42\end{matrix}\right\}$ $\left\{\begin{matrix}G00\\G01\end{matrix}\right\}$X_Y_Z_D_；

说明：

G40:取消刀具半径补偿。

G41:左刀补(在刀具前进方向左侧补偿),如图 4－17(a)所示。

G42:右刀补(在刀具前进方向右侧补偿),如图 4－17(b)所示。

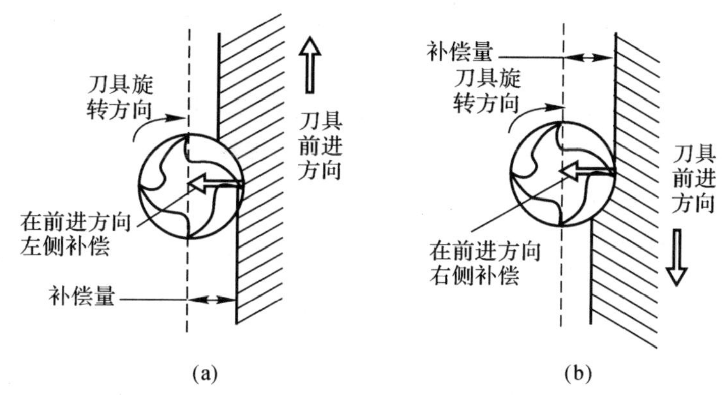

图 4－17　刀具补偿方向

(a)左刀补；(b)右刀补

G17:刀具半径补偿平面为 XOY 平面。

G18:刀具半径补偿平面为 ZOX 平面。

G19:刀具半径补偿平面为 YOZ 平面。

X,Y,Z:G00/G01 的参数,即刀补建立或取消的终点(注:投影到补偿平面上的刀具轨迹受到补偿)。

D:G41/G42 的参数,即刀补号码(D00～D99),它代表了刀补表中对应的半径补偿值。

G40,G41,G42:它们都是模态代码,可相互注销。

注意：

刀具半径补偿平面的切换必须在补偿取消方式下进行。

刀具半径补偿的建立与取消只能用 G00 或 G01 指令，不得是 G02 或 G03。

例 4-7 考虑刀具半径补偿，编制图 4-18 所示零件的加工程序：要求建立如图所示的工件坐标系，按箭头所指示的路径进行加工，设加工开始时，刀具距离工件上表面 50 mm，切削深度为 10 mm。

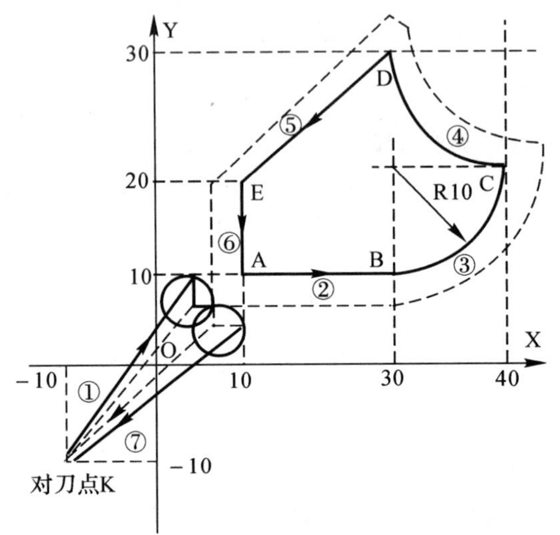

一个完整的零件程序

```
%1008
G92 X—10 Y—10 Z50;
G90 G17;
G42 G00 X4 Y10 D01;
Z2 M03 S900;
G01 Z—10 F800;
X30;
G03 X40 Y20 I0 J10;
G02 X30 Y30 I0 J10;
G01 X10 Y20;
Y5;
G00 Z50 M05;
G40 X—10 Y—10 M02;
```

图 4-18 刀具半径补偿编程

注意：

加工前应先用手动方式对刀，将刀具移动到相对于编程原点(—10，—10，50) 的对刀点处。

图 4-18 中带箭头的实线为编程轮廓，不带箭头的虚线为刀具中心的实际路线。

(2) 刀具长度补偿 G43，G44，G49。

格式：$\begin{Bmatrix} G17 \\ G18 \\ G19 \end{Bmatrix} \begin{Bmatrix} G43 \\ G44 \\ G49 \end{Bmatrix} \begin{Bmatrix} G00 \\ G01 \end{Bmatrix}$ X_Y_Z_H_；

说明：

G17：刀具长度补偿轴为 Z 轴。

G18：刀具长度补偿轴为 Y 轴。

G19：刀具长度补偿轴为 X 轴。

G49：取消刀具长度补偿。

G43：正向偏置(补偿轴终点加上偏置值)。

G44：负向偏置(补偿轴终点减去偏置值)。

X，Y，Z：G00/G01 的参数，即刀补建立或取消的终点。

H：G43/G44 的参数，即刀具长度补偿偏置号(H00～H99)，它代表了刀补表中对应的长度补偿值。

G43，G44，G49：它们都是模态代码，可相互注销。

例 4-8 考虑刀具长度补偿，编制如图 4-19 所示零件的加工程序：要求建立如图 4-19

所示的工件坐标系，按箭头所指示的路径进行加工。

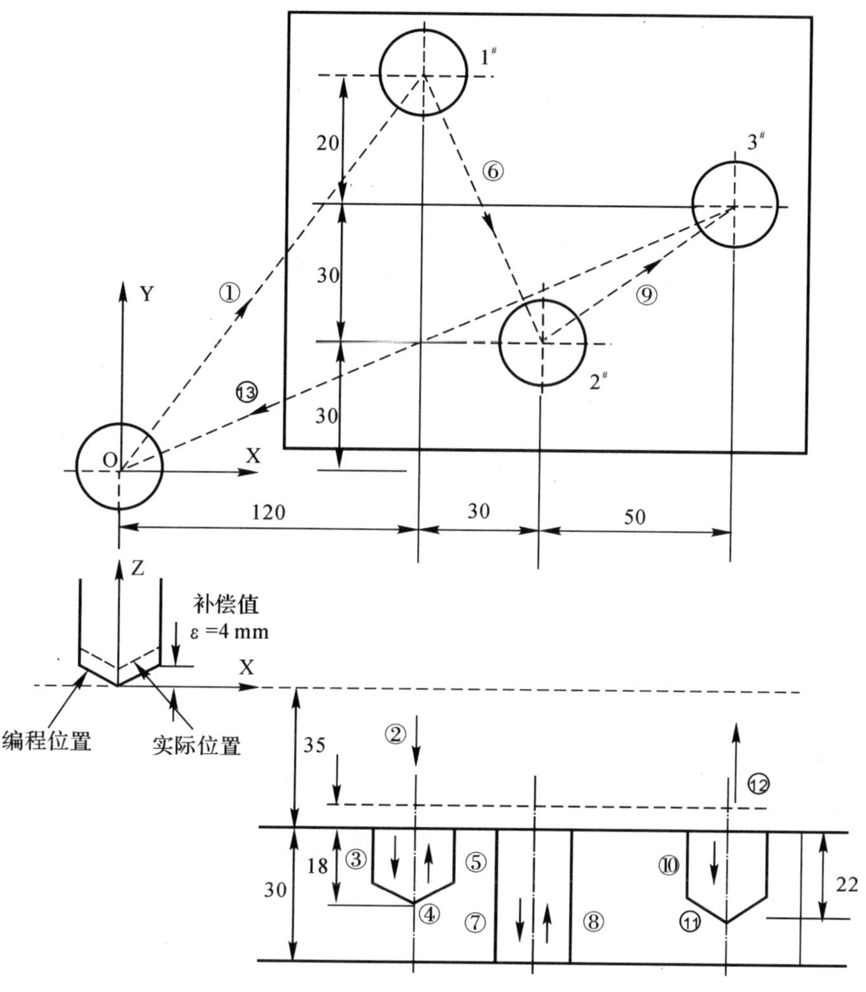

图 4-19　刀具长度补偿加工

按图 4-19 所示零件要求，编制的加工程序如下：

```
%1050
N1   G92 X0 Y0 Z0;
N2   G91 G00 X120 Y80 M03 S600;
N3   G43 Z-32 H01;
N4   G01 Z-21 F300;
N5   G04 P2;
N6   G00 Z21;
N7   X30 Y-50;
N8   G01 Z-41;
N9   G00 Z41;
N10   X50 Y30;
```

N11　G01 Z－25;

N12　G04 P2;

N13　G00 G49 Z57;

N14　X－200 Y－60;

N15　M05;

N16　M30;

注意:

(1)垂直于G17/G18/G19所选平面的轴受到长度补偿。

(2)偏置号改变时,新的偏置值并不加到旧偏置值上,例如:

设H01的偏置值为20,H02的偏置值为30,则

G90 G43 Z100 H01;　　Z将达到120

G90 G43 Z100 H02;　　Z将达到130

4. 简化编程指令

(1) 镜像功能G24,G25。

格式: G24X__Y__Z__A__;

M98P_;

G25X__Y__Z__A__;

说明:

G24:建立镜像。

G25:取消镜像。

X,Y,Z,A:镜像位置。

当工件相对于某一轴具有对称形状时,可以利用镜像功能和子程序,只对工件的一部分进行编程,而能加工出工件的对称部分,这就是镜像功能。

当某一轴的镜像有效时,该轴执行与编程方向相反的运动。

G24,G25为模态指令,可相互注销,G25为缺省值。

例4-9　使用镜像功能编制如图4-20所示轮廓的加工程序。设刀具起点距工件上表面为100 mm,切削深度为5 mm。

按图4-20所示轮廓的要求,编制的加工程序如下:

%1236;	主程序
G92X0Y0Z0;	
G91G17M03S600;	
M98P100;	加工①
G24X0;	Y轴镜像,镜像位置为X=0
M98P100;	加工②
G24Y0;	X,Y轴镜像,镜像位置为(0,0)
M98P100;	加工③
G25X0;	X轴镜像继续有效,取消Y轴镜像
M98P100;	加工④
G25Y0;	取消镜像

```
M30;                                   程序结束
%100;                                  子程序(①的加工程序)
N100  G41G00X10Y4D01;
N120  G43Z-98H01;
N130  G01Z-7F300;
N140  Y26;
N150  X10;
N160  G03X10Y-10I10J0;
N170  G01Y-10;
N180  X-25;
N185  G49G00Z105;
N200  G40X-5Y-10;
N210  M99;
```

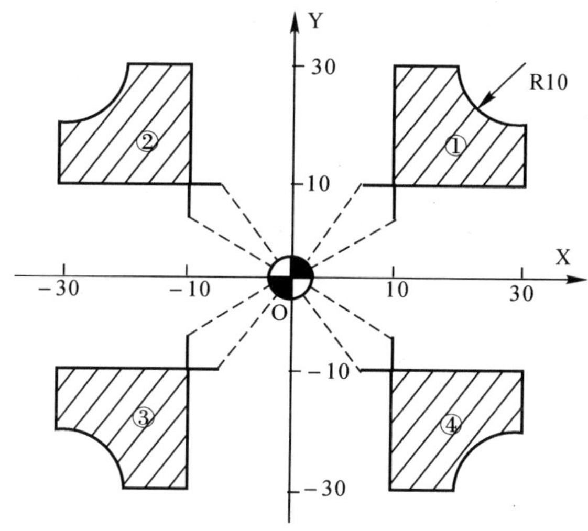

图 4-20　镜像功能

(2) 旋转变换 G68,G69。

格式：　G17G68X__Y__P__;

G18G68X__Z__P__ ;

G19G68Y__Z__P__;

M98P_;

G69;

说明：

G68:建立旋转。

G69:取消旋转。

X,Y,Z:旋转中心的坐标值。

P:旋转角度,单位是(°) ,0≤P≤360°。

在有刀具补偿的情况下,先旋转后刀补(刀具半径补偿、长度补偿) ;在有缩放功能的情况

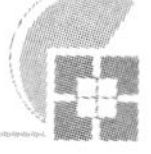

下，先缩放后旋转。

G68，G69 为模态指令，可相互注销，G69 为缺省值。

例 4-10 使用旋转功能编制如图 4-21 所示轮廓的加工程序。设刀具起点距工件上表面 50mm，切削深度 5mm。

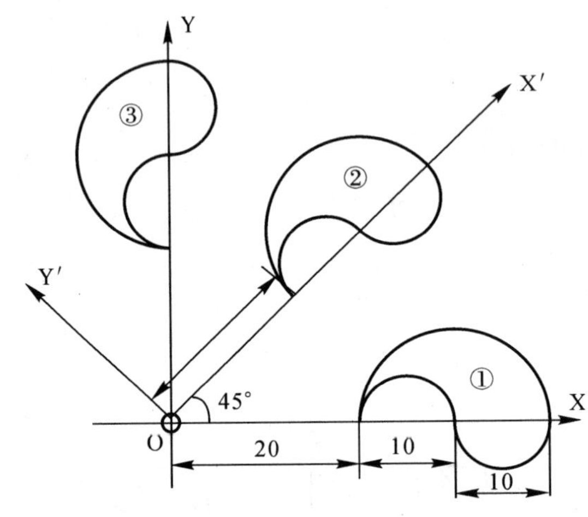

图 4-21 旋转变换功能

按图 4-21 所示轮廓的要求，编制的加工程序如下：

```
%0068;                       主程序
N10 G92X0Y0Z50;
N15 G90G17M03S600;
N20 G43Z-5H02;
N25 M98P200;                 加工①
N30 G68X0Y0P45;              旋转 45°
N40 M98P200;                 加工②
N60 G68X0Y0P90;              旋转 90°
N70 M98P200;                 加工③
N20 G49Z50;
N80 G69 M05 M30;             取消旋转，主轴停止，程序结束
%200;                        子程序（①的加工程序）
N100  G41 G01 X20 Y-5 D02 F300;
N105  Y0;
N110  G02X40I10;
N120  X30I-5;
N130  G03X20I-5;
N140  G00Y-6;
N145  G40X0Y0;
N150  M99;
```

5. 固定循环

数控加工中，某些加工动作循环已经典型化。例如，钻孔、镗孔的动作是孔位平面定位、快速引进、工作进给、快速退回等，这样一系列典型的加工动作已经预先编好程序，存储在内存中，可用称为固定循环的一个 G 代码程序段调用，从而简化编程工作。

孔加工固定循环指令有 G73，G74，G76，G80～G89，通常由下述 6 个动作构成（见图 4-22）：

（1）X，Y 轴定位。

（2）定位到 R 点（定位方式取决于上次是 G00 还是 G01）。

（3）孔加工。

（4）在孔底的动作。

（5）退回到 R 点（参考点）。

（6）快速返回到初始点。

固定循环的数据表达形式可以用绝对坐标（G90）和相对坐标（G91）表示，如图 4-23 所示，其中图 4-23（a）是采用 G90 的表示，图 4-23（b）是采用 G91 的表示。

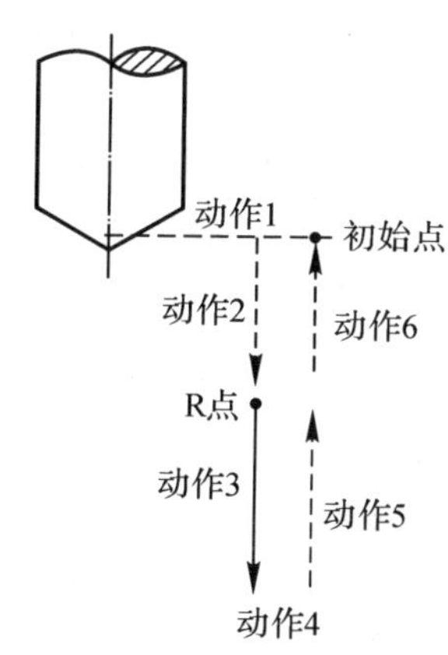

图 4-22　固定循环动作

实线—切削进给；虚线—快速进给

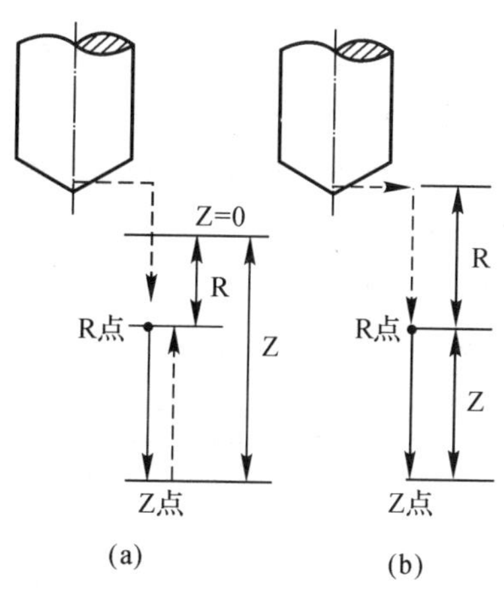

图 4-23　固定循环的数据形式

实线—切削进给；虚线—快速进给

固定循环的程序格式包括数据形式、返回点平面、孔加工方式、孔位置数据、孔加工数据和循环次数。数据形式（G90 或 G91）在程序开始时就已指定，因此，在固定循环程序格式中可不注出。固定循环的程序格式如下：

$$\begin{Bmatrix} G98 \\ G99 \end{Bmatrix} G\_X\_Y\_Z\_R\_Q\_P\_I\_J\_K\_F\_L\_;$$

说明：

G98：返回初始平面。

G99：返回 R 点平面。

G：固定循环代码 G73，G74，G76 和 G81～G89 之一，其具体功能见表 4-2。

X，Y：加工起点到孔位的距离（G91）或孔位坐标（G90）。

R：初始点到 R 点的距离（G91）或 R 点的坐标（G90）。

Z：R 点到孔底的距离（G91）或孔底坐标（G90）。

Q:每次进给深度(G73,G83)。

I,J:刀具在轴反向位移增量(G76,G87)。

P:刀具在孔底的暂停时间。

F:切削进给速度。

L:固定循环的次数。

G73,G74,G76 和 G81～G89,Z,R,P,F,Q,I,J,K 是模态指令。G80,G01～G03 等代码可以取消固定循环。

使用固定循环时应注意以下几点:

(1)在固定循环指令前应使用 M03 或 M04 指令使主轴回转。

(2)在固定循环程序段中,X, Y, Z, R 数据应至少指令一个才能进行孔加工。

(3)在使用控制主轴回转的固定循环(G74,G84,G86)中,如果连续加工一些孔间距比较小,或者初始平面到 R 点平面的距离比较短的孔时,会出现在进入孔的切削动作前时,主轴还没有达到正常转速的情况,遇到这种情况时,应在各孔的加工动作之间插入 G04 指令,以获得时间。

(4)当用 G00～G03 指令注销固定循环时,若 G00～G03 指令和固定循环出现在同一程序段,则按后出现的指令运行。

(5)在固定循环程序段中,若指定了 M,则在最初定位时送出 M 信号,等待 M 信号完成,才能进行孔加工循环。

例 4-11 使用 G88 指令编制如图 4-24 所示的螺纹加工程序。设刀具起点距工作表面 100 mm 处,切削深度为 10 mm。

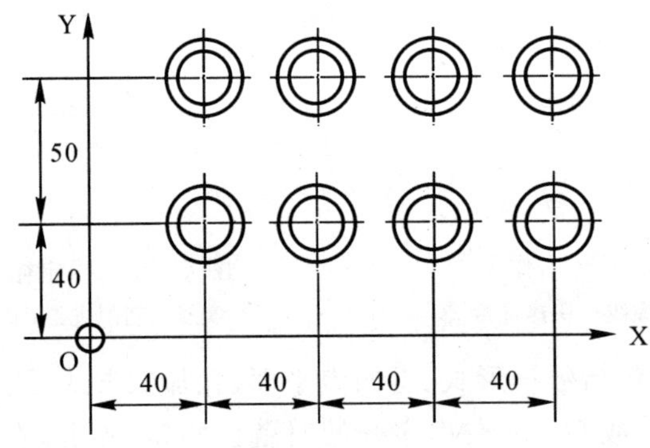

图 4-24 螺纹加工

按图 4-24 所示螺纹的要求,编制的加工程序如下:

(1) 先用 G81 钻孔。

```
%1000
G92 X0 Y0 Z0;
G91 G00 M03 S600;
G99 G81 X40 Y40 G90 R-98 Z-110 F200;
G91 X40 L3;
Y50;
```

```
X—40 L3;
G90 G80 X0 Y0 Z0 M05;
M30;
```

(2) 再用 G84 攻丝。

```
%2000
G92 X0 Y0 Z0;
G91 G00 M03 S600;
G99 G84 X40 Y40 G90 R—93 Z—110 F100;
G91 X40 L3;
Y50;
X—40 L3;
G90 G80 X0 Y0 Z0 M05;
M30;
```

4.3　数控铣床加工操作

本节以配备有华中世纪星 HNC—21M 系统的 XK7132 数控铣床为例，介绍数控铣床的加工操作。

一、操作装置

1. 数控铣床的操作台

如图 4 - 25 所示，华中世纪星系统 HNC—21M 铣床数控装置操作台为标准固定结构。

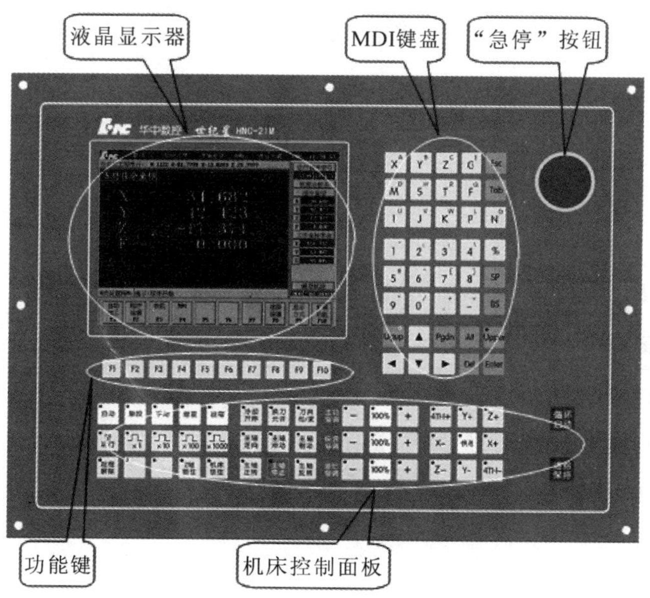

图 4 - 25　华中世纪星 HNC—21M 铣床数控装置操作台

操作台的左上部为7.5寸彩色液晶显示器(分辨率为640×480),用于汉字菜单、系统状态、故障报警的显示和加工轨迹的图形仿真。

NC键盘包括精简型MDI键盘和F1～F10十个功能键。标准化的字母数字式MDI键盘介于显示器和"急停"按钮之间,其中的大部分键具有上挡键功能,当Upper键有效时(指示灯亮),输入的是上档键。

F1～F10十个功能键位于显示器的正下方。

NC键盘用于零件程序的编制、参数输入、MDI及系统管理操作等。

数控操作台各控制键的功能见表4-3。

表4-3　华中世纪星铣床数控装置操作台控制键的功能

名　称	功　能
ESC键	解除当前状态(当前未保存的数据将全部丢失)
Tab键	切换键
字母、符号、数字键	输入字母、符号、数字(有上挡功能)
BS键	删除光标前的一个字符
▲▼▶◀键	光标上下右左移动(本书后续部分用↑↓→←代替)
PgUp,PgDn键	翻页键(CRT画面向前转换一屏,向后转换一屏)
Upper键	启动关闭上标功能
SP键	显示当前位置
DELETE键	删除
ENTER键	确认、换行
软功能键(CRT下方F1～F10)	各功能键以菜单的形式显示在CRT显示屏下部
自动键	选择程序后按该键,启动自动操作
单段键	选择程序后按该键,启动单段运行
手动键	手动运行方式
增量键	固定移动值运行
回参考点(回零)键	返回参考点操作
冷却开停键	打开关闭切削液
换刀允许与刀具松紧键	手动换刀操作
空运行键	忽略编程值,以固定速度运行
⎍×1等键	增量倍率(单位:nm):×1=0.001,×10=0.01,×100=0.1,×1 000=1
主轴定向键	主轴定向操作
主轴冲动键	主轴冲动操作
主轴制动键	主轴制动操作

续表

名　称	功　能
超程解除键	解除超程
亮度调节键	调节 CRT 亮度
红色建	急停，按箭头所示方向旋转可复位
主轴反转键	主轴手动操作——反转
主轴正转键	主轴手动操作——正转
主轴停止键	主轴手动操作——停止
Z 轴锁定键	显示 Z 轴向坐标变化，实际 Z 轴不动
机床锁定键	系统工作，但无任何机械运动
主轴修调－，100%，＋键	主轴手动操作倍率
快速修调－，100%，＋键	手动快速调位操作倍率
进给修调－，100%，＋键	手动进给操作倍率
RAPID	快速进给操作模式
HANDLE	手摇轮进给操作模式
MDI	手动数字输入，立即执行模式
AUTO	DNC(联机自动加工)模式
EDIT	编辑模式
＋X，－X(＋Y，－Y，＋Z，－Z，＋4TH，－4TH)键	手动 X(Y，Z，4TH)正、负向移动，4TH 代表第 4 轴
快进键	手动快速调位操作

2. 机床控制面板

标准机床控制面板的大部分按键(除“急停”按钮外) 位于操作台的下部。“急停”按钮位于操作台的右上角，如图 4－25 所示。机床控制面板用于直接控制机床的动作或加工过程。

3. 手持单元

手持单元的结构如图 4－26 所示。手持单元由手摇脉冲发生器、坐标轴选择开关组成，用于手摇方式增量进给坐标轴。各旋钮的功能：

手轮单位量选择——手轮每转过一个刻度的进给量：11——0.001 mm，110——0.01 mm，150(100)——0.05(0.1)mm。

手轮进给轴选择——旋钮指向相应轴号，机床沿该方向进给。

手摇脉冲发生器——简称手轮，按照“＋、－”方向转动，机

图 4－26　MPG 手持单元结构

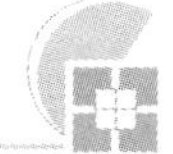

床实现进给。

4. 软件操作界面

HNC—21M 的软件操作界面如图 4-27 所示。其界面由如下几个部分组成:①当前加工程序行;②当前加工方式、系统运行状态及当前时间;③运行程序索引;④选定坐标系下的坐标值;⑤工件坐标零点;⑥倍率修调;⑦辅助机能;⑧菜单命令条;⑨图形显示窗口。

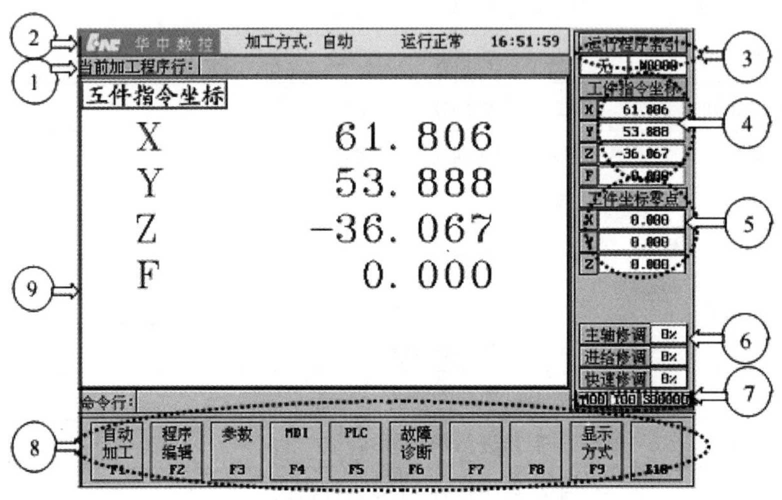

图 4-27 HNC—21M 的软件操作界面

操作界面中最重要的一块是菜单命令条。系统功能的操作主要通过菜单命令条中的功能键 F1~F10 来完成。由于每个功能包括不同的操作,菜单采用层次结构,即在主菜单下选择一个菜单项后,数控装置会显示该功能下的子菜单,用户可根据该子菜单的内容选择所需的操作,如图 4-28 所示。

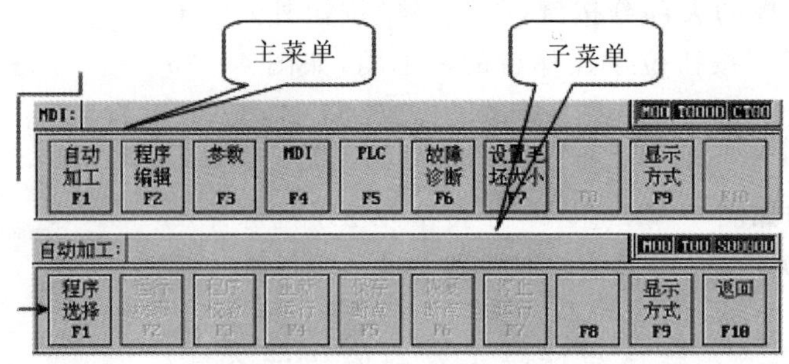

图 4-28 菜单层次

要返回主菜单时,按子菜单下的 F10 键即可。

HNC—21M 的菜单结构如表 4-4 所示。

表 4－4 HNC—21M 的功能菜单结构

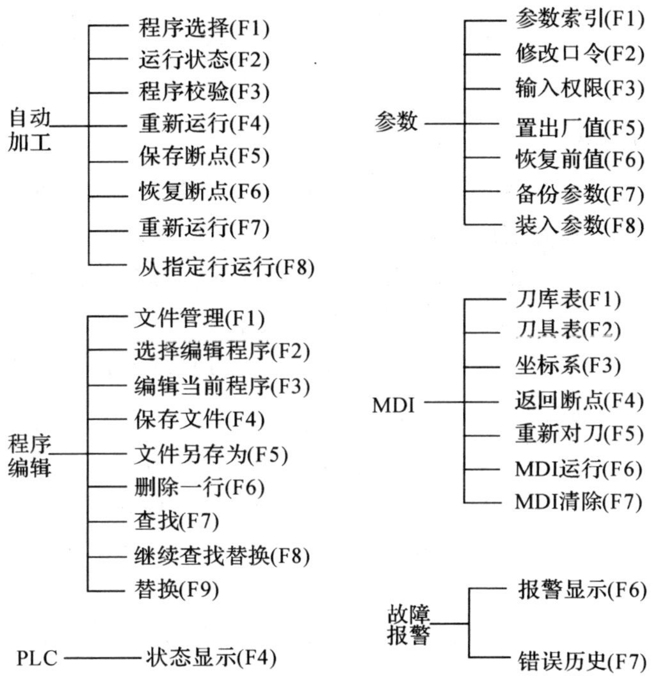

二、手动操作

1. 返回机床参考点

控制机床运动的前提是建立机床坐标系，为此，系统接通电源、复位后首先应进行机床各轴回参考点的操作。方法如下：

(1) 如果系统显示的当前工作方式不是回零方式，按一下控制面板上面的“回零”按键，确保系统处于“回零”方式。

(2) 根据 X 轴机床参数“回参考点方向”按一下“＋X”(“回参考点方向”为“＋”)，或“－X”(“回参考点方向”为“－”)，X 轴回到参考点后，“＋X”或“－X”按键内的指示灯亮。

(3) 用同样的方法使用“＋Y”、“－Y”、“＋Z”、“－Z”、“＋4TH”、“－4TH”按键，可以使 Y 轴、Z 轴、4TH 轴回参考点。

所有轴回参考点后，即建立了机床坐标系。

注意：

(1)回参考点时应确保安全，在机床运行方向上不会发生碰撞，一般应先回参考点，将刀具抬起。

(2)在每次电源接通后，必须先完成各轴的回参考点操作，然后再进入其他运行方式，以确保各轴坐标的正确性。

(3)同时使用多个相容(＋X 与－X 不相容，其余类同)的轴向选择按键，每次能使多个坐标轴回参考点。

(4)在回参考点前，应确保回零轴位于参考点的“回参考点方向”相反侧，如 X 轴的回参考

点方向为负，则回参考点前应保证 X 轴当前位置在参考点的正向侧，否则应手动移动该轴直到满足此条件。

(5)在回参考点过程中，若出现超程，则按住控制面板上的“超程解除”按键，向相反方向手动移动该轴使其退出超程状态。

2. 连续进给手动操作

(1)进给操作。按一下“手动”按键，指示灯亮，系统处于手动运行方式，可手动移动机床坐标轴(下面以手动移动 X 轴为例说明)。

1)按压“+X”或“-X”按键，指示灯亮，X 轴将产生正向或负向连续移动。

2)松开“+X”或“-X”按键，指示灯灭，X 轴即减速停止。

3)用同样的操作方法使用“+Y，-Y，+Z，-Z，+4TH，-4TH”按键，可以使 Y 轴、Z 轴、4TH 轴产生正向或负向连续移动。

4)允许同时按压多个相容的轴向手动按键，使机床多轴连续手动移动。在手动连续进给方式下，进给速率为系统参数，最高快移速度等于 1 乘以进给修调选择的进给倍率。

(2)快速移动操作。在手动连续进给时，若同时按压“快进”按键，则产生相应轴的正向或负向快速移动。

手动快速移动的速率为系统参数“最高快移速度”乘以快速修调选择的快移倍率；快速进给倍率用快速修调右侧的“100%，+，-”按键，修调 G00 快速移动时系统参数“最高快移速度”设置的速度。

(3) 增量进给。当手持单元的坐标轴选择波段开关置于 OFF 挡时，按一下控制面板上的“增量”按键，指示灯亮，系统处于增量进给方式，可增量移动机床坐标轴(下面以增量进给 X 轴为例说明)。

1)按一下“+X”或“-X” 按键，指示灯亮，X 轴将向正向或负向移动一个增量值。

2)再按一下“+X” 或“-X” 按键，X 轴将向正向或负向继续移动一个增量值。

3)用同样的操作方法使用“+Y，-Y，+Z，-Z，+4TH，-4TH”按键，可以使 Y 轴、Z 轴、4TH 轴向正向或负向移动一个增量值。

同时按一下多个方向的轴向手动按键每次能增量进给多个坐标轴。

增量值选择：增量进给的增量值由“×1，×10，×100，×1 000”四个增量倍率按键控制，增量倍率按键和增量值的对应关系如下：

增量倍率按键	×1	×10	×100	×1 000
增量值/mm	0.001	0.01	0.1	1

注意：这几个按键互锁，即按一下其中一个，指示灯亮；其余几个会失效，指示灯灭。

3. 手轮进给手动操作

当手持单元的坐标轴选择波段开关置于“X，Y，Z，4TH”挡时，按一下控制面板上的“增量”按键，指示灯亮，系统处于手摇进给方式，可手摇进给机床坐标轴(下面以手摇进给 X 轴为例说明)。

(1) 手持单元的坐标轴选择波段开关置于 X 挡。

(2) 旋转手摇脉冲发生器可控制 X 轴正、负向运动。

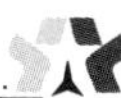

(3) 顺时针/逆时针旋转手摇脉冲发生器一格，X 轴将向正向或负向移动一个增量值。

用同样的操作方法使用手持单元，可以使 Y 轴、Z 轴、4TH 轴向正向或负向移动一个增量值。

手摇进给方式每次只能增量进给 1 个坐标轴。

手摇倍率选择：手摇进给的增量值，手摇脉冲发生器每转一格的移动量，由手持单元的增量倍率波段开关×1，×10，×100 控制，增量倍率波段开关的位置和增量值的对应关系如下：

位置	×1	×10	×100
增量值/mm	0.001	0.01	0.1

4. 主轴手动操作

主轴控制由机床控制面板上的主轴控制按键完成：

(1)主轴制动。在手动方式下，主轴处于停止状态时，按一下"主轴制动"按键，指示灯亮，主电机被锁定在当前位置。

(2)主轴启停。在手动方式下，当"主轴制动"无效时，指示灯灭。

1)按一下"主轴正转"按键，指示灯亮，主电机以机床参数设定的转速正转。

2)按一下"主轴反转"按键，指示灯亮，主电机以机床参数设定的转速反转。

3)按一下"主轴停止"按键，指示灯亮，主电机停止运转。

注意：

这几个按键互锁，即按一下其中一个，指示灯亮；其余几个会失效，指示灯灭。

(3)主轴冲动。在手动方式下，当主轴制动无效时，指示灯灭。按一下"主轴冲动"按键，指示灯亮，主电机以机床参数设定的转速和时间转动一定的角度。

(4)主轴定向。如果机床上有换刀机构，通常就需要主轴定向功能。这是因为换刀时主轴上的刀具必须定位完成，否则会损坏刀具或刀爪。

在手动方式下，当"主轴制动"无效时，指示灯灭，按一下"主轴定向"按键，主轴立即执行主轴定向功能，定向完成后，按键内指示灯亮，主轴准确停止在某一固定位置。

(5) 主轴速度修调。主轴正转及反转的速度可通过主轴修调调节，按压主轴修调右侧的 100% 按键，指示灯亮，主轴修调倍率被置为 100% 。按一下"+" 按键，主轴修调倍率递增 5% ；按一下"-" 按键，主轴修调倍率递减 5%。

机械齿轮换档时，主轴速度不能修调。

5. 其他手动操作

(1)刀具夹紧与松开。在手动方式下，通过按压"允许换刀"按键，使得允许刀具松/紧操作有效(指示灯亮)。

按一下"刀具松/紧"按键，松开刀具(默认值为夹紧)，再按一下又为夹紧刀具，如此循环。

(2)冷却启动与停止。在手动方式下，按一下"冷却开/停"，冷却液开(默认值为冷却液关)，再按一下又为冷却液关，如此循环。

三、手动数据输入(MDI) 运行

1. MDI 模式的含义

MDI(Manual Data Input)即手动数据输入。该功能允许手动输入一个命令或程序段指令，并马上自动启动运行。使用该功能可改变当前指令模态，也可实现指令动作。例如：输入

“G00 X300 Y100”可使 X，Y 轴快速进给；输入“M08”可打开切削液；输入“S1000 M03”可启动主轴转动；输入“G01 X100 Y100”可使 X，Y 轴工作进给；等等。

在图 4－27 所示的主操作界面下，按 F4 键进入 MDI 功能子菜单。命令行与菜单条的显示如图 4－29 所示。

图 4－29　MDI 功能子菜单

在 MDI 功能子菜单下按 F6 进入 MDI 运行方式，命令行的底色变成了白色，并且有光标在闪烁。这时可以从 NC 键盘输入并执行一个 G 代码指令段，即“MDI” 运行。

2. MDI 指令输入

(1) 输入 MDI 指令段。MDI 输入的最小单位是一个有效指令字，因此，输入一个 MDI 运行指令段可以有下述两种方法。

1)一次输入，即一次输入多个指令字的信息。

2)多次输入，即每次输入一个指令字信息。

例如，要输入 G00 X100 Y1000 的 MDI 运行指令段。

1)直接输入 G00 X100 Y1000 并按 Enter 键，显示窗口内关键字 G，X，Y 的值将分别变为 G00，100，1000。

2)先输入“G00”，并按 Enter 键，显示窗口内将显示大字符 G00，再输入“X100”，并按 Enter 键，然后输入“Y1000”，并按 Enter 键，显示窗口内将依次显示大字符 X100，Y1000。

在输入命令时可以在命令行看见输入的内容。在按 Enter 键之前发现输入错误，可用 BS，▶，◀ 键进行编辑；按 Enter 键后，系统发现输入错误，会提示相应的错误信息。

(2)修改某一字段的值。在运行 MDI 指令段之前，如果要修改输入的某一指令字，可直接在命令行上输入相应的指令字符及数值。

例如，在输入“X100”并按 Enter 键后，希望 X 值变为 109，可在命令行上输入“X109”并按 Enter 键。

(3) 清除当前输入的所有尺寸字数据。在输入 MDI 数据后，按 F7 键可清除当前输入的所有尺寸字数据，其他指令字依然有效，显示窗口内 X，Y，Z，I，J，K，R 等字符后面的数据全部消失，此时可重新输入新的数据。

3. 运行 MDI 指令段

在输入完一个 MDI 指令段后，按一下操作面板上的“循环启动”键，系统即开始运行所输入的 MDI 指令。

如果输入的 MDI 指令信息不完整或存在语法错误，系统会提示相应的错误信息，此时不能运行 MDI 指令。

在系统正在运行 MDI 指令时，按 F7 键可停止 MDI 的运行。

四、显示加工

除编辑功能子菜单外，在一般情况下，按 F9 键将弹出如图 4－30 所示的显示方式菜单。

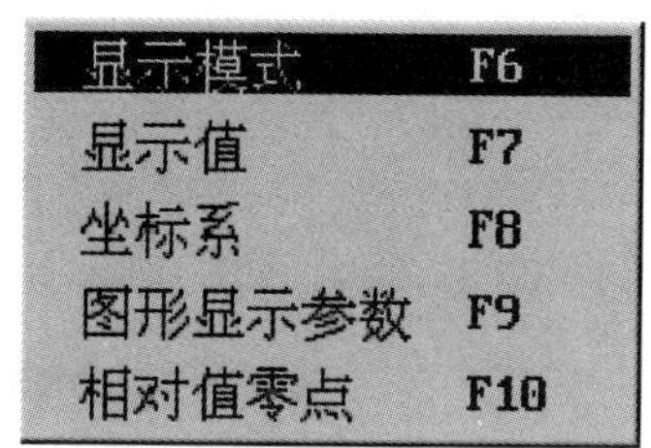

图 4－30　显示方式

在显示方式菜单下，可以选择显示模式、显示值、坐标系、图形显示参数、相对值零点。HNC—21M 的主显示窗口如图 4－31 所示。

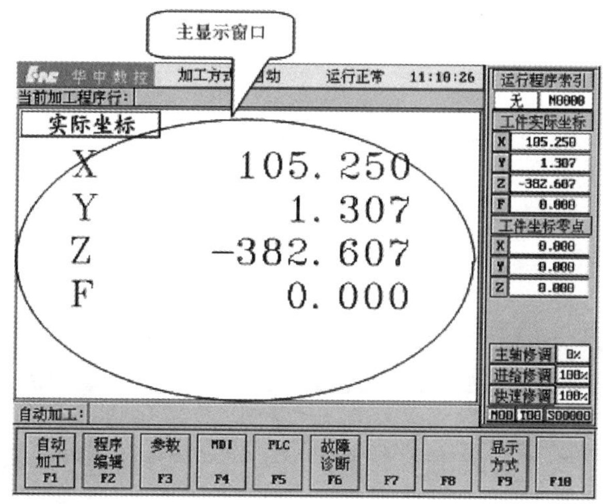

图 4－31　HNC—21M 的主显示窗口

HNC—21M 的主显示窗口共有 8 种显示模式可供选择。

(1) 正文。当前加工的 G 代码程序。

(2) 大字符。由“显示值”菜单所选显示值的大字符。

(3) 三维图形。当前刀具轨迹的三维图形。

(4) XOY 平面图形。刀具轨迹在 XOY 平面上的投影(主视图)。

(5) YOZ 平面图形。刀具轨迹在 YOZ 平面上的投影(正视图)。

(6) ZOX 平面图形。刀具轨迹在 ZOX 平面上的投影(侧视图)。

(7) 图形联合显示。刀具轨迹的所有三视图及正侧视图。

(8) 坐标值联合显示。指令坐标、实际坐标、剩余进给。

1. 正文显示

选择正文显示模式的操作步骤如下：

(1) 在“显示方式”(见图 4 - 30) 中,用▲,▼键选中“显示模式”选项。

(2) 按 Enter 键,弹出如图 4 - 32 所示显示模式菜单。

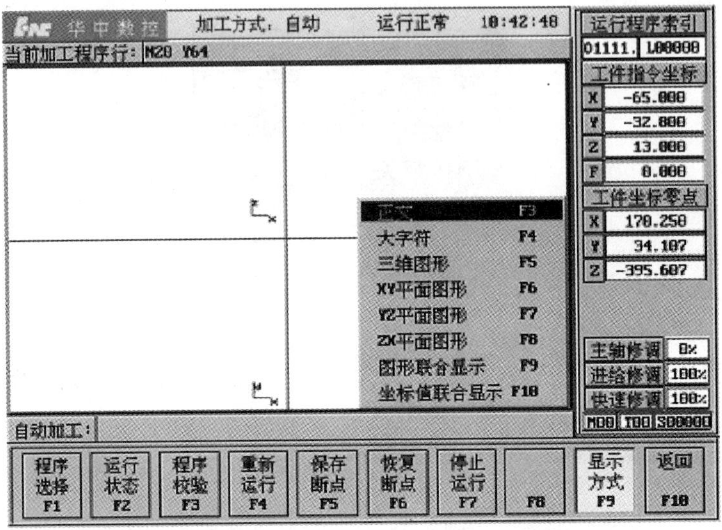

图 4 - 32　选择显示模式

(3) 用▲,▼键选择“正文”选项。

(4) 按 Enter 键,显示窗口将显示当前加工程序的正文,如图 4 - 33 所示。

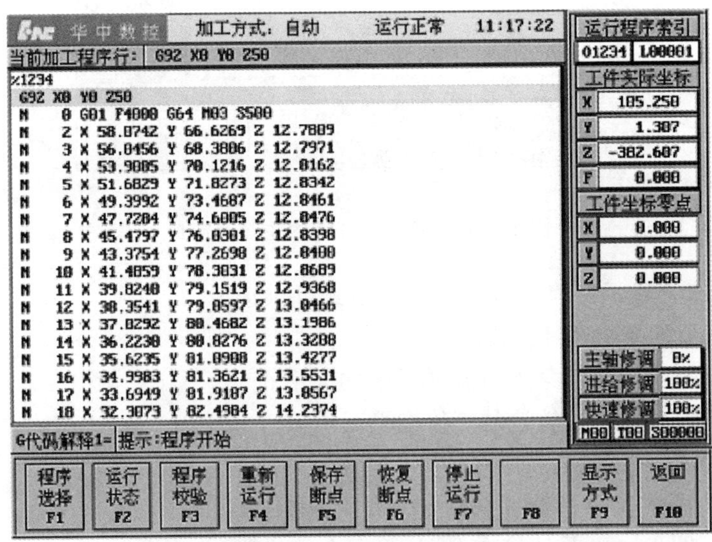

图 4 - 33　正文显示

2. 坐标系选择

由于指令位置与实际位置依赖于当前坐标系的选择,要显示当前指令位置与实际位置,首

先要选择坐标系，操作步骤如下：

(1) 在"显示方式"菜单(见图 4－30) 中，用▲，▼键选中"坐标系"选项。

(2) 按 Enter 键，弹出如图 4－34 所示坐标系菜单。

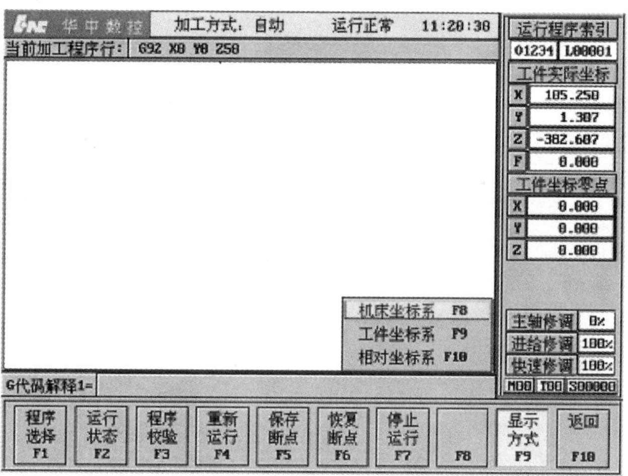

图 4－34　选择坐标系

(3) 用▲，▼键选择所需的坐标系选项。

(4) 按 Enter 键，即可选中相应的坐标系。

3. 图形显示

选择图形显示模式的操作步骤如下：

(1) 在"显示方式"菜单(见图 4－30) 中，用▲，▼键选中"显示模式"选项。

(2) 按 Enter 键，弹出如图 4－32 所示显示模式菜单。

(3) 用▲，▼键选择"三维图形""XOY 平面图形""YOZ 平面图形""ZOX 平面图形"或"图形联合显示"选项。

(4) 按 Enter 键，显示窗口将显示相应的图形，如图 4－35～图 4－39 所示。

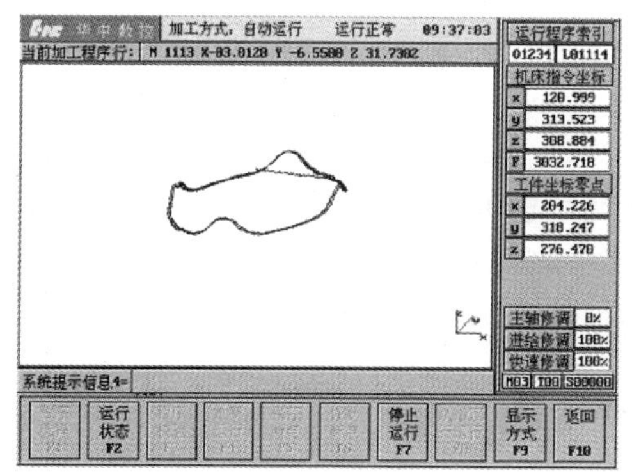

图 4－35　三维图形显示

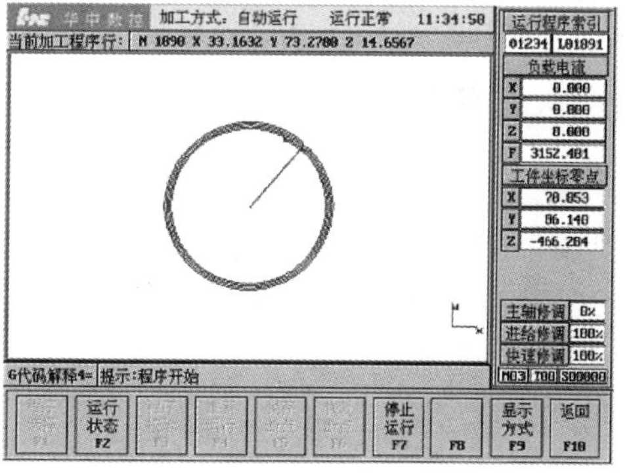

图 4－36　XOY 平面图形显示模式

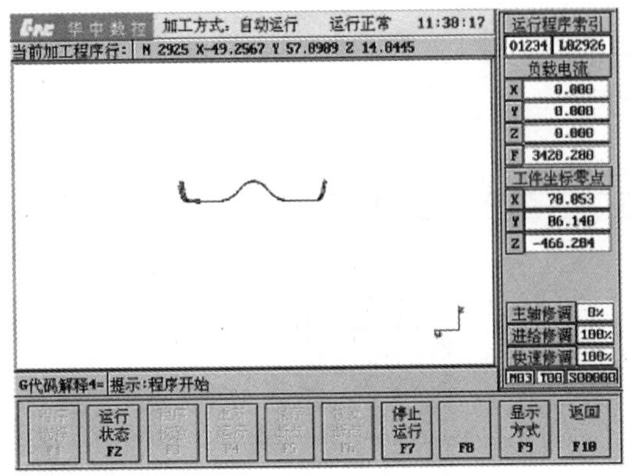

图 4－37　YOZ 平面图形显示模式

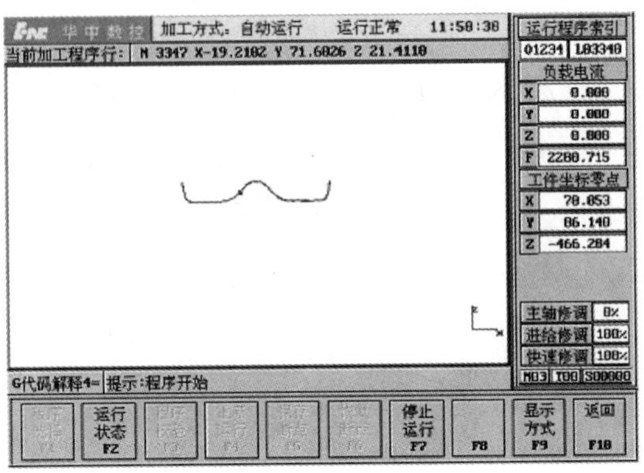

图 4－38　XOZ 平面图形显示模式

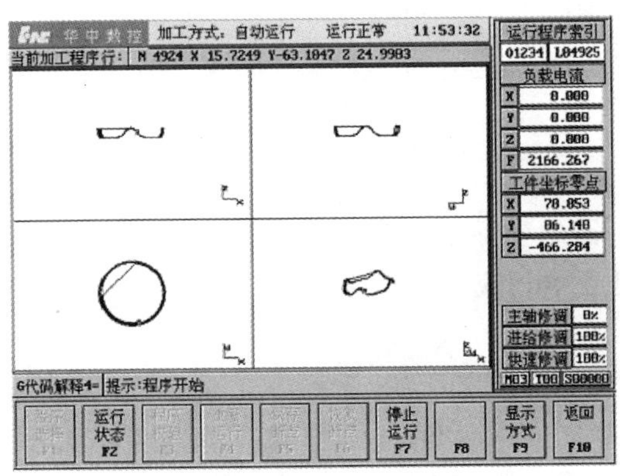

图 4－39　图形联合显示模式

注意：

在加工过程中，可随时切换显示模式，不过，系统并不保存刀具的移动轨迹，因而在显示模式之间切换时，系统不会重复以前的刀具轨迹。

五、其他操作

由于华中世纪星 HNC—21M 铣削数控装置与华中世纪星 HNC—21T 车削数控装置的相似性，关于数控装置的开关机操作、数据设置、程序的输入管理、程序运行以及网络与通讯方面的内容，请读者参阅第 3 章的有关内容，这里不再赘述。

4.4　加工实例

［实例一］

用一毛坯尺寸为 72 mm×42 mm×5 mm 的板料，加工图 4－40 所示的零件。

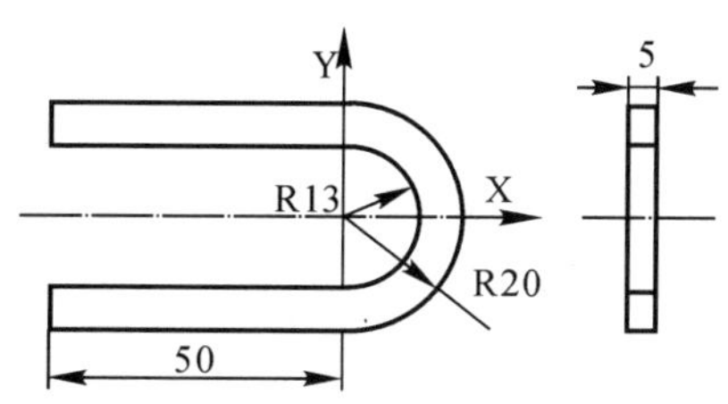

图 4-40　实例一的加工示意图

1. 工艺分析

从图 4-40 所示可以看出该零件是由内外直线和圆弧组成，工件坐标系原点(X,Y) 设定距毛坯右边和底边均 21 mm 处，其 Z 坐标定在毛坯表面，装卡与定位的方法如图 4-41 所示，图中的数字表示加工顺序。

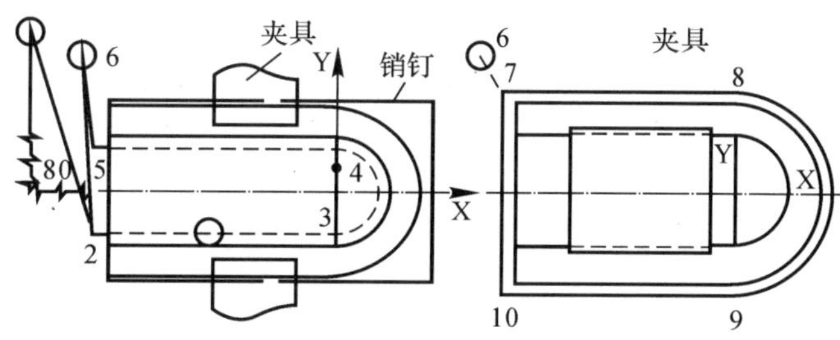

图 4-41　装卡与定位的方法

2. 加工方法

为使编程操作简单方便，通过采用不同的半径补偿值的方法来实现粗、精加工，其刀具及切削用量选择如表 4-5 所示。

表 4-5　刀具及切削用量

序　号	工　序	刀　具	半径补偿值 mm	主轴转速 S r/min	进给速度 F mm/min
1	内、外轮廓粗加工，留出 0.4 mm 的加工余量	Φ8 mm 立铣刀	8.4	1 800	120
2	内外轮廓	Φ8 mm 立铣刀	8	2 200	100

3. 零件加工程序

(1) 加工内轮廓程序。

%1234	程序号
N10　G90G21G40G80；	采用绝对尺寸指令、公制、注销刀具半径和固定循环功能
N20　G28X0Y0Z0；	刀具移至参考点
N30　G92X－300Y80Z0；	设定工件坐标系原点坐标
N40　G00G41X－56Y－13Z0D01；	加刀具半径补偿 D01，刀具移至点 2

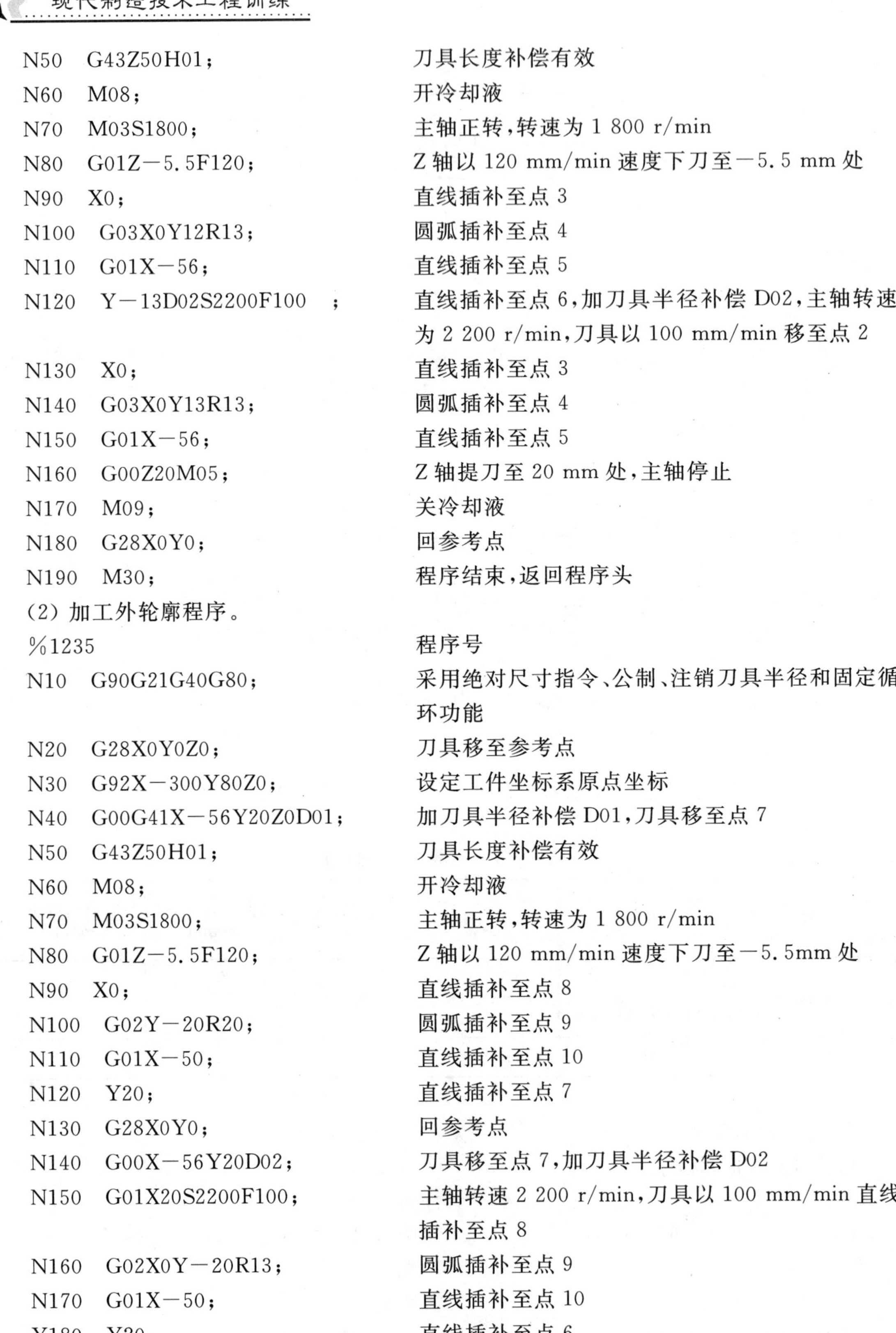

N50　G43Z50H01；　刀具长度补偿有效
N60　M08；　开冷却液
N70　M03S1800；　主轴正转，转速为 1 800 r/min
N80　G01Z－5.5F120；　Z 轴以 120 mm/min 速度下刀至－5.5 mm 处
N90　X0；　直线插补至点 3
N100　G03X0Y12R13；　圆弧插补至点 4
N110　G01X－56；　直线插补至点 5
N120　Y－13D02S2200F100　；　直线插补至点 6，加刀具半径补偿 D02，主轴转速为 2 200 r/min，刀具以 100 mm/min 移至点 2
N130　X0；　直线插补至点 3
N140　G03X0Y13R13；　圆弧插补至点 4
N150　G01X－56；　直线插补至点 5
N160　G00Z20M05；　Z 轴提刀至 20 mm 处，主轴停止
N170　M09；　关冷却液
N180　G28X0Y0；　回参考点
N190　M30；　程序结束，返回程序头

(2) 加工外轮廓程序。

%1235　程序号
N10　G90G21G40G80；　采用绝对尺寸指令、公制、注销刀具半径和固定循环功能
N20　G28X0Y0Z0；　刀具移至参考点
N30　G92X－300Y80Z0；　设定工件坐标系原点坐标
N40　G00G41X－56Y20Z0D01；　加刀具半径补偿 D01，刀具移至点 7
N50　G43Z50H01；　刀具长度补偿有效
N60　M08；　开冷却液
N70　M03S1800；　主轴正转，转速为 1 800 r/min
N80　G01Z－5.5F120；　Z 轴以 120 mm/min 速度下刀至－5.5mm 处
N90　X0；　直线插补至点 8
N100　G02Y－20R20；　圆弧插补至点 9
N110　G01X－50；　直线插补至点 10
N120　Y20；　直线插补至点 7
N130　G28X0Y0；　回参考点
N140　G00X－56Y20D02；　刀具移至点 7，加刀具半径补偿 D02
N150　G01X20S2200F100；　主轴转速 2 200 r/min，刀具以 100 mm/min 直线插补至点 8
N160　G02X0Y－20R13；　圆弧插补至点 9
N170　G01X－50；　直线插补至点 10
Y180　Y20；　直线插补至点 6
N190　G00Z20M05；　Z 轴提刀至 20 mm 处，主轴停止

```
N200  M09;          关冷却液
N210  G28X0Y0;      回参考点
N220  M30;          程序结束,返回程序头
```

[实例二]

零件如图 4-42 所示,材料为 45# 钢,有三种类型的孔需要加工:六个 Φ10 mm 通孔,四个 Φ22 mm 沉孔,三个 Φ50 mm 通孔。

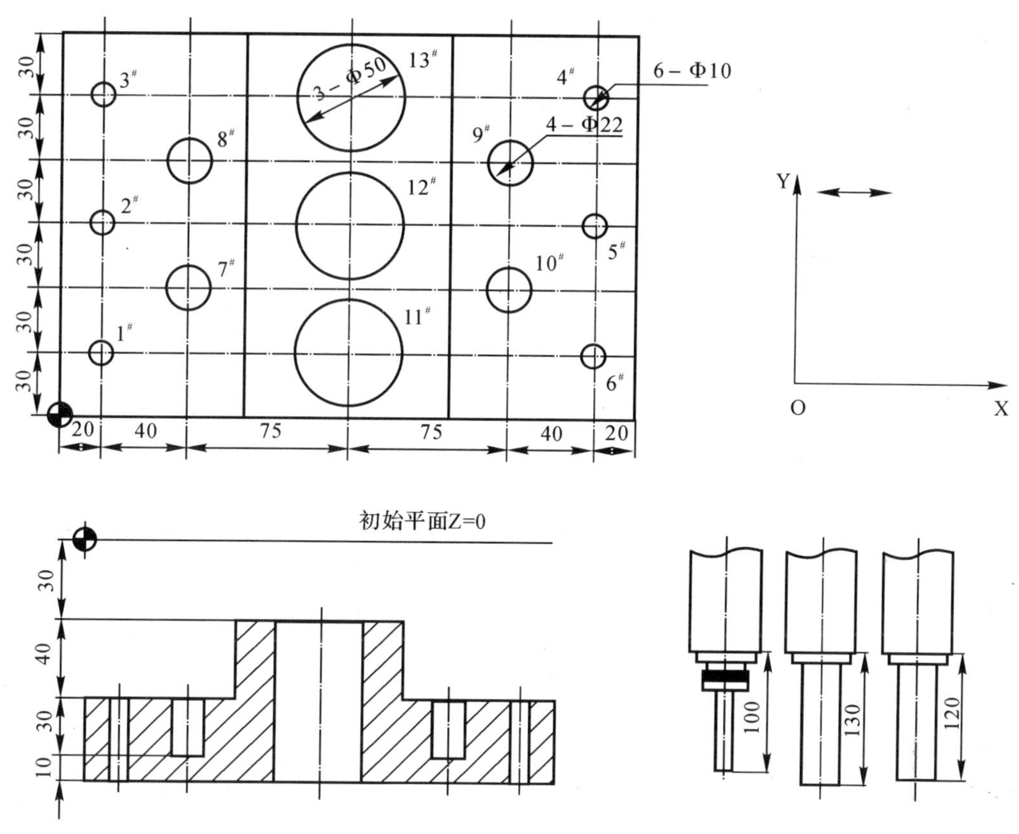

图 4-42　实例二的加工示意图

1. 工艺分析

使用刀具分别为钻头、键槽铣刀、镗刀,代码分别为 T01,T02,T03,安全面高度为 30 mm,换刀点设在 X0,Y0,Z200 处。采用刀具长度正补偿功能,T01 的补偿值为 100 mm,T02 的补偿值为 130 mm,T03 的补偿值为 120 mm。采用手工换刀,主轴回到换刀位,利用程序停止指令 M00 使程序暂停运行,换刀后按启动按键继续运行。

2. 加工路线的确定

先加工六个 Φ10 mm 通孔,然后加工四个 Φ22 mm 沉孔,最后加工三个 Φ50 mm 通孔。加工顺序见图 4-42 中的标号。

3. 切削用量的确定

加工 Φ10 mm 通孔,主轴转速为 600 r/min,进给速度为 120 mm/min;加工 Φ22 mm 沉

孔，主轴转速为 300 r/min，进给速度为 70 mm/min；加工 Φ50 mm 通孔，主轴转速为 200 r/min，进给速度为 50 mm/min。

4. 加工程序

```
%0015
G54;
G90 G00 X0 Y0 Z200;                       刀具到达换刀点
T01 M00;                                  程序暂停，换刀后启动
G43 Z0 H01;                               T01 刀具长度补偿
S600 M03;
G99 G81 X21 Y21 Z-113 R-67 F120;          钻 1# 孔，返回 R 平面
Y90;                                      钻 2# 孔
G98 Y150;                                 钻 3# 孔，返回初始平面
G99 X250;                                 钻 4# 孔
Y90;                                      钻 5# 孔
G98 Y30;                                  钻 6# 孔
G00 X0 Y0 M05;                            主轴停，返回参考点
G49 Z200 T02 M00;                         取消长度补偿，回换刀点，换刀后启动
G43 Z0 H02;                               T02 刀具长度补偿
S300 M03;
G99 G82 X60 Y60 Z-100 R-67 P300 F70;      铣 7# 孔，在孔底停留 300 ms
G98 Y120;                                 铣 8# 孔
G99 X210;                                 铣 9# 孔
G98 Y60;                                  铣 10# 孔
G00 X0 Y0 M05;
G49 Z200 T03 M00;
G43 Z0 H03;                               T03 刀具补偿
S200 M03;
G99 G85 X135 Y30 Z-110 R-27 F50;          镗 11# 孔
G91 Y60;                                  镗 12# 孔
Y60;                                      镗 13# 孔
G90 G00 X0 Y0 M05;
G49 Z200;
M30;
```

第5章

数控加工中心

5.1 加工中心简介

加工中心(Machining Center,简称 MC)是具有自动回转刀具库的多功能数控机床。它在工件一次装夹后可自动转位、自动换刀、自动调整主轴转速和进给量、自动完成多工序的加工。

一、加工中心的分类

加工中心的分类主要有以下几种。

1. 按结构分

(1) 立式加工中心。立式加工中心主轴轴线呈垂直状态,如图 5-1 所示。其结构形式多为固定立柱式,工作台为长方形,无分度回转功能,适合加工盘、套、板类零件。立式加工中心一般具有三个直线运动坐标,并可在工作台上安装一个水平轴的数控回转台,用以加工螺旋线类零件。对于五轴联动的立式加工中心,可以加工汽轮机叶片、模具等复杂零件。

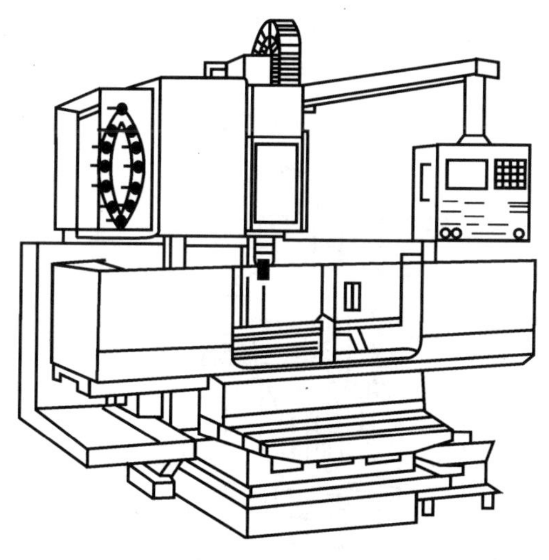

图 5-1　立式加工中心

立式加工中心装夹工件方便,便于操作,易于观察加工情况,调试程序容易,应用广泛。但受立柱高度及换刀装置的限制,立式加工中心不能加工太高的零件;在加工型腔或下凹的型面时,切屑不易排除,严重时会损坏刀具,破坏已加工件表面,影响加工的顺利进行。

立式加工中心的结构简单,占地面积小,价格相对较低。

(2) 卧式加工中心。卧式加工中心指主轴轴线为水平线状态设置的加工中心,如图 5-2

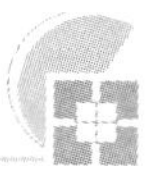

所示。其通常带有可进行分度回转运动的正方形工作台。卧式加工中心一般都具有 3～5 个运动坐标;常见的是三个直线运动坐标加一个回转运动坐标,能够使工件在一次装夹后完成除安装面和顶面以外的其余四个面的加工,最适合加工箱体类零件。

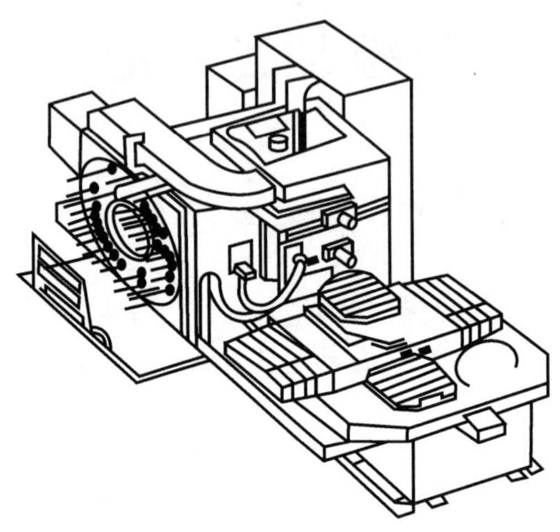

图 5－2　卧式加工中心

卧式加工中心调试程序及试切时不宜观察,加工时不宜监视,零件装夹和测量不方便;但加工时排屑容易,对加工有利。

与立式加工中心相比较,卧式加工中心的结构复杂,占地面积大,价格也较高。

(3) 龙门式加工中心。如图 5－3 所示,龙门式加工中心的形状与龙门铣床相似,主轴多为垂直设置,除内动换刀装置以外,还带有可更换的主轴头附件,数控装置的功能也较齐全,能够一机多用,尤其适用于大型或形状复杂的工件的加工,如飞机上的梁、框板等。

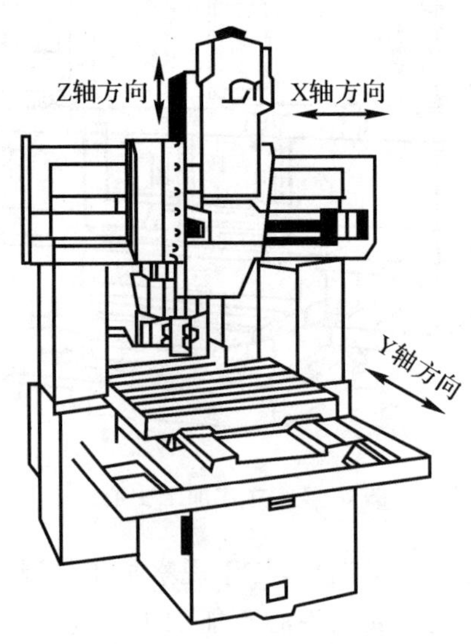

图 5－3　龙门式加工中心

(4) 五面加工中心。五面加工中心同时具有立式和卧式加工中心的功能,工件一次安装

后能完成除安装面外其他五个面的加工。常见的五面加工中心有两种形式。一种是主轴可以旋转 90°，可以进行立式和卧式的转换。另一种是主轴不改变方向，而工作台可旋转 90°，完成对工件五个表面的加工。

2. 按换刀形式分

（1）带刀库及机械手的加工中心。该类加工中心的换刀装置由刀库和机械手组成，换刀机械手完成换刀工作。

（2）无机械手的加工中心。该类加工中心的换刀操作通过刀库和主轴箱的配合动作来完成。一般是把刀库放在主轴箱可以运动到的位置，或整个刀库移动到主轴箱可以达到的位置。换刀时，主轴运动到刀位上可以换刀的位置，由主轴直接取走或放回刀具。

（3）转塔刀库加工中心。该类加工中心直接由转塔刀库旋转完成换刀。

3. 按加工精度分

（1）普通加工中心。普通加工中心分辨率为 1 μm，最大进给速度为 15～25 m/min，定位精度为 10 μm 左右。

（2）精密加工中心。精密加工中心定位精度介于 2～10 μm 之间。

（3）高精度加工中心。高精度加工中心分辨率为 0.1 μm，最大进给速度为 25～100 m/min，定位精度为 2 μm 左右。

二、加工中心的主要加工对象

加工中心适用于复杂、工序多、精度要求高、需用多种类型普通机床和繁多刀具、工装，经过多次装夹和调整才能完成加工的零件。其主要加工对象有以下五类。

1. 箱体类零件

箱体类零件是指具有一个以上孔系，内部有一定型腔，在长、宽、高方向有一定比例的零件。这类零件在机械、汽车、飞机等行业较多，如汽车的发动机缸体、变速箱体，机床的床头箱、主轴箱，柴油机缸体，齿轮泵壳体等(见图 5－4）。

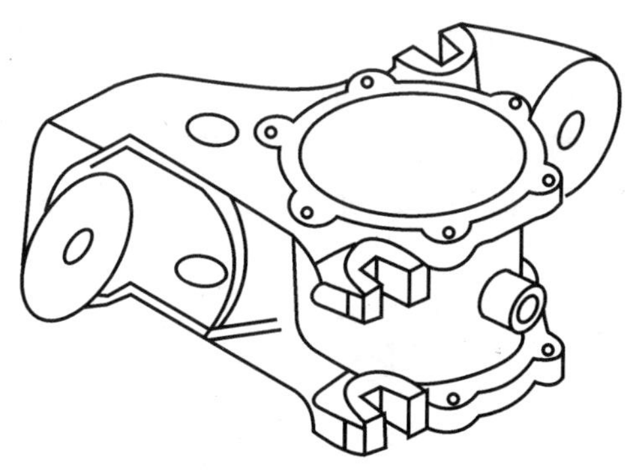

图 5－4　热电机车主轴箱体

箱体类零件一般都需要进行多工位孔系及平面加工，形位公差要求较为严格，通常要经过钻、扩、铰、锪、镗、攻丝、铣等工序。不仅需要的刀具多，而且需多次装夹和找正，手工测量次数多，因此，导致工艺复杂、加工周期长、成本高，更重要的是精度难以保证。这类零件在加工中心上加工，一次装夹可以完成普通机床 60%～95%的工序内容，零件各项精度一致性好，质量稳定，同时可缩短生产周期，降低成本。

对于加工位较多，工作台需多次旋转角度才能完成的零件，一般选用卧式加工中心；当加工的工位较少，且跨距不大时，可选立式加工中心从一端进行加工。

2. 复杂曲面

在航空航天、汽车、船舶、国防等领域的产品中，复杂曲面类占有较大的比例。如叶轮、螺旋桨、各种曲面成型模具等(见图 5－5)，复杂曲面采用普通机械加工方法是难以胜任甚至是无法完成的，此类零件适宜利用加工中心加工。

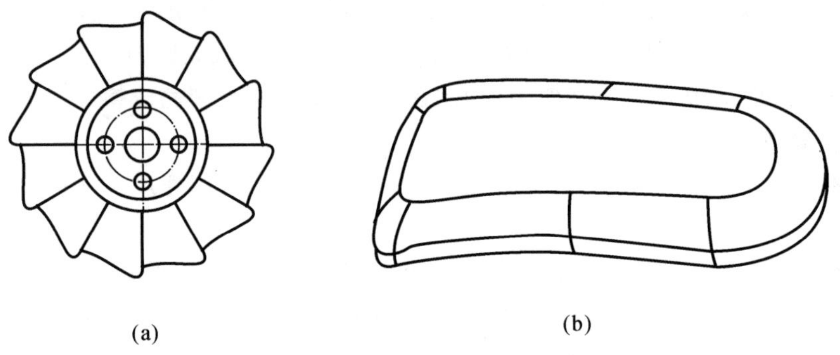

图 5－5　复杂曲面组成的零件

(a)轴向压缩机蜗轮；（b)鼠标上盖

就加工的可能性而言，在不出现加工干涉区或加工盲区时，复杂曲面一般可以用球头铣刀进行三坐标联动加工。加工精度较高，但效率较低。如果工件存在加工干涉区或加工盲区，就必须考虑采用四坐标或五坐标联动的机床。

仅仅加工复杂曲面时，并不能发挥加工中心自动换刀的优势。因为复杂曲面的加工一般经过粗铣—(半）精铣—清根等步骤，所用的刀具较少，特别是像模具这样的单件加工。

3. 异形件

异形件是外形不规则的零件。大多需要点、线、多工位混合加工，如支架、基座、样板、靠模等。异形件(见图 5－6）的刚性一般较差，切削变形难以控制，加工精度也难以保证。这时可充分发挥加工中心工序集中的特点，采用合理的工艺措施，一次或两次装夹，完成多道工序或全部的加工内容。实践证明，利用加工中心加工异形件时，形状越复杂，精度要求越高，越能显示其优越性。

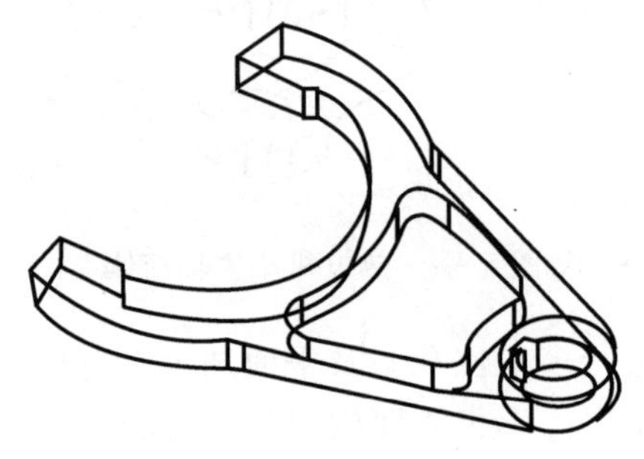

图 5－6　异形件

4. 盘、套、板类零件

带有键槽、径向孔或端面有分布的孔系、曲面的盘套或轴类零件，还有具有较多孔加工的板类零件，如图 5-7 所示，适宜采用加工中心加工。

端面有分布孔系、曲面的零件宜选用立式加工中心，有径向孔的可选卧式加工中心。

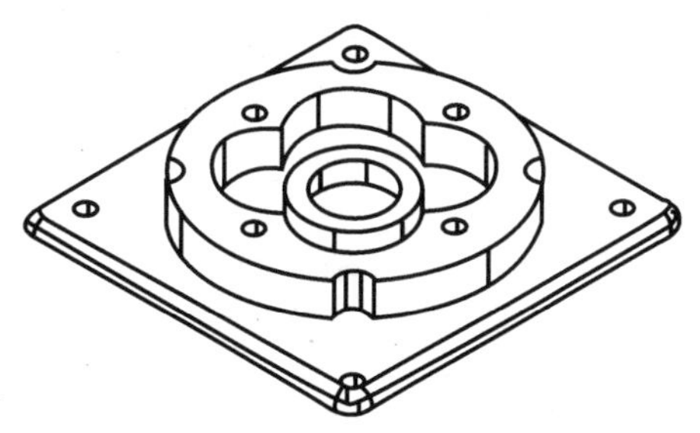

图 5-7　套、板类典型零件

5. 特殊加工

在熟练掌握了加工中心的功能之后，配合一定的工装和专用的工具，利用加工中心可完成一些特殊的工艺内容，例如在金属表面上刻字、刻线、刻图案。在加工中心的主轴上装上高频电火花电源，可对金属表面进行线扫描、表面淬火；在加工中心上装上高速磨头，可进行各种曲线、曲面的磨削等。

三、加工中心的结构特点

数控加工中心机床在结构设计上要比一般数控机床设计得更完美，制造更精密。因此，加工中心机床除了包含一般数控机床的结构特点之外，还具有以下一些独特的结构要求：

(1)具有储存加工中所需刀具的刀库。在加工中心机床上应用的刀库大致有 5 类：盘式刀库、鼓轮式刀库、链式刀库、格子箱式刀库和直线式刀库。刀库除了储存刀具之外，还要能根据要求将各工序所需用的刀具送到取刀位置，所以刀库通常有单独的驱动装置。

(2)具有自动装卸刀具的机械手。在加工中心机床上，刀具的自动更换一般借助机械手来进行。换刀机械手有多种类型，较常用的双臂回转机械手，能同时抓取和装卸位于刀库和主轴上的刀具，动作简单，换刀时间短。

(3)具有主轴准停机构、刀架自动装夹松开机构和刀柄切屑自动清除装置。这是加工中心主轴零件中 3 个主要组成部分，是加工中心机床能够顺利实现自动换刀所需具备的结构保证。

图 5-8 所示为 FV—1000 型立式加工中心外形图。表 5-1 为该设备的主要技术参数。

图 5-8　FV—1000 型立式加工中心

表 5-1 FV—1000型立式加工中心的主要技术参数

技数参数	参数值
X,Y,Z轴行程	1 000 mm,500 mm,505 mm
主轴转速	8 000 r/min(OPT:10 000 r/min,12 000 r/min)
主轴孔锥度	7°,24°Taper No. 40
主轴马达	12 hp,15 hp,20 hp,25 hp
工作台尺寸	475 mm×1 150 mm
工作台最大荷重	500 kgf
刀库容量(选配)	22(24)(OPT:30)
X,Y,Z轴快速进给	24 m/min,24 m/min,15 m/min

注:1 hp=745.699 W,1 kgf=9.806 N。

5.2 加工中心编程

一、加工中心编程特点

镗铣类加工中心的编程与数控铣床基本相同,但也有其自身的特点,主要表现在以下几方面:

1. 首先应进行合理的工艺分析

由于零件加工的工序多,使用刀具种类多,甚至一次装夹下要完成粗加工、半精加工、精加工,因此应该周密合理地安排各工序顺序,选择合理的走刀路线,减少空走刀行程。这样,有利于提高加工精度和提高生产效率,确定合理的切削用量。

2. 根据加工批量等情况,决定自动换刀还是手工换刀

一般对于加工批量在10件以上,而刀具更换又较频繁时,以采用自动换刀为宜。但当加工批量很小而使用刀具种类不多时,把自动换刀安排在程序中,反而会增加机床的调整时间。

3. 自动换刀要留出足够的空间

刀库中刀具的直径和长短不同,有些直径较大或尺寸较长的刀具,自动换刀时要避免发生撞刀事故。

4. 为提高效率,刀具的尺寸规格应预先选好

尽量采用机床外刀具预调,并将测量尺寸填写在刀具卡片中,以便于操作者在运行程序前,及时修改刀具补偿参数。

5. 检验编好的程序

对编好的程序要进行认真检查(尤其是手工编程),并于加工前安排好试运行,同时注意刀具、夹具或工件是否有干涉。从编程的出错率来看,采用手工编程比自动编程出错率要高,特别是在生产现场,为临时加工而编程时,出错率更高,认真检查程序并安排好试运行就更为必要。

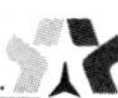

6. 尽量把不同工序内容的程序，分别安排到不同的子程序中

当零件加工工序较多时，为了便于程序的调试，一般将各工序内容分别安排到不同的子程序中，而主程序主要完成换刀及子程序的调用。这种安排便于按每一工序独立地调试程序，也便于因加工顺序不合理而重新做出调整。

二、加工中心的坐标系

加工中心坐标系统包括机床坐标系和工件坐标系，不同的加工中心其坐标系统略有不同。根据 2.3 节所述的原则，立式加工中心的坐标系如图 5-9 所示。

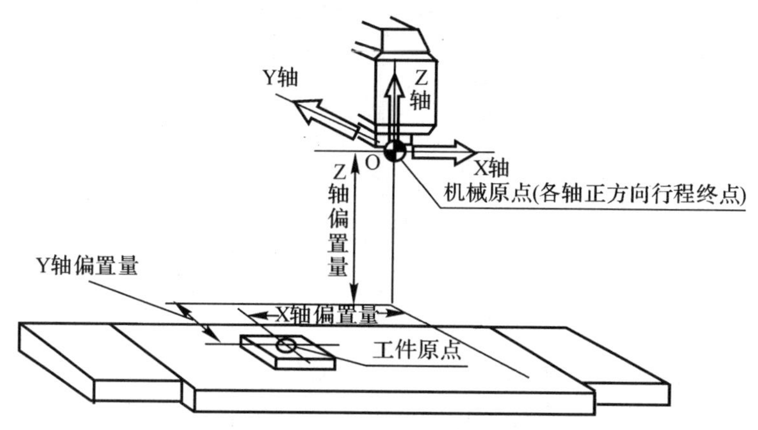

图 5-9 立式加工中心坐标系

1. 机床坐标系

(1)Z 坐标。平行于主轴，刀具离开工件的方向为正。

(2)X 坐标。与 Z 坐标垂直，且刀具旋转，所以面对刀具主轴向立柱方向看，向右为正。

(3)Y 坐标。在 Z,X 坐标确定后，Y 坐标用右手直角坐标系来确定。

机床坐标系原点也称机械原点、参考点或零点，它是机床调试和加工时十分重要的基准点，通常开机后或自动换刀时都要使机床回零。所谓回零就是使运动部件回到机械原点，机械原点一般设在刀具或工作台的最大行程处，并且在机床标准坐标系的正方向。有的加工中心换刀位置与机械原点不重合，则机械原点称为第一参考点，换刀位置称为第二参考点。机床装配完毕后，第二参考点经调试确定，再不能变动。图 5-9 所示为工件(工作台)移动的立式加工中心的机床坐标系和机械原点示意图。

2. 工件坐标系

工件坐标系是编程人员在编写程序时，在工件上建立的坐标系。工件坐标系的原点位置为工件原点，也称编程原点。理论上，工件原点的设置是任意的，但实际上，它是编程人员根据零件特点为了编程方便以及尺寸的直观性而设定的。对加工中心来说，在正确选择工件原点后，才能建立工件坐标系。工件原点的选用原则：

(1) 应使工件原点与零件的设计基准相重合。

(2) 应使编制数控程序时的运算最为简单，避免出现尺寸链的计算误差。

(3) 引起的加工误差最小。

(4) 工件原点应选在容易找正且在加工过程中便于测量的位置。

工件原点的位置，在对零件进行数学处理时就已经规定好了，零件在机床上装夹好后，这一点也就确定了，但它是随工件装夹位置的不同而改变的。所以，工件坐标系在机床上根据需要是可以变动的。

三、加工中心基本编程指令

数控车床、数控铣床编程中介绍的准备功能 G 代码和辅助功能 M 代码在加工中心编程中依然有效，只是不同的系统功能略有差别。表 5－2 和表 5－3 分别为 FANUC 系统 G 代码和 M 代码。

表 5－2　FANUC 系统的 G 代码

G 代码	组	功　能	G 代码	组	功　能
G00	01	快速定位	G54	14	选择工件坐标系 1
G01		直线插补	G55		选择工件坐标系 2
G02		顺圆插补	G56		选择工件坐标系 3
G03		逆圆插补	G57		选择工件坐标系 4
G04	00	暂停	G58		选择工件坐标系 5
G15	17	极坐标 OFF	G59		选择工件坐标系 6
G16		极坐标 ON	G73	06	深孔钻削循环
G17	02	XOY 平面选择	G74		逆攻丝循环
G18		ZOX 平面选择	G76		精镗循环
G19		YOZ 平面选择	G80		固定循环取消
G20	06	英寸输入	G81		钻孔循环
G21		毫米输入	G82		平底钻孔循环
G28	00	原点回归	G83		钻孔循环(排屑)
G30		第二原点回归	G84		攻丝循环
G40	07	刀具半径补偿取消	G85		铰孔循环
G41		左刀补	G86		粗镗孔循环
G42		右刀补	G87		反镗孔循环
G43	08	刀具长度正向补偿	G89		平底铰孔循环
G44		刀具长度负向补偿	G90	13	绝对值编程
G49		刀具长度补偿取消	G91		增量值编程
			G98	15	固定循环返回起始点
			G99		固定循环返回到 R 点

表 5-3　FANUC 系统的 M 代码

代　码	功能说明	代　码	功能说明	代　码	功能说明
M00	程序停止	M13	M3＋M8	M72	刀臂旋转 60°
M01	程序选择性停止	M14	M4＋M8	M73	松刀
M02	程序结束	M19	主轴定位	M74	刀臂旋转 180°
M03	主轴正转启动	M25	第四轴夹紧	M75	夹刀
M04	主轴反转启动	M26	第四轴放松	M76	刀臂 0°
M05	主轴停止	M29	刚性攻牙	M77	刀套上
M06	自动换刀	M30	程序结束 自动断电	M95	换刀故障排除
M08	切削液开	M70	工具资料初始化	M98	子程序呼叫
M09	切削液关	M71	刀套下	M99	子程序结束回到主程序

加工中心的编程方法与一般数控铣床的编程方法相同，在第 4 章中已经介绍。下面以日本的 FANUC 系统为例，重点介绍加工中心特有的一些程序编制方法。

1. 工件坐标系指令

由于加工中心可以进行多工位加工，故常常在一个程序中用到多个坐标系。利用 G54～G59 则可建立 6 个工件坐标系，如图 5-10 所示。

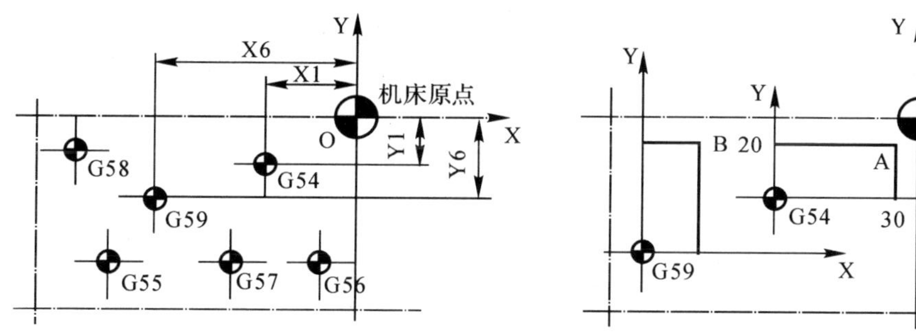

图 5-10　工件坐标系的设定　　　图 5-11　工件坐标系建立

例如，用 G54 和 G59 建立两个工件坐标系，首先测量出对应工件原点与机床原点的偏置量，即 G54(X1,Y1,Z1)、G59(X6,Y6,Z6)，然后在相应的工件坐标系选择画面上填入相应值，就完成了 G54,G59 工件坐标系的设定。此后当程序中有 G90 G54 X30.0 Y20.0 时，则向预先设定的工件坐标系中的 A 点移动，如图 5-11 所示。

此外，还可以利用 G54P1～G54P48 或 G54.1P1～G54.1P48 设定附加工件坐标系 48 个，最多可使用 300 个附加工件坐标系。

2. 换刀指令

换刀指令由 T,M06 构成。T 为选刀指令，一般为 T00～T99，T00 为刀具库中的空刀位，不安装刀具。一般在加工程序结束前，要把主轴上的刀送回刀具库中，执行 T00 M06 即可。T01～T99 为 1～99 号刀具位置。如果要用 3 号刀，那么 T03 的功能就是把刀具库中 3 号刀位上的刀转至待取位置。M06 为换刀指令，当执行 M06 时，自动换刀装置把待取位置上的刀与主轴上的刀同时取下并相互交换位置。一般选刀和换刀分开执行，选刀动作可与机床加工同时进行，即利用切削时间选好刀具；而换刀必须在主轴停转条件下进行，因此换刀动作指令 M06 必须编在用“新刀”进行加工的程序段之前，等换上“新刀”，启动主轴后，方可进行下面程序段的加工。

一般加工中心换刀前要执行 G28 指令，使主轴刀具卡盘端面中心返回机床参考点。在执行 G28 指令前，必须取消刀具的半径补偿和长度补偿。G28 的使用格式如下：

G53 G28 X_ Y_ Z_；

其中，G53 为机床坐标系指令，X_ Y_ Z_为机床坐标系中的位置坐标，该指令的意义是刀具经过中间点 X_Y_Z_返回机床的参考点，X_Y_Z_是刀具回机床参考点途中必须经过的中间位置。如要换 T03 作为下一工序的使用刀具，其指令程序段为

T03；　　选 T03 号刀具

……

G40 G49；　　换刀前取消当前使用刀具的半径补偿和长度补偿

G53 G28 Z0 M06；　　通过机床坐标系 Z 轴零点返回机床参考点，执行换刀动作 M06，把 T03 装在主轴上

……

数控系统不一样，返回参考点的指令也不尽相同。在 FANUC 系统中，使用指令 G30，该指令功能与 G28 指令相似。不同之处是刀具自动返回第二参考点，而第二参考点的位置是由参数来设定的，G30 指令必须在执行返回第一参考点后才有效。通常 G30 指令用于自动换刀位置与参考点不同的场合，而且在使用 G30 前，同 G28 一样应先取消刀具补偿。指令程序段为

T06；　　选 T06 号刀具

……

G40；　　取消刀具半径补偿

G91 G30 X0 Y0 Z0；　　返回第二参考点(换刀点)

M06；　　执行换刀动作 M06，把 T06 装在主轴上

3. *刀具补偿*

(1) 刀具半径补偿 G40，G41，G42。加工中心的刀具半径补偿与数控铣床刀具半径补偿类似，一般是指铣刀中心轨迹与工件的实际尺寸之间的距离采用半径补偿方式来设定，补偿量为刀具半径值。第 4 章已介绍过，在使用半径补偿时，编程按工件实际尺寸来计算，而加工中刀具轨迹可自动偏置。详细内容请参考第 4 章 4.2 节的三、。

(2) 刀具长度补偿 G43，G44，G49。在数控铣床上需要用刀具长度补偿功能补偿刀具的磨损。加工中心也有同样的问题，而且由于多把刀具参与一个零件的加工，还产生了新的问题。当一个加工程序内要使用几把刀时，由于每把刀的长度不同，在同一坐标系内，在 Z 值不变的情况下，每把刀具的端面在 Z 方向的实际位置有所不同，这会给编程带来很大困难。为此，先将一把刀作为标准刀具，以此为基准，将其他刀具的长度相对于标准刀具长度的增加或减少值作为补偿值记录在机床数控系统的某个单元内。当刀具作 Z 方向运动时，数控系统将根据已记录的补偿值作相应的修正。当实际刀具与编程刀具长度不符时，用长度补偿进行修

正可不必改变所编程序。详细内容请参考第 4 章 4.2 节的三、。

5.3　加工中心基本操作

本节以配备有 FANUC 0i MC 系统的 FV—1000A 立式加工中心为例，介绍加工中心的操作。

一、操作面板及其功能

设备配置的操作面板由 CRT/MDI 操作面板和机床操作面板组成。

1. CRT/MDI 操作面板

CRT/MDI 面板由一个显示屏(CRT)和各类控制键组成，如图 5－12 所示。显示屏可显示刀具实际位置、加工程序、坐标系、刀具参数、机床参数、报警信息等。显示屏显示的内容随不同的主功能、子功能状态而异。MDI 面板如图 5－13 所示，其上各类控制键的功能见表5－4。

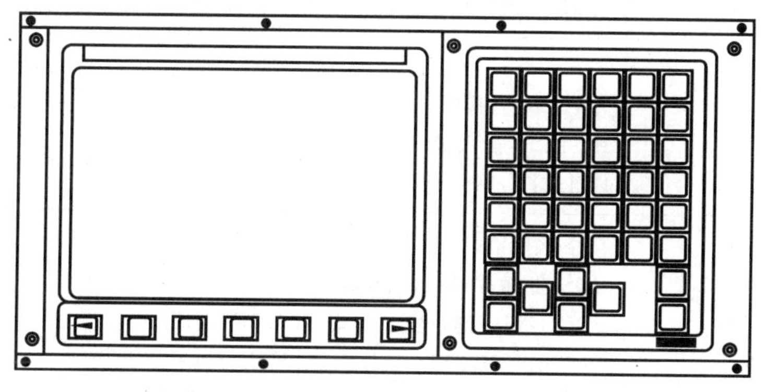

图 5－12　FANUC 0i MC 系统 CRT/MDI 操作面板

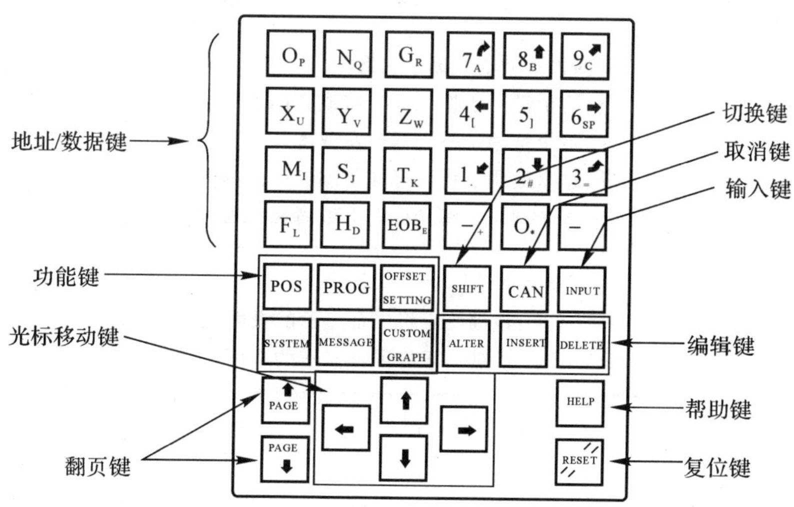

图 5－13　MDI 面板上键的位置

表 5-4　各类控制键的功能

名　称	功能说明
复位键 RESET	按下这个键可以使 CNC 复位或者取消报警等
帮助键 HELP	对 MDI 键的操作不明白时，按下这个键可以获得帮助
软键	根据不同的画面，软键有不同的功能。软键功能显示在屏幕的底端
地址/数据键	按下这些键可以输入字母、数字或者其他字符
切换键 SHIFT	在键盘上的某些键具有两个功能。按下 SHIFT 键可以在这两个功能之间进行切换
输入键 INPUT	在按下一个字母键或者数字键时，再按该键，数据被输入到缓冲区，并且显示在屏幕上。要将输入缓冲区的数据拷贝到偏置寄存器中等，按下该键。这个键与软键中的 INPUT 键是等效的
取消键 CAN	取消键，用于删除最后一个进入输入缓存区的字符或符号
程序功能键 ALTER INSERT DELETE	ALTER：替换键 INSERT：插入键 DELETE：删除键
功能键 POS PROG OFFSET SETTING SYSTEM MESSAGE CUSTOM GRAPH	按下这些键，切换不同功能的显示屏幕 POS：坐标键，显示坐标画面 PROG：程序键，显示"程式"和"DIR"画面 OFFSET SETTING：补正键，显示刀具补正画面 SYSTEM：系统键，显示系统参数供自我诊断用 MESSAGE：信息显示，显示故障信息 CUSTOM GRAPH：图形显示键，显示程序路径
光标移动键 →←↓↑	有四种不同的光标移动键 →：这个键用于将光标向右或者向前移动 ←：这个键用于将光标向左或者往回移动 ↓：这个键用于将光标向下或者向前移动 ↑：这个键用于将光标向上或者往回移动
翻页键 PAGE↑/PAGE↓	有两个翻页键 PAGE↑：该键用于将屏幕显示的页面往前翻页 PAGE↓：该键用于将屏幕显示的页面往后翻页

2. 机床操作面板

机床操作面板因机床的功能及开关的分配不同而异。如图 5-14 所示为 FV—1000A 加工中心的机床操作面板布局。类似系统的机床操作面板上，各按键的功能是相同或相近的。

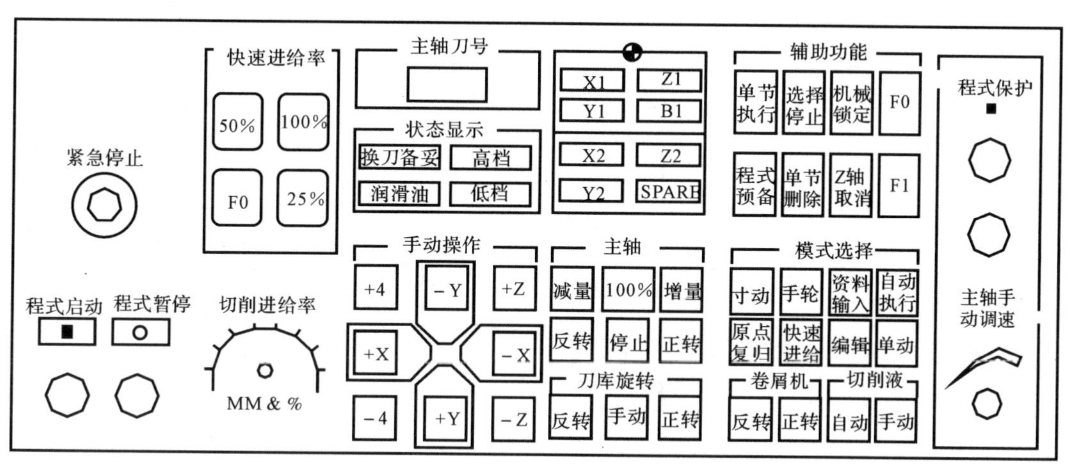

图 5 - 14　FV—1000A 加工中心机床操作面板

3. 手动操作盒

部分加工中心配备手持操作盒，用于完成手动进给。各旋钮的功能如下：

“轴向选择”旋钮——旋钮指向相应轴号，机床沿该方向进给。

“速度进给倍率——用于手轮单位量选择，表示手轮每转过一个刻度的进给量。×1 表示 0.001 mm/每移动 1 小格；×10 表示 0.01 mm/每移动 1 小格；×100 表示 0.1 mm/每移动 1 小格。

“手轮 MPC”——手摇脉冲发生器，简称手轮，仅在手轮进给模式下有效，用于操纵进给轴的方向与快慢。

二、加工中心基本操作顺序

加工中心基本操作流程如图 5 - 15 所示。

三、开、关机

1. 开机

开机步骤：合上机床总电源→开加工中心控制柜总电源→开 NC 电源开关(显示屏左侧绿色按钮)→开急停开关(用力拉起)→回机床原点。

2. 关机

关机步骤：三轴大致移至机床中心→关急停开关→关 NC 电源→关机床电源开关→关总电源。

四、机床手动操作

机床手动模式包括“寸动”、“快速进给”、“手轮”模式三种，可实现机床回原点、移动“X”“Y”“Z”轴及主轴、装刀、换刀等操作。机床手动操作需要使用机床控制面板上的相应按键，请参照图 5 - 14 所示。

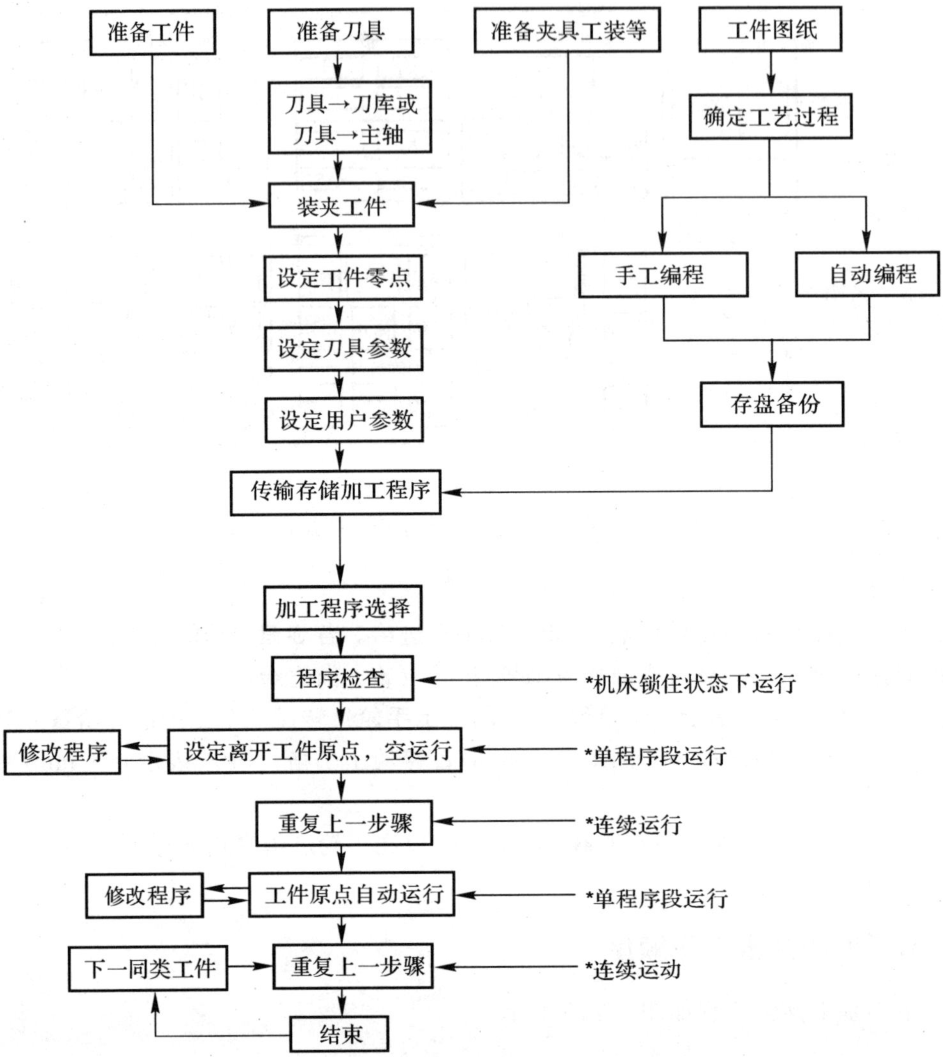

准备工件
准备刀具
准备夹具工装等
工件图纸
刀具→刀库或刀具→主轴
确定工艺过程
装夹工件
手工编程
自动编程
设定工件零点
设定刀具参数
存盘备份
设定用户参数
传输存储加工程序
加工程序选择
程序检查　*机床锁住状态下运行
修改程序　设定离开工件原点，空运行　*单程序段运行
重复上一步骤　*连续运行
修改程序　工件原点自动运行　*单程序段运行
下一同类工件　重复上一步骤　*连续运动
结束

图 5－15　加工中心基本操作流程图

1. 机床回原点

(1)在手动模式下将三轴移至距离机床零点 50 mm 以上的位置。

(2)选择“原点复归”模式，按“＋Z”方向键，则 Z 轴自动原点复归。

(3)按 X 轴和 Y 轴方向键，则 X 轴、Y 轴自动原点复归。

值得注意的是，在以下四种情况下，需回机床零点：① 开机；②按下急停开关后；③用过“机械锁定”或“Z 轴取消”辅助功能键后；④解除完硬限位。

2. 手动移动“X”“Y”“Z”轴

共有三种方式：

(1)寸动。选择“寸动”按钮，并按相应的“轴键”即可。其移动速度由“切削进给率”旋钮来控制。

(2)手轮。选择“手轮”按钮，摇动手轮操作盒导航的“手轮”即可。

(3)快速进给。选“快速进给”按钮，按相应的“轴键”即可。其移动速度由“快速进给率”旋钮控制。

3．手动旋转主轴

选择“手动”模式中的任意一种，按“主轴正转”或“主轴反转”键，令主轴正转或反转，其旋转速度可由主轴转速调整键调整。

4．装刀与换刀

(1)手动操作“刀库”。选择“手动”模式中的任一种，按下刀库“手动”键，按刀库“正转”或刀库“反转”键，令刀库正、反转。

注意：

1)刀库“手动”键灭时，操作面板上“主轴刀号”显示屏上显示的数字为当前主轴上的“刀具号”。

2)刀库“手动”键亮时，操作面板上“主轴刀号”显示屏上显示的数字为当前处于换刀位“刀套”中的“刀具号”。

(2)装刀。例如，工艺方案确立：T1：Φ20 立铣刀 H01 D01；T2：Φ10 立铣刀 H02 D02；T3：Φ3 中心钻头 H03；T4：Φ12 钻头 H04。现需要将 T1～T4 共 4 把刀装入刀库。

步骤：①选择“单动”模式→②选择“PROG”机能键→③输入“G91 G30 X0 Y0 Z0 T1；M06；”→④执行→⑤选择“手动”模式→⑥按住主轴箱上缘的绿色按钮→⑦装刀→⑧松开按钮→⑨手放开刀具→上第二刀具：选择“单动”模式→输入“T2；M06；”→执行⑤～⑨→上第三把刀具，以此类推，直至所需刀具全部装上即可。

五、对刀

对刀就是寻找刀尖和工件零点重合的过程，即当刀尖和工件零点重合时，此时的机械坐标值即为对刀值。它分为以下两部分。

(1)建立工件坐标系。使用“手轮”模式，直接通过计算的方法间接使主轴回转中心和工件零点重合，记录此时的机械坐标 X 值和 Y 值，将其输入到程序所对应的工件坐标系中。工件坐标系的 Z 坐标设为零。

(2)输入刀具长度补正和半径补正。使用“手轮”模式，使刀尖接触工件 Z0 表面，记录此时的机械坐标 Z 值，将此值作为该把刀具的长度补正值，输入到该把刀具所对应的刀具长度补偿代码中；同理依次输入其他刀具的长度补正值，再将所有刀具半径补正值输入该把刀具所对用的刀具半径补正码中。

例如，编制者已定义好刀具：T1：Φ20 立铣刀 H01 D01；T2：Φ10 立铣刀 H02 D02；T3：Φ3 中心钻 H03；T4：Φ12 钻头 H04。

方法：将 Φ20 立铣刀刀尖与工件 Z 向原点重合时的“机械坐标值”输入到参数表的 001 中，将刀具实际半径输入“D”参数表 001 中。其他 2～4 号刀具按上述方法分别输入到对应的 002～004 的 H，D 参数表中。

六、程序的输入、编辑与调用

1. 程序的输入

程序的输入主要有手工输入和通信传输两种方式，这里介绍手工输入方法。程序输入的操作步骤如下：

(1)按下模式选择中的“编辑”按键。

(2)按 PROG 键，此时 CRT 显示程序画面。

(3)输入程序地址 O。

(4)输入程序号码。

(5)按 INPUT 键确认。

以上操作完成新程序名的建立。程序内容使用字母、符号和数字键直接输入，输入程序的每个程序段内容后，按 INPUT 键确认，最终完成程序内容的输入。

2. 程序的编辑

程序编辑包括程序的查找、程序内容的修改等内容，其操作步骤如下：

(1)程序查找(例如查找 O0114 号程序)。

1)按下模式选择中的“编辑”按键。

2)按 PROG 键。

3)输入程序地址 O。

4)输入所要寻找的程序号码 0114，按 INPUT 键确认。

查找结束后，CRT 画面显示寻找到的程序。

(2)程序内容搜索。

程序内容的搜索方法有单字节搜索、页面搜索和指定字节搜索等方法。

1)单字节搜索。按下 CURSOR↑键或↓键，则光标从当前位置开始向前或向后一个一个字节搜索，在找到需要搜索的字节后，松开 CURSOR 键。

2)页面搜索。按下 PAGE↑键或↓键，则屏幕显示上一个页面的程序内容或下一个页面的程序内容，在找到需要修改的程序段所在页面时，用单字节搜索方式寻找需修改的字节。

3)指定字节搜索。输入需搜索的字节，按下 CURSOR↑键或↓键，则搜索从当前位置开始向前或向后进行，在找到要搜索的字节时，光标停在找到的字节下。若没有找到要搜索的字节，则 CRT 显示警示信息，并报警。

(3)程序内容的修改。

程序内容的修改包括程序字节的插入、替换与删除等内容。

1)程序字节的插入。在 EDIT 或 MDI 模式下，用搜索方式，将光标移到插入位置前面邻近字节处，输入插入内容，如插入 T15，输入 T，1，5，然后按 INSERT 键，完成插入。

2)程序字节的替换。在 EDIT 或 MDI 模式下，用搜索方式，将光标移到替换字节位置，输入替换内容，如 X15 替换为 Y30，输入 Y，3，0，然后按 ALTER 键，完成替换。

3)程序字节的删除。在 EDIT 或 MDI 模式下，用搜索方式，将光标移到需删除字节位置，按 DELETE 键，完成删除。

(4)自动插入顺序号码。

自动插入程序顺序号码步骤如下：

1)将参数 SEQ 设定为 1。

2)选择 EDIT 模式。

3)按 PROG 键。

4)输入地址 N。

5)输入 N 的起始值,例如 10。

6)按 INSERT 键。

7)在一单字节插入增量值参数。

8)输入 EOB。

9)按 INSERT 键,EOB 被存储在内存中。

在增量值参数设定为 2 的情况下,N12 插入且显示于下一行。

3. 程序的删除

删除数控系统内存中程序的步骤如下:

(1)按下模式选择中的“编辑”按键。

(2)按 PROG 键。

(3)输入程序地址 O。

(4)输入要删除的程序号。

(5)按 DELET 键,将程序删除。

4. 程序的调用

(1)将模式选择旋钮旋至 EDIT 模式。

(2)按 PROG,CRT 显示程序画面。

(3)输入程序号码。

(4)按光标的下移键即可。

如不记得程序号,可连续两次按 PROG 进入程序目录,再进行操作。

七、自动加工

自动加工可根据加工程序的大小,分两种模式进行。当加工程序的容量不超过加工中心的内存容量时,可以将加工程序全部输入加工中心的内存中,实现自动加工。当加工程序的容量大于加工中心的内存时,可采用计算机与加工中心联机(DNC) 的方式自动加工。

1. 单机自动加工

在自动执行程序模式下,数控系统可以执行内存中的程序,但同一时间只能执行一个程序。自动加工操作步骤如下:

(1)程序输入到内存。

(2)选择要执行的程序。

(3)设定模式选择钮至“自动”模式。

(4)按启动键,开始自动执行程序,此时键内的灯亮。

2. 联机自动加工

联机自动加工操作步骤如下:

(1)选用一台计算机,安装专用程序传输软件,根据加工中心的程序传输具体要求,设置传输参数。

(2)通过 RS—232C 串行端口将计算机和加工中心连接起来。

(3)将加工中心设置成“DNC”操作模式。

(4)将模式选择开关旋钮旋转至“自动”模式。

(5)在计算机上选择要传输加工的程序,按下传输命令。

(6)按下加工中心启动键,联机自动加工开始。

注意:在自动加工之前,最好是再做一次手动原点回归,以保证不出错误。另外,首件试切最好单程序段执行,操作者不得离开,以确保安全无误。在加工过程中,注意观察刀具轨迹和进给余量,更为重要的是要密切注意刀具运行轨迹与程序规定的刀具轨迹是否相同。

5.4 加工实例

[实例一]

如图 5-16 所示为零件及零件位置图。其中 1#,2#,5#,6#,7#,8# 孔深 10mm,3#,4#,9# 为通孔。

1. 工艺分析

由于零件较小,外形规则,采用平口钳装夹即可,选择以下四种工具进行加工:1 号刀为 Φ50mm 端铣刀,用于铣上表面;2 号刀为 Φ20mm 立铣刀,用于铣左台阶面;3 号刀为 Φ6mm 钻头,4 号刀为 Φ11mm 钻头,用于孔加工。通过测量刀具,设定补偿值,用于刀具补偿。该零件的工艺规程见表 5-5。

表 5-5 零件的工艺规程

工 序	工序内容	刀具号	刀具规格	S/(r·min^{-1})	F/(mm·min^{-1})
1	铣平面	T01	Φ50 mm 端铣刀	1 500	150
2	铣左台阶面	T02	Φ20 mm 立铣刀	1 000	150
3	钻 3# 孔	T03	Φ6 mm 钻头	1 000	100
4	钻 1# 孔	T03	Φ6 mm 钻头	1 000	100
5	钻 9# 孔	T03	Φ6 mm 钻头	1 000	100
6	钻 5# 孔	T03	Φ6 mm 钻头	1 000	100
7	钻 7# 孔	T03	Φ6 mm 钻头	1 000	100
8	钻 8# 孔	T04	Φ11 mm 钻头	700	100
9	钻 6# 孔	T04	Φ11 mm 钻头	700	100
10	钻 4# 孔	T04	Φ11 mm 钻头	700	100
11	钻 2# 孔	T04	Φ11 mm 钻头	700	100

工件坐标系的建立,参考点及程序零点的确定如图 5-16 所示。

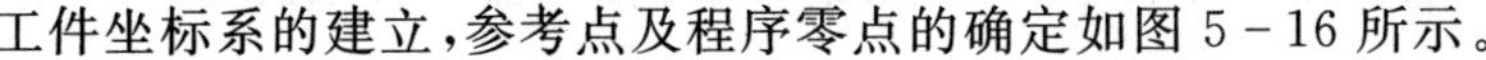

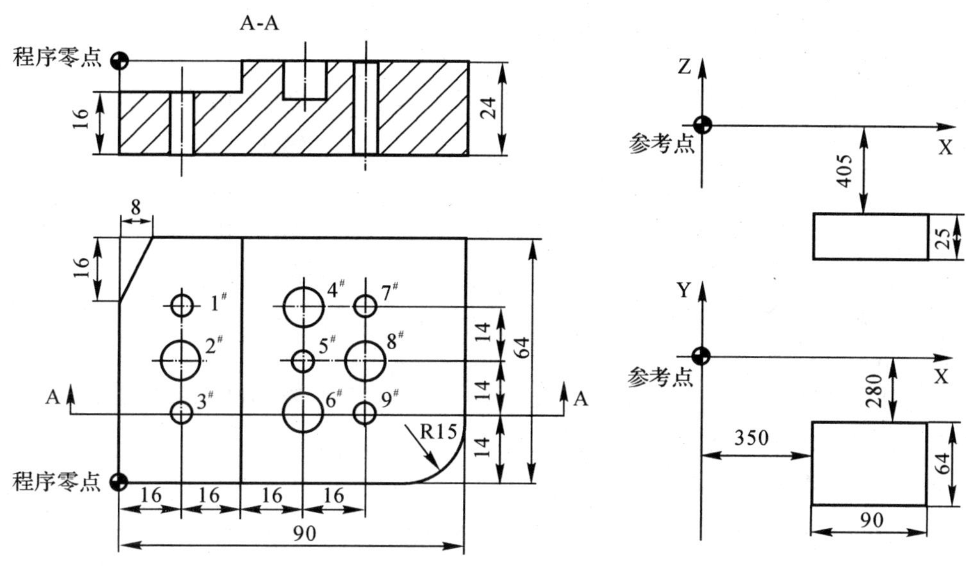

图 5－16　加工零件图及零件位置图

2. 程序

```
O0432
N05   G40 G80 G17;
N10   G91 G30 X0 Y0 Z0 T01;
N15   M06;                              选 Φ50 mm 端铣刀
N20   G90 G54 G00 X0 Y0 S1500 M13;
N25   G43 H01 Z10;
N30   G00 X－30 Y40 M08;                铣上表面,铣削余量为 1 mm
N35   G01 Z0 F150;
N40   X80;
N45   Y20;
N50   X－30;
N55   G28 Z10;
N60   T02 M06;                          选 Φ20 mm 立铣刀
N65   G43 Z10 H02;
N70   S1000 M03;
N75   G00 X9 Y－12 M08;                 铣左台阶面
N80   G01 Z－8 F150;
N85   Y55;
N90   X22;
N95   Y－12;
N100   G28 Z10;
N105   T03 M06;                         换 Φ6 mm 钻头
```

```
N110  G43 Z10 H03 M08;
N115  S1000;
N120  G99 G83 X16 Y18 Z—27 R—6 Q5 F100;        钻 3# 孔
N125  G98 Y46 Z—10;                            钻 1# 孔
N130  G99 Y64 Y18 R2 Z—27;                     钻 9# 孔
N135  X48 Y32 Z—10;                            钻 5# 孔
N140  X64 Y46;                                 钻 7# 孔
N145  G00 G80 X0 Y0;
N150  G28 Z15;
N155  T04 M06;                                 换 Φ11 mm 钻头
N160  G43 Z10 H04 M08;
N165  S700 M03;
N170  G99 G83 X64 Y32 Z—10 R2 Q5 F100;         钻 8# 孔
N175  X48 Y18;                                 钻 6# 孔
N180  X46 Z—27;                                钻 4# 孔
N185  G98 X16 Y32 R—6 Z—10;                    钻 2# 孔
N190  G00 G80;
N195  G28 Z50;
N200  M30;
```

[实例二]

加工如图 5-17 所示法兰盘零件,毛坯是铸件。

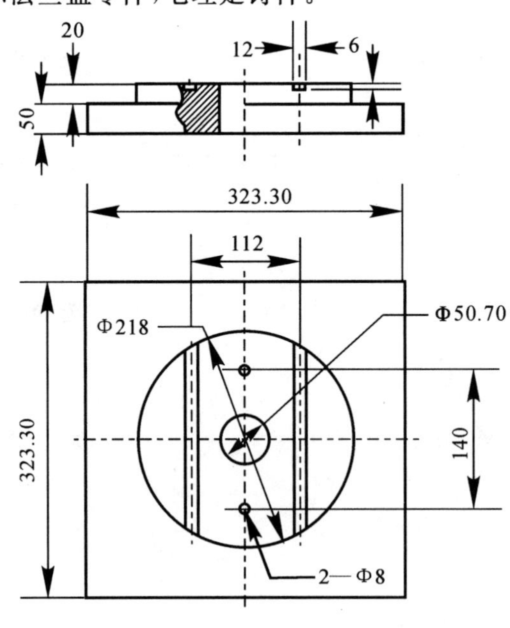

图 5-17　加工零件图

1. 工艺分析

该零件的加工内容：①铣外方：323.3 mm×323.3 mm；②铣外圆柱：Φ218 mm；③钻孔：2—Φ8mm；④镗孔：Φ50.7 mm；⑤铣槽：12 mm×3 mm。工件加工刀具的选择见表 5-6 所示。采用表 5-7 所示的加工工艺规程。

表 5-6　工件加工刀具表

刀具编号	刀具名称及用途		补偿
T1	Φ30 立铣刀	铣方 323.3 mm×323.3 mm	长度补偿 H1
		铣圆 Φ218mm	半径补偿 H11
T2	Φ3 中心钻	钻 2—Φ8 中心孔，孔深 5 mm	长度补偿 H2
T3	Φ8 钻头	钻 2—Φ8 孔	长度补偿 H3
T4	Φ50 镗刀	镗孔 Φ50，孔深 50 mm	长度补偿 H4
T5	Φ12 键槽刀	铣槽宽 12 mm，深 3～6 mm	长度补偿 H5

表 5-7　加工工艺规程

工步号	工步内容	加工面	刀具号	刀具规格	主轴转速 S(r/min)	进给速度 F(mm/min)
1	N10～N140，铣方 323.3mm×323.3mm	X—Y 平面	T01	Φ30 立铣刀	850	80
2	N150～N250，铣圆 Φ218mm	X—Y 平面	T01	Φ30 立铣刀	850	80
3	N260～N380，钻 2—Φ8mm 中心孔	X—Y 平面	T02	A3 中心钻	600	30
4	N390～N510，钻 2—Φ8mm 孔	X—Y 平面	T03	Φ8 钻头	500	22
5	N520～N630，镗孔 Φ50，孔深 50mm	X—Y 平面	T04	Φ50 镗刀	200	20
6	N640～N790，铣槽宽 12mm，深 3～6mm	X—Y 平面	T05	Φ12 键槽铣刀	850	60

2. 工件加工程序及说明

加工程序	说明
%01033	
N10　G0 G17 G40 G49 G80 G90	准备功能代码，采用绝对位置指令方式编程，注销刀具半径补偿、刀具长度补偿、固定循环功能，选择 X—Y 平面
N20　T1	选用 1 号刀具
N30　G30 Z0	返回第二参考点(换刀点)
N40　M6	执行换刀指令，机械手自动从刀库调出 1 号刀(直径为 30mm 的立铣刀)
N50　G0 G90 G54 X176.75 Y−181.65 S850 M3	指定工件坐标系 G54(工件中心)，快速定位到下刀点 X=161.65+R15=176.75，Y=161.65+R15+5=181.65，主轴正转

程序	说明
N60 G43 H1 Z20	指定 Z 向刀具长度补偿，补偿号 H1，刀尖沿 Z 轴快速定位到 Z20 处
N70 G0 Z－57	刀尖沿 Z 轴快速定位 Z－57 处
N80 G1 G42 G1 X161.65 Y161.65 H11 F80	刀具半径补偿有效(右偏)，补偿号 H11，刀具以 F80 的进给速度直线插补，趋近轮廓
N90 Y161.65	切完第一条边
N100 X－161.65	切完第二条边
N110 Y－161.65	切完第三条边
N120 X181.65	切完第四条边并切出工件
N130 G40	取消刀具半径补偿
N140 G0 Z20	刀尖沿 Z 轴快速定位 Z20 处(Z 向退刀)
N150 X124 Y－23 Z10	快速定位到下刀点 X＝109＋R15＝124，Y＝0－23＝－23，刀尖沿 Z 轴快速定位 Z10 处
N160 G1 Z－9.5	刀尖沿 Z 轴直线插补到 Z－9.50 处
N170 G1 G42 X109 Y0 H11	刀具半径补偿有效(右偏)，补偿号 H11，直线插补切入工件，圆轮廓的起始点
N180 G3 X109 Y0 I－109 J0	逆时针圆弧插补，切整圆，圆轮廓的终点
N190 G1 X109 Y23	直线插补切出工件
N200 G40	取消刀具半径补偿
N210 G0 Z10	快速退刀到 Z10 处
N220 M5	主轴停止
N230 G49 G28 Z0	取消刀具长度补偿，Z 轴返回机床零点
N240 G28 X0 Y0	X，Y 轴返回机床零点
N250 M01	程序停止
N260 T2	选用 2 号刀
N270 G30 Z0	返回第二参考点(换刀点)
N280 M6	执行换刀指令，机械手自动从刀库调出 2 号刀(A3 中心钻)
N290 G90 G0 X0 Y70 S600 M3	指定工件坐标系 G54(工件中心)，快速定位到孔中心位置，主轴正转
N300 G43 H2 Z20	指定 Z 向刀具长度补偿，补偿号 H2，刀尖沿 Z 轴快速定位到 Z20 处
N310 G0 Z5	刀尖沿 Z 轴快速定位到 Z5 处
N320 G99 G81 Z－5 R10 F30	钻孔循环第一个孔
N330 Y－70	钻孔循环第二个孔
N340 G80	取消固定循环
N350 M5	主轴停止
N360 G49 G28 Z0	取消刀具长度补偿，Z 轴返回机床零点
N370 G28 X0 Y0	X，Y 轴返回机床零点

程序	说明
N380 M01	程序停止
N390 T3	选用3号刀
N400 G30 Z0	返回第二参考点(换刀点)
N410 M6	执行换刀指令,机械手自动从刀库调出3号刀(直径为8mm的钻头)
N420 G0 G90 G54 X0 Y70 S500 M3	指定工件坐标系G54(工件中心),快速定位到孔中心位置,主轴正转
N430 G43 H3 Z20	指定Z向刀具长度补偿,补偿号H3,刀尖沿Z轴快速定位到Z20处
N440 G0 Z5	刀尖沿Z轴快速定位到Z5处
N450 G99 G81 Z−10 R10 F22	钻孔循环第一个孔,孔深10mm
N460 Y−70	钻孔循环第二个孔
N470 G80	取消固定循环
N480 M5	主轴停止
N490 G49 G28 Z0	取消刀具长度补偿,Z轴返回机床零点
N500 G28 X0 Y0	X,Y轴返回机床零点
N510 M01	程序停止
N520 T4	选用4号刀
N530 G30 Z0	返回第二参考点(换刀点)
N540 M6	执行换刀指令,机械手自动从刀库调出4号刀(直径为50mm的镗刀)
N550 G0 G90 G54 X0 Y0 S200 M3	指定工件坐标系G54(工件中心),快速定位到孔中心位置,主轴正转
N560 G43 H4 Z20	指定Z向刀具长度补偿,补偿号H4,刀尖沿Z轴快速定位到Z20处
N570 G0 Z5	刀尖沿Z轴快速定位到Z5处
N580 G99 G86 Z−50 R10 F20	镗孔循环第一个孔,孔深510mm
N590 G80	取消固定循环
N600 M5	主轴停止
N610 G49 G28 Z0	取消刀具长度补偿,Z轴返回机床零点
N620 G28 X0 Y0	X,Y轴返回机床零点
N630 M01	程序停止
N640 T5	选用5号刀
N650 G30 Z0	返回第二参考点(换刀点)
N660 M8	执行换刀指令,机械手自动从刀库调出5号刀(直径为12mm的键槽铣刀)
N670 G0 G90 G54 X−56 Y103.515 S850 M3	指定工件坐标系G54(工件中心),快速定位到下刀位置,主轴正转
N680 G43 H5 Z10	指定Z向刀具长度补偿,补偿号H5,刀尖沿Z轴

		快速定位到 Z10 处
N690	G1 Z－3 F60	直线插补槽深
N700	Y－103.515	直线插补槽长
N710	G0 Z10	Z 轴快速退刀 Z10 处
N720	X56	X 轴快速定位到第二个槽的下刀位置
N730	G1 Z－3	直线插补槽深
N740	Y103.515	直线插补槽长
N750	G0Z20	Z 轴快速退刀 Z20 处
N760	M5	主轴停止
N770	G49 G28 Z0	取消刀具长度补偿,Z 轴返回机床零点
N780	G28 X0 Y0	X,Y 轴返回机床零点
N790	M30	程序结束并返回到开头
%		结束符

第 6 章

数控电火花成形加工

6.1 电火花加工的原理和特点

一、电火花加工的原理

电火花加工又称为放电加工(Electrical Discharge Machining,简称为 EDM),是一种直接利用电能和热能进行加工的新工艺。电火花加工是在一定介质中,利用两极之间脉冲性火花放电时的电腐蚀现象对材料进行加工,以使零件的尺寸、形状和表面质量达到预定要求的加工方法。

电火花成形加工是与机械加工完全不同的一种新工艺。其基本原理如图 6-1 所示,被加工的工件做零件电极,石墨或者紫铜做工具电极。脉冲电源发出一连串的脉冲电压,加到零件电极和工具电极上,此时工具电极和工件均淹没于具有一定绝缘性能的工作液中。在自动进给调节装置的控制下,当工具电极与工件的距离小到一定程度时,在脉冲电压的作用下,两极间最近处的工作液被击穿,工具电极与工件之间形成瞬时放电通道,产生瞬时高温,使金属局部熔化甚至气化而被蚀除下来,形成局部的电蚀凹坑。这样以相当高的频率连续不断地重复放电,工具电极不断地向工件进给,就可以将工具电极的形状复制到工件上,加工出所需要的和工具形状阴阳相反的零件。

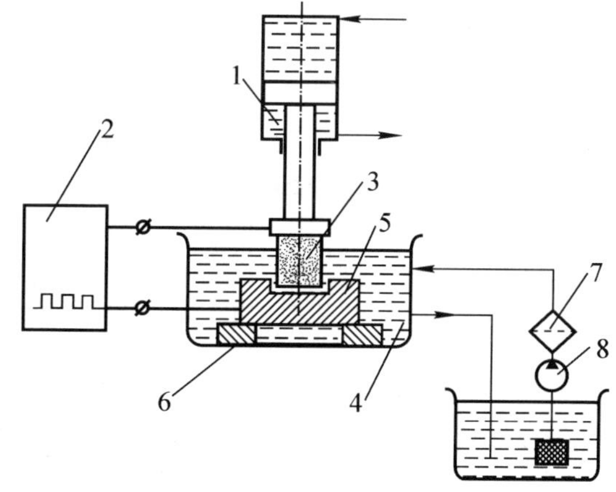

图 6-1 电火花成形加工原理

1—自动进给调节装置;2—脉冲电源;3—工具电极;4—工作液;5—工件;6—工作台;7—过滤器;8—工作液泵

二、电火花加工的物理本质

一个物体，无论从宏观上看来是多么平整，但在微观上，其表面总是凹凸不平的，即由无数个高峰与凹谷组成，给处在工作介质中的两电极加上电压，两极间立即建立起一个电场。但其场强是很不均匀的。场强 F 不仅取决于极间电压 V，而且也取决于极间距离 G，即 $F = V/G$。当两极间距 G 在一定范围内时，由于最高峰处的 G 最小，F 最大，故最先在该处击穿介质，形成放电通道，释放出大量能量，工件表面被电蚀出一个坑来。工件表面的最高峰变成凹谷，另一处场强又变成最大。在脉冲能量的作用下，该处又被电蚀出坑来。这样以很高的频率连续不断地重复放电，工具电极不断地向工件进给，就可将工具的形状复制在工件上，加工出需要的零件来。

在液体介质小间隙中进行单个脉冲放电时，材料电腐蚀过程大致可分成介质击穿和通道形成、能量转换和传递、电蚀产物抛出三个连续的过程。

电火花放电加工的过程如图 6－2 所示。处在绝缘的工作液介质中的两电极，加上无负荷直流电压 V_o，伺服轴电极向下运动，极间距离逐渐缩小。

当极间距离——放电间隙——小到一定程度时(粗加工为几十 μm，精加工为几 μm)，阴极逸出的电子在电场作用下，高速向阳极运动，并在运动中撞击介质中的中性分子和原子，产生碰撞电离，形成带负电的粒子(主要是电子)和带正电的粒子(主要是正离子)。当电子到达阳极时，介质被击穿，放电通道形成。

两极间的介质一旦被击穿，电源便通过放电通道释放能量。大部分能量转换成热能，这时通道中的电流密度高达 104～109 A/cm²，放电点附近的温度高达 3 000℃以上，使两极间放电点局部熔化或气化。

在热爆炸力、电动力、流体动力等综合因素的作用下，被熔化或气化的材料被抛出，产生一个小坑。脉冲放电结束，介质恢复绝缘。

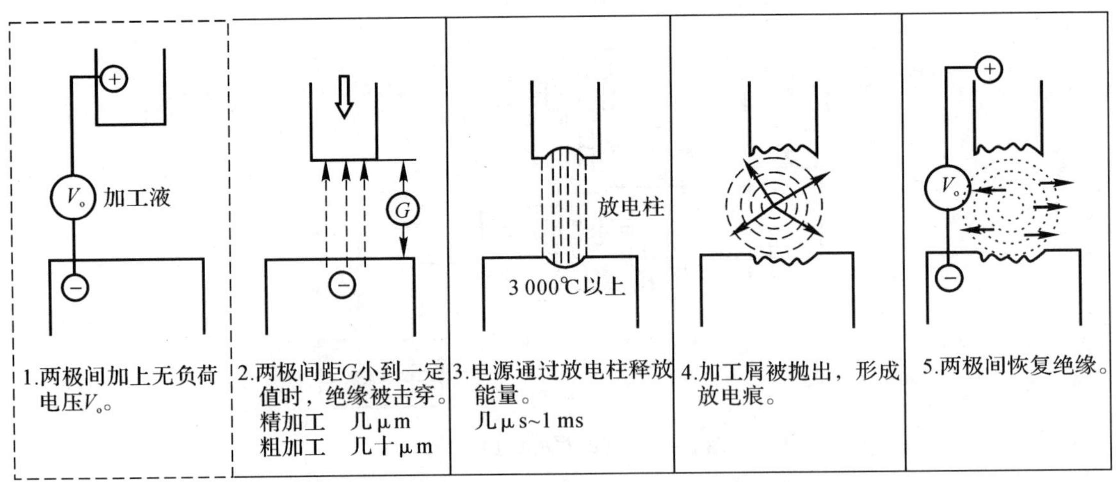

图 6－2 电火花放电加工的过程

三、实现电火花加工的条件

(1)实现工具电极和零件电极之间合理的放电，必须施加 60～300 V 的脉冲电压，同时还需要维持合理的距离——放电间隙。若两电极之间的距离过大，则脉冲电压不能击穿介质，不能产生火花放电；若两极短路，则在两电极间没有脉冲能量消耗，也不能实现电腐蚀加工。

(2)两极间必须充满介质。电火花成形加工通常使用煤油或去离子水作为工作液。电火花线切割一般用去离子水或乳化液。

(3)输送到两极间脉冲能量应足够大。即放电通道要有很大的电流密度，一般为 104～109 A/cm^2。能量密度足够大，才可以使被加工材料局部熔化或者气化，被加工材料表面形成一个腐蚀痕，从而实现电火花加工。

(4)放电必须是短时间的脉冲放电。一般为 1 μs～1 ms。这样才能使放电产生的热量来不及扩散，从而把能量作用局限在很小的范围内，保持火花放电的冷极特性。

(5)脉冲放电需要多次进行，并且多次脉冲放电在时间上和空间上是分散的，避免发生局部烧伤。

(6)脉冲放电后的电蚀产物能及时排放至放电间隙之外，使重复性放电顺利进行。

四、电火花成形加工的特点

电火花成形加工不同于普通的机械加工，其特点如下：

(1)脉冲放电的能量密度高，便于加工特殊材料和复杂形状的工件。不受材料的硬度的影响，不受热处理状况的影响。材料如淬火钢、工具钢、硬质合金、钛合金等。形状如窄缝窄槽、深小孔等。

(2)脉冲放电时间极短，放电时产生的热量传导范围小，材料受热处理影响范围小。

(3)加工时，工具电极和材料不接触，两者之间宏观作用力极小。工具电极材料不需要比工件材料硬度高。

(4)直接利用电能加工，便于实现加工过程的自动化。

电火花加工同时也具有一定的局限性，即只能加工金属等导电材料。但最近研究表明，在一定条件下也可以加工半导体和聚晶金刚石等非导体超硬材料；但是，加工速度一般较慢，存在电极损耗。由于电火花加工靠电、热来蚀除金属，电极也会受损耗，影响加工精度；最小角部半径有限制。

五、电火花成形加工的应用

电火花成形加工主要用于加工各类热锻模、压铸模、挤压模、塑料模和胶木模的型腔。这类型腔多为盲孔，内形复杂，各处深浅不同，加工较为因难。为了便于排除加工产物和冷却，以提高加工的稳定性，有时在工具电极中间开有冲油孔。

电火花成形加工还可以用于型孔(圆孔、方孔、多边形孔、异形孔)、曲线孔(弯孔、螺旋孔)、小孔和微孔等的加工。

6.2 电火花成形加工机床与操作

一、电火花成形加工机床简介

1. 电火花成形加工机床

电火花成形加工机床的外观如图 6－3 所示。机床主要由控制柜、底座、工作台、工作液箱、主轴等部分组成。

图 6－3 电火花成形加工机床

2. 手控盒

电火花成形加工机床手控盒界面按键的含义如表 6－1 所示。

表 6－1 手控盒按键的含义

按 键	功 能
	点动速度键。选择中速、高速、单步，开机时为中速。单步步距为 0.001 mm。高速、中速各有 10 挡可以设定，0 挡最快，9 挡最慢，对应速度为 900～10 mm/min

续表

按　键	功　能
+X -X +Y -Y +Z -Z +C -C	点动移动键。指定轴及运动方向。定义如下：面对机床正面，工作台向左移动为＋X，反之为－X；滑枕移近工作者为－Y，远离为＋Y；主轴头上升为＋Z，下降为－Z；C 轴逆时针旋转为＋C，反之为－C
	PUMP 键。加工液泵开关。按下开泵，再按停止。泵开启状态时，键左上角灯亮
	HALT(暂停) 键。在加工状态，按下此键将使机床动作暂停
	RST(恢复加工) 键 1) 在暂停状态，按此键恢复暂停的加工 2) 按此键开始加工(相当于键盘上的"Enter ↵"键)
	ST (忽视感知) 键：电极与工件接触状态，按此键，灯亮，再按点动键可忽视接触感知进行移动。要特别注意移动方向，以免电极和工件相撞。此键仅对当前的一次操作有效。灯亮时，要取消"忽视感知"功能，再按一次此键，灯灭
	ACK(确认) 键。在出错或某些情况下，其他操作被中止，按此键确认
	OFF 键 1) 中断正在执行的操作 2) 关闭电阻箱内的风扇。加工开始，系统会自动启动风扇，加工结束，5 min 后按此键关闭风扇

二、机床操作

1. 开机准备

合上电柜右侧总开关，脱开急停按钮(蘑菇头按箭头方向旋转)，启动。约 20 s 进入准备屏后，执行回原点动作。未进入准备屏之前，不要按任何键。将主轴头移动到加工所需位置，安装电极和工件。

2. 编辑程序

按 ALT＋F2 键进入加工屏。按机床的说明输入数据，生成 NC 文件。按 ALT＋F3 键进入编辑屏，手工编辑 NC 文件，也可以装入一个现成的 NC 文件进行修改。根据加工要求，设置好平动、抬刀数据，选择好加工条件。

3. 加工

关闭液槽，闭合放油阀。回到加工屏，移动光标到起始程序段，按回车执行。液泵的启停可以用手控盒操作，也可编入程序。液温、液面有自动检测，出现问题会有提示。加工中可以更改加工条件、暂停加工，但不能修改程序。

4. 掉电后的恢复

加工过程中断电，重新开机后要继续加工，必须进行以下操作：掉电前机床必须执行了回原点、设置零点的操作。设置零点可以在第一屏手动操作，也可以编入程序；重新开机后进入第一屏，先执行回原点操作，然后回零；进入加工屏，将光标移到上次中断的程序段处，按回车继续加工。

5. 手动加工

手动加工只能进行单轴向、单一加工条件和深度的单段加工。在加工屏，按 F9 键进入手动加工画面，有 4 项由用户选择和设定：

(1)加工轴向。用空格键切换，有 Z－，Z＋，Y－，Y＋，X－，X＋6 个方向。

(2)加工深度。用增量坐标表示，不带符号。取值范围在 0～999.999 mm 之间。

(3)加工条件号。选择加工条件，设置抬刀、平动等参数。

(4)加工开始。有两种选择，一种是当前点，即以电极当前位置为加工起点；另一种是感知定零，以电极和工件接触感知确定加工起点。

手动加工中找正。在手动加工中，按键盘上的 J 键，然后按手控盒上的轴向键(不能是当前加工轴)，可以单步移动该轴。利用这一功能，可以根据放电火花，调整电极位置。

按 F10 键退出手动加工方式。

三、机床控制系统屏幕操作

电火花成形加工机床的控制系统同任何数控系统一样，是分菜单来控制的，一个主菜单就是一个主屏幕。该机床总共有 8 个主屏幕，分别为“准备”、“加工”、“编辑”、“配置”、“诊断”、“机械坐标”、“螺补”、“变量”，用 ALT 加 F1～F8 来选取，例如选取“加工”屏，就要同时按 ALT 键和 F2 键，或者先按 ALT 键，接着再按 F2 键。主屏幕名显示在每个操作屏幕的顶部，有 3 个主屏幕名未显示出来，但用 ALT 加相应的 F 功能键可切换出。

1. “准备”屏

机床启动后的初始屏幕即为准备屏幕，如图 6－4 所示，按 ALT 键和 F1 键选取。此屏幕主要完成零件的装夹和找正功能，共有 9 个子功能。

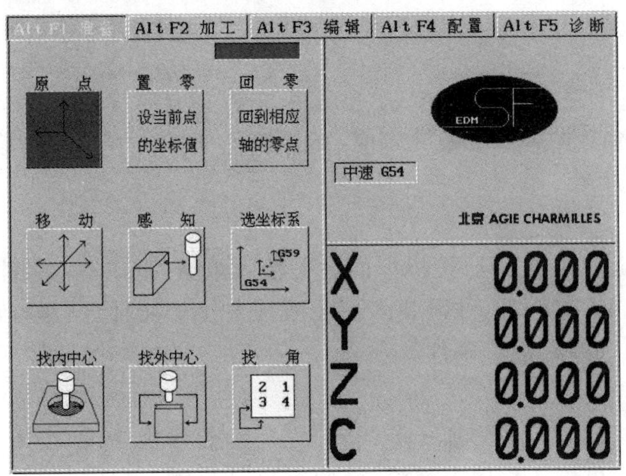

图 6－4 “准备”屏

2. “加工”屏

按 ALT 键和 F2 键即进入加工屏幕，如图 6－5 所示。此屏幕主要完成零件的实际加工，自动编程也在这个屏幕下完成。

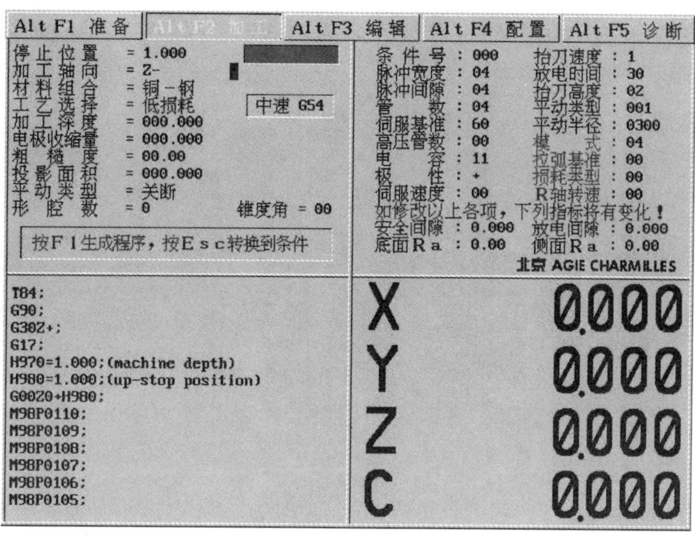

图 6－5　“加工”屏

3. “编辑”屏

按 ALT 键和 F3 键即进入编辑屏，如图 6－6 所示。此屏幕可以进行手工编程及程序修改，或者对程序文件进行管理。

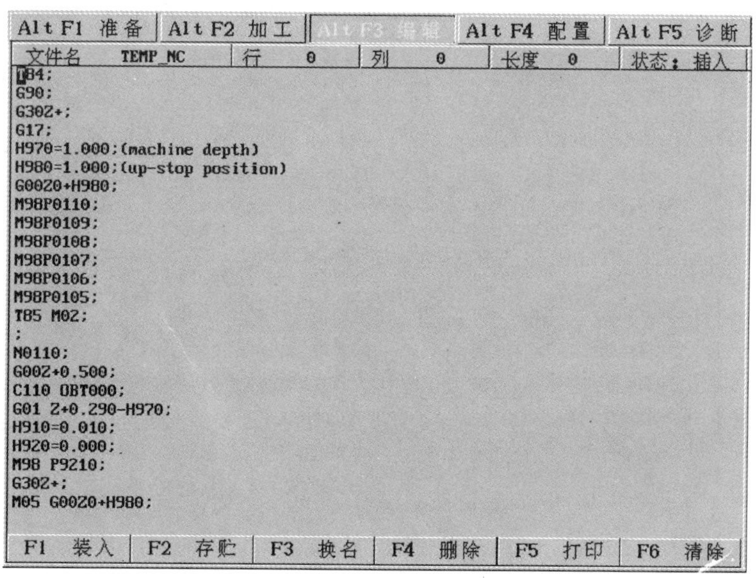

图 6－6　“编辑”屏

4．"配置"屏

按 ALT 键和 F4 键进入配置屏，如图 6－7 所示。此屏幕主要由制造厂家使用，仅供用户参考。

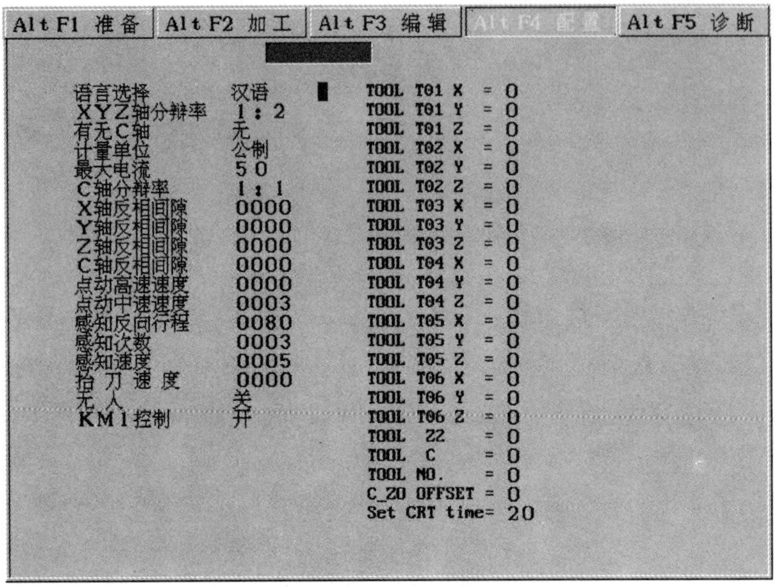

Alt F1 准备 | Alt F2 加工 | Alt F3 编辑 | Alt F4 配置 | Alt F5 诊断

项目	设定	刀具参数	值
语言选择	汉语	TOOL T01 X	= 0
XYZ轴分辨率	1：2	TOOL T01 Y	= 0
有无C轴	无	TOOL T01 Z	= 0
计量单位	公制	TOOL T02 X	= 0
最大电流	5 0	TOOL T02 Y	= 0
C轴分辨率	1：1	TOOL T02 Z	= 0
X轴反相间隙	0000	TOOL T03 X	= 0
Y轴反相间隙	0000	TOOL T03 Y	= 0
Z轴反相间隙	0000	TOOL T03 Z	= 0
C轴反相间隙	0000	TOOL T04 X	= 0
点动高速速度	0000	TOOL T04 Y	= 0
点动中速速度	0003	TOOL T04 Z	= 0
感知反向行程	0080	TOOL T05 X	= 0
感知次数	0003	TOOL T05 Y	= 0
感知速度	0005	TOOL T05 Z	= 0
抬 刀 速 度	0000	TOOL T06 X	= 0
无 人	关	TOOL T06 Y	= 0
KM1控制	开	TOOL T06 Z	= 0
		TOOL ZZ	= 0
		TOOL C	= 0
		TOOL NO.	= 0
		C_ZO OFFSET	= 0
		Set CRT time	= 20

图 6－7 "配置"屏

5．"诊断"屏

按 ALT 键和 F5 键进入诊断屏，如图 6－8 所示。在此用户可对机床的故障诊断有一定的了解。

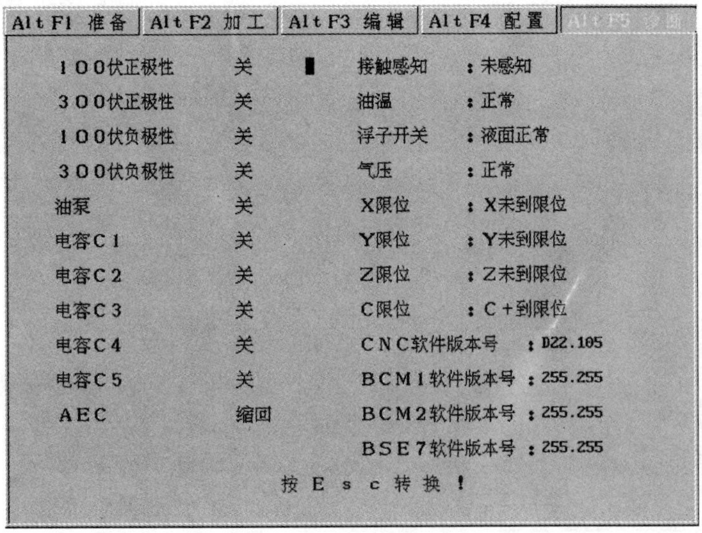

Alt F1 准备 | Alt F2 加工 | Alt F3 编辑 | Alt F4 配置 | Alt F5 诊断

项目	状态	项目	状态
100伏正极性	关	接触感知	：未感知
300伏正极性	关	油温	：正常
100伏负极性	关	浮子开关	：液面正常
300伏负极性	关	气压	：正常
油泵	关	X限位	：X未到限位
电容C1	关	Y限位	：Y未到限位
电容C2	关	Z限位	：Z未到限位
电容C3	关	C限位	：C+到限位
电容C4	关	CNC软件版本号	：D22.105
电容C5	关	BCM1软件版本号	：255.255
AEC	缩回	BCM2软件版本号	：255.255
		BSE7软件版本号	：255.255

按 E s c 转 换 ！

图 6－8 "诊断"屏

6．“机床坐标”屏

按 ALT 键和 F6 键进入机床坐标屏，如图 6－9 所示。在此可用机床坐标记忆加工起点，也可了解加工时间，仅供用户参考。

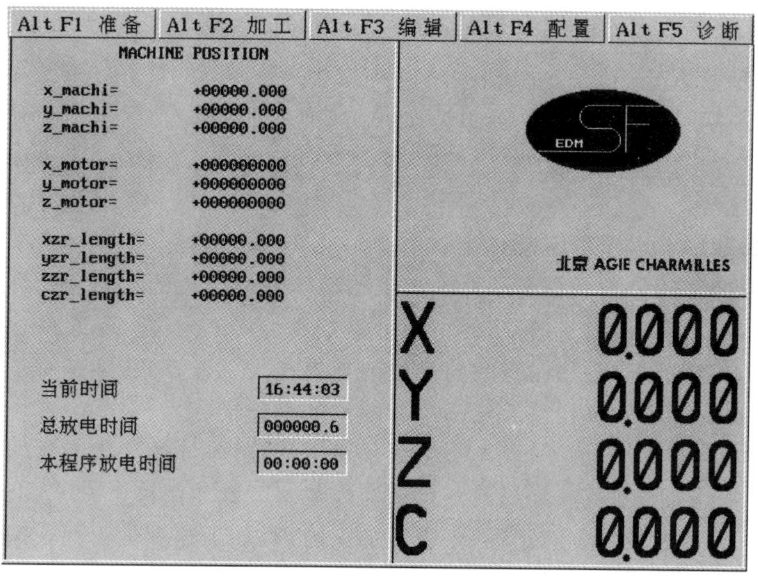

图 6－9　“机床坐标”屏

6.3　电火花成形加工工艺

一、电火花成形加工的工艺参数

电火花成形加工常用的工艺参数有加工速度、表面粗糙度、电极损耗、放电间隙等。

1．加工速度

加工速度（v_w）是指在规定的表面粗糙度（如 $R_a=2.5\ \mu m$）及相对的电极损耗（如 1%）的条件下，单位时间内去除金属材料的量（mm^3/min）。

影响加工速度的因素有电流（I_m）、脉宽（T_k）和脉间（T_o）等电参数，如图 6－10、图 6－11、图 6－12 所示。

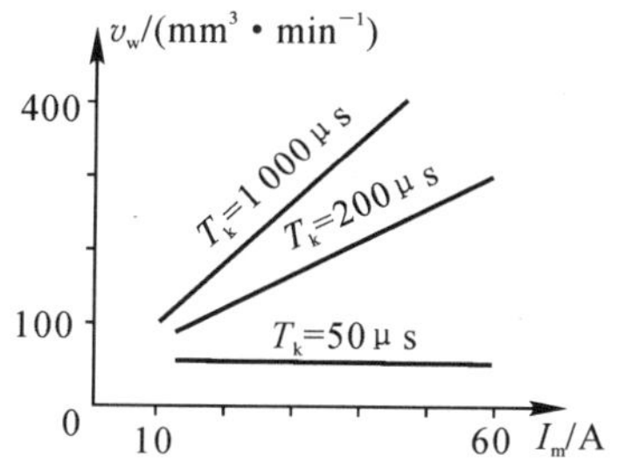

图 6－10　峰值电流与加工速度的关系

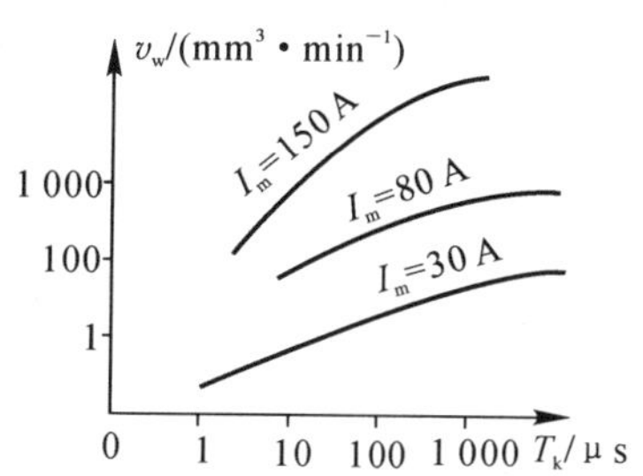

图 6－11　脉宽与加工速度的关系

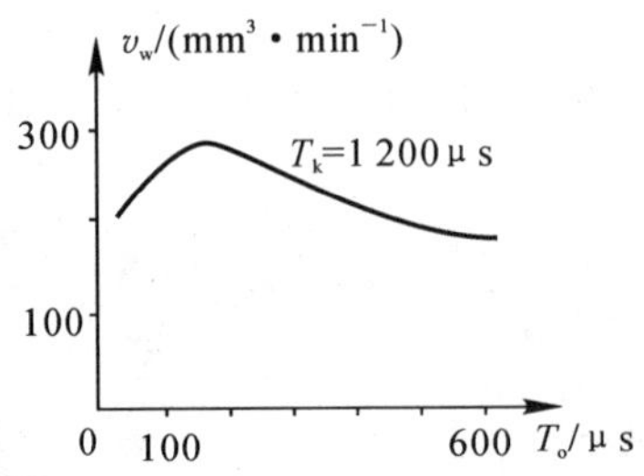

图 6 - 12　脉间与加工速度的关系

影响加工速度的非电参数因素有：

抬刀。抬刀的作用是顺利排屑和保证加工的稳定性。合理的抬刀选择有利于加工效率的提高，过快的抬刀则会降低加工效率。

冲抽油。一般情况下，合理而有效的冲抽油会提高加工效率，特别是对于大面积、深型腔、深孔的加工，为提高加工效率往往需要采用冲抽油的工艺措施。

工作液。在电火花成形加工过程中，必须采用工作液，不同的工作液对加工速度有不同的影响，其影响程度分别为高压水＞煤油＋机油＞煤油＞酒精水溶液。

电极材料。石墨电极在中脉宽段、正极性加工时，其加工速度优于铜。铜电极在窄脉宽段和大脉宽段，其加工速度优于石墨。

工件材料。工件材料的溶点、沸点、比热容、溶化潜热、汽化潜热大，则加工速度慢。硬质合金的加工速度小于钢的一半，同类材料的加工速度也很慢。

加工的稳定性。加工过程中的拉弧、回退等不稳定现象会大大降低加工速度。

因此，机床的刚性、机床的灵敏性、工件的前工序、电极的优劣、参数的选择都会影响加工速度。

2. *表面粗糙度*

一般用 R_a（轮廓算术平均偏差，单位为 μm）来衡量加工表面质量的工艺指标，从使用角度讲，同等 R_a 值的电火花加工表面质量要优于机械加工表面质量一个等级。

影响表面粗糙度的因素中，电参数因素影响较大，峰值电流、脉宽愈大则表面粗糙度值愈大，且影响较为明显；脉间愈小加工效率愈大，而表面粗糙度值增大不多。对于非电参数而言，工件材料的硬度高、密度大，则加工表面质量好；对于快走丝加工，工件的厚度大则加工表面质量好。合理的工艺留量、负极性精修也能够获得良好的加工表面质量。电极面积愈大，则最终加工表面质量愈差。

3. *电极损耗*

电极损耗分为绝对损耗和相对损耗两种。绝对损耗是指单位时间内电极的体积损耗或长度损耗；而相对损耗是指电极绝对损耗与工件加工速度的百分比。

相对损耗是衡量电加工机床性能好坏的重要指标。其测量方法是采用称重或测量长度的办法。

影响电极相对损耗的因素有多种，在中粗加工状态，正极性损耗小；在精细加工状态，负极性损耗小，如图 6 - 13 所示。

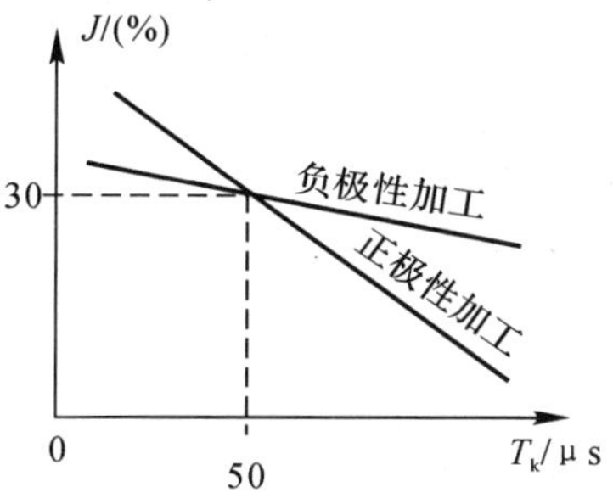

图 6－13　极性对电极损耗的影响

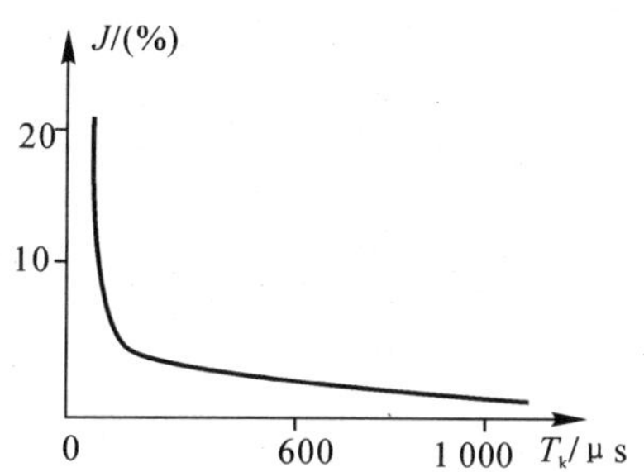

图 6－14　脉宽对电极损耗的影响

在峰值电流一定的情况下，脉宽越大损耗越小，如图 6－14 所示。

一般情况下，加工电流越大损耗就越大，如图 6－15 所示；但对于石墨打钢，窄脉宽、小电流并不一定能收到低损耗的效果。而脉冲间隔越大电极损耗也就越大，这是由于"覆盖效应"的影响所致，如图 6－16 所示。

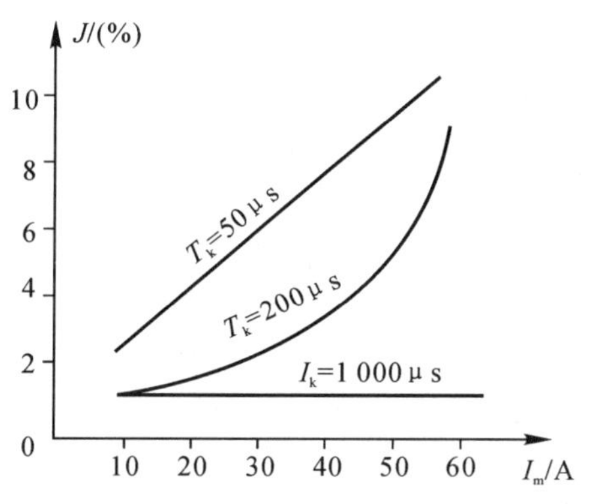

图 6－15　电流与电极损耗的关系

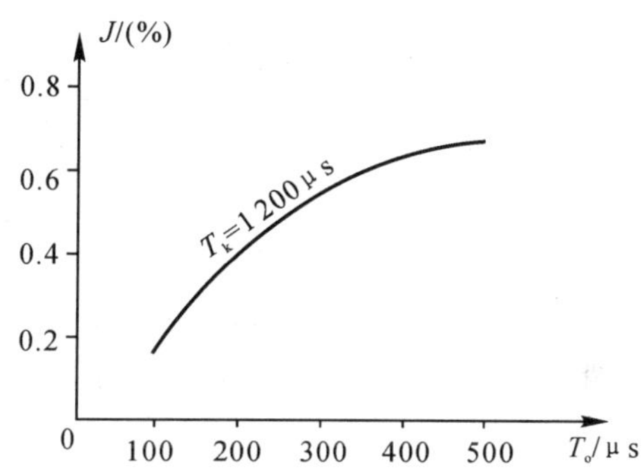

图 6－16　脉间与电极损耗的关系

电流密度是影响电极损耗的最主要因素，经验认为，在兼顾效率和损耗的情况下，电流密度的选择值为：铜—钢小于 4 A/cm^2、石墨—钢小于 34 A/cm^2。

冲抽油压力越大，电极损耗越大。这是由于冲抽油会破坏"覆盖效应"，但对石墨打钢影响不大。一般只要能保证加工稳定，冲抽油压力宜小些。

电极材料对损耗的影响由小到大的排列顺序：银钨合金＜铜钨合金＜石墨(粗规准)＜紫铜＜钢＜铸铁＜黄铜＜铝。

工件材料对损耗的影响是高熔点合金损耗＞低熔点合金损耗。在精加工时，适当增大放电间隙可降低电极损耗。工作液中的石油产物在电火花成形加工中会形成覆盖效应，而水或乳化液则在电火花线切割加工中形成镀覆现象，并能够降低加工过程中电极的损耗。电极形状对自身损耗也有影响，顺序是角部＞棱边＞面。因此，有清角要求的零件须采用换电极加工。

4. 放电间隙

在电火花成形加工过程中，放电间隙就是电极和工件之间的距离，即工件尺寸的单边扩大量。放电间隙的形成如图 6－17 所示。其中 a 为出口间隙，b 为入口间隙，c 为最大侧隙。三

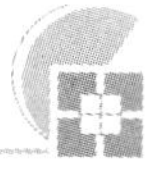

者之间的数值大小为 $a<b<c$。

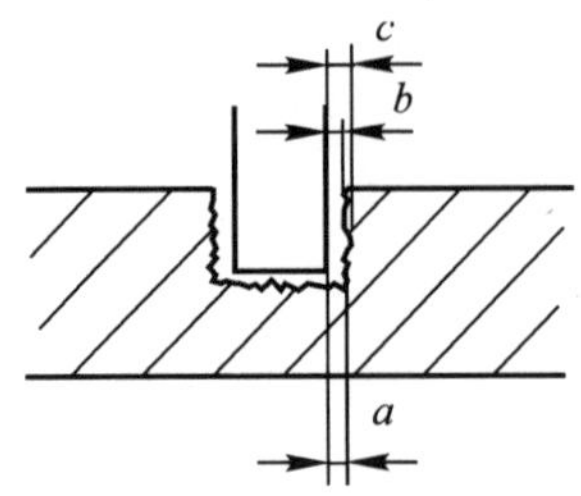

6－17　放电间隙的形成

在加工过程中，空载电压越高，放电间隙就越大；脉宽越大，放电间隙也越大；峰值电流越大，放电间隙也越大，如图 6－18 所示。

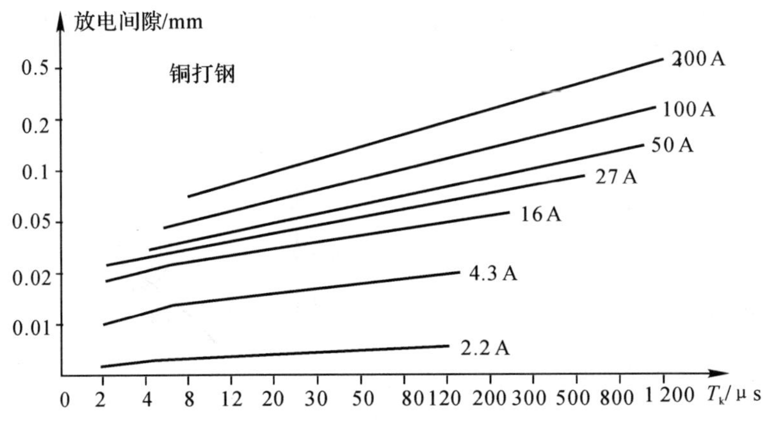

图 6－18　脉宽、峰值电流对放电间隙的影响

另外，电极的制造精度、加工过程中的二次放电、电极的应力变形、机床刚性差引起的振动以及工件材料的性能等对放电间隙都有一定的影响。在电火花成形加工过程中，二次放电现象、电极的损耗、工作介质的纯净度、冲抽油方式、机床精度、加工稳定性等对放电间隙的影响，最终会直接造成零件的加工斜度。

二、常用电极材料和影响加工质量的因素

1. 常用电极材料

电极材料必须是导电性良好，损耗小，造形容易，并具有加工稳定、效率高、材料来源丰富、价格便宜等特点。常用电极材料有紫铜、石墨、黄铜、铜钨合金和钢、铸铁等。

(1) 紫铜。紫铜电极质地细密，加工稳定性好，相对电极损耗较小，适应性广，尤其适用于制造精密花纹模的电极；其缺点为精车、精磨等机械加工困难。

(2) 石墨。石墨电极特别适用于大脉宽、大电流型腔加工中，电极损耗可做到小于 0.5%，抗高温，变形小，制造容易，重量轻；其缺点是容易脱落、掉渣，加工表面粗糙度较差，精加工时易拉弧。

(3) 黄铜。黄铜电极最适宜中小规准情况下加工，稳定性好，制造也较容易；但缺点是电

极的损耗率较一般电极都大，不容易使被加工件一次成形，所以一般只用在简单的模具加工、通孔加工、取断丝锥等。

（4）铸铁。它是目前较少应用的一种材料，主要特点是制造容易、价格低廉、材料来源丰富，放电加工稳定性也较好，特别适用于复合式脉冲电源加工，电极损耗一般达 20%以下，对加工冷冲模最适合。

（5）钢。钢电极在我国应用比较多，它和铸铁电极相比，加工稳定性差，效率也较低；但它可把电极和冲头合为一体，只要一次成形，可缩短电极与冲头的制造工时。电极损耗与铸铁相似，适合“钢打钢”冷冲模加工。

（6）铜钨合金与银钨合金。由于其含钨量较高，所以在加工中电极损耗小，机械加工成形也较容易，特别适用于工具钢、硬质合金等模具加工及特殊异形孔、槽的加工。其加工稳定，在放电加工中是一种性能较好的材料。其缺点是价格较贵，尤其是银钨合金电极。

2. 影响加工质量的因素

影响加工质量的原因是多方面的，大致与电极材料的选择、电极制造、电极装夹找正、加工规准的选择、操作工艺是否恰当等有关。要防止产生废品，应注意下列几个方面。

（1）正确选择电极材料。在型腔加工中，石墨是常用的电极材料，但由于石墨的品种很多，不是所有的石墨材料都可作为电加工的电极材料，应该使用电加工专用的高强度、高密度、高纯度的特种石墨。紫铜电极常用于精密的中、小型型腔加工。在使用铸件或锻件制造的紫铜坯料做电极时，材质的疏松、夹层或砂眼，会使电极表面本身有缺陷、粗糙和损耗不均匀，使加工表面不理想。

（2）制造电极时正确控制电极的缩放尺寸。制造电极是电火花加工的第一步，根据图纸要求，缩放电极尺寸是顺利完成加工的关键。缩放的尺寸要根据所决定的放电间隙再加上一定的比例常数而定。一般宁肯取理论间隙的正差，即电极的标称尺寸要偏“小”一些，也就是“宁小勿大”。若放电间隙留小了，电极做“大”了，使实际的加工尺寸超差，则造成废品。而电极略微偏“小”，在尺寸上留有调整的余地，经过平动调节或稍加配研，可最终保证图纸的尺寸要求。

在型孔加工中，无论是制造阶梯电极，还是用直接加工电极，由于最终要控制凸凹模具的配合间隙，因此对电极缩放尺寸的要求是十分严格的，一般应控制在±0.01 mm。

（3）把好电极装夹和工件找正的第一关。在校正完水平与垂直，最后紧固时，往往会使电极发生错位、移动，加工时造成废品。因此，紧固后还要不厌其烦地再找正检查一下，甚至在加工开始进行了少量进给后，还需要停机再查看一下是否正确无误。因为电火花加工开始阶段是很重要的一个环节，也是需要操作者最精心的时候。

由于电极装夹不紧，在加工中松动，或找正误差过大，是造成废品的一个原因。电极或辅助夹具的微小松动，会给加工深度带来误差。有时在多次重复加工中，加工条件相同，但深度误差分散性很大，往往也是电极松动造成的。加工过程中夹具发热，也会使电极松动。对于一些小型单电极，只用一个螺栓与电极连接固定，则更容易发生松动，特别是石墨电极，采用这种夹固方法是非常不可靠的。

在进行型孔加工中，一般为了减少加工量，都进行预铣或预钻。加工留量越小，越有利于提高加工速度，但也会给找正带来困难，造成废品的潜在危险也越大。多型孔同时加工的场合更是如此，由于预铣、预钻孔的尺寸不够均匀一致，往往多数孔已经找正，而有一两个孔略偏。

如果观察粗略，就有可能加工后个别型孔留有“黑皮”而造成废品。因此，在加工初始阶段，一定要停机查核，确实无误后再继续加工。

(4) 要正确选用加工规准，了解脉冲电源的工艺规律。了解和掌握脉宽、脉间、电流、电压、极性等一组电规准对应产生的电极损耗、加工速度、放电间隙、表面粗糙度以及锥度等工艺效果，是避免产生废品、达到加工要求的关键。不控制电极损耗就不能加工出好的型腔；控制不好粗糙度和放电间隙，就不能确定最佳平动量，修光型腔侧壁；控制不准放电间隙和粗糙度就加工不出好的型孔。常常有人埋怨电源的电极损耗异乎寻常地大，这往往是由于极性接反了，或者是用高频、窄脉宽进行型腔的粗加工。

(5) 防止由于脉冲电源中电气元件的影响而造成废品。脉冲电源在维修中由于更换了元器件，使脉冲参数发生改变，也会使加工达不到人们预期的效果。或由于电源中元器件损坏、击穿，引起拉弧放电，也是造成工件严重破坏的原因。

(6) 注意实际进给深度由于电极损耗引起的误差。在进行尺寸加工时，由于电极长度相对损耗会使加工深度产生误差。而由于规准变化的不同，误差也会很不一致，往往使实际加工深度小于图纸要求。因此，一定要在加工程序中计算、补偿上电极损耗量，或者在半精加工阶段停机进行尺寸复核，并及时补偿由于电极损耗造成的误差，然后再转换成最后的精加工。

(7) 正确控制平动量。型腔或型孔的侧壁修光要靠平动，既要达到一定粗糙度的要求，又要达到尺寸要求，需要认真确定逐级转换规准时的平动量。否则，有可能还没达到修光要求而尺寸已经到限，或者已经修光但还没有达到尺寸要求。因此，应在完成总平动量75%的半精加工段复核尺寸，之后再继续进行精加工。

(8) 防止硬质合金产生裂纹。由于硬质合金是粉末冶金材料，它的导热率低。过大的脉冲能量和长时间持续的电流作用，都会使加工表面产生严重的网状裂纹。因此，为了提高粗加工的速度而采用宽脉宽、大电流加工是不可取的。一般宜采用窄脉宽(50 μs以下)高峰值电流，短促的瞬时高温使加工表面热影响层较浅，避免裂纹发生。

(9) 防止在型孔加工中产生“放炮”。在加工过程中产生的气体，集聚在电极下端或油杯内部，当气体受到电火花引燃时，就会像“放炮”一样冲破阻力而排出，这时很容易使电极与凹模错位，影响加工质量，甚至报废。这种情况在抽油加工时更易发生。因此，在使用油杯进行型孔加工时，要特别注意排气，适当抬刀或者在油杯顶部周围开出气槽、排气孔，以利排出积聚的气体。

(10) 注意热变形引起的电极与工件位移。在使用薄型的紫铜电极时，加工中要注意由于电极受热变形而使加工的型腔产生异常。另外值得注意的是停机后，由于人为的因素，使电极与工件发生位移。在开机时，又没注意电极与工件的相对位置，常常会使接近加工好的工件报废。

(11) 注意主轴刚性和工作液对放电间隙的影响。电火花加工的蚀除物从间隙排出的过程中，常常在电极与工件间引起电极与加工面的二次放电。二次放电的结果使已加工过的表面再次电蚀，在凹模的上口电极进口处，二次放电机会就更多一些，这样就形成了锥度。电火花加工的锥度一般在$4'\sim6'$之间。二次放电越多，锥度越大。为了减小锥度，首先要保持主轴头的稳定性，避免电极不必要的反复提升。调节好冲、抽油压力，选择好适当的电参数，使主轴伺服处于最佳状态，既不过于灵敏，也不迟钝，都可减少锥度。在加工深孔中，为了减少二次放电造成锥度超差，常采用抽油加工或短电极的办法。

(12) 要密切注视和防止电弧烧伤。加工过程中局部电蚀物密度过高,排屑不良,放电通道、放电点不能正常转移,将使工具工件局部放电点温度升高,产生积炭结焦,引起恶性循环,使放电点更加固定集中,转化为稳定电弧,使工具工件表面积炭烧伤。

防止办法是增大脉间及加大冲油,增加抬刀频率和幅度,改善排屑条件。发现加工状态不稳定时就采取措施,防止转变成稳定电弧。

6.4　ISO 代码和加工程序编制

一、ISO 代码

1. G00 快速移动,定位指令

示例如图 6－19、图 6－20 所示。格式如下:

G00X±_____;

G00Y±_____;

G00Z±_____;

G00X±___Y±___Z±___;(最多四轴三联动)

其具体的运动方式与坐标系的选择有关,即是按绝对方式还是按相对方式移动;数值若带小数点,则单位为 mm,否则为 μm。

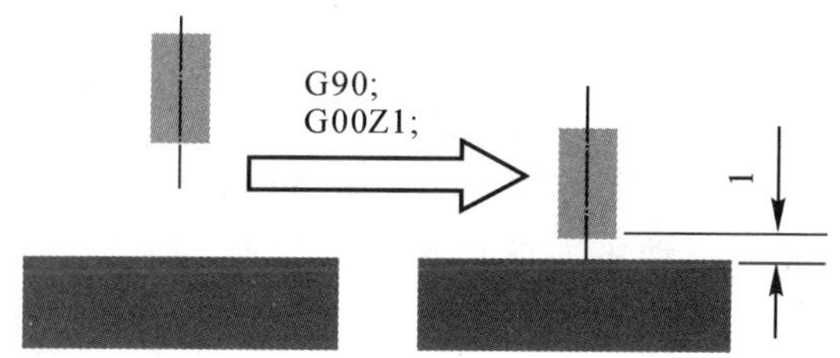

图 6－19　Z 轴向快速移动 1 mm

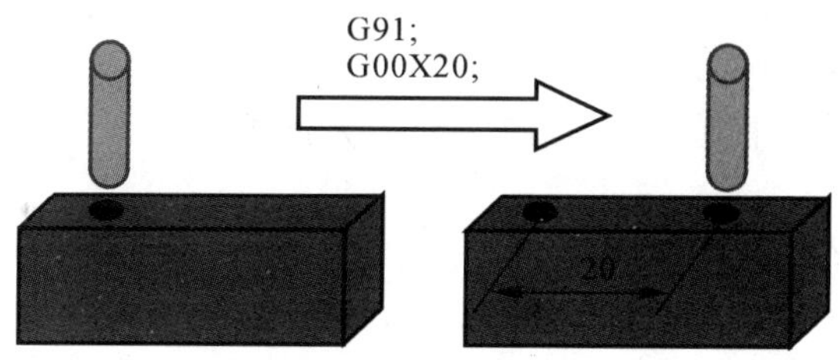

图 6－20　X 轴向快速移动 20 mm

2. G01 直线插补指令,加工指令

格式如下:

G01X±_____;

G01Y±_____;

G01Z±_____;

G01X±___Y±___Z±___;(最多三联动,包括C轴)。

电火花成形加工的工艺方法一般指的是一个从粗到精的加工过程,且多数为沿Z—方向加工,其指令为G01Z—_____;也可进行侧向加工,例如:G01X_____;或G01Y—_____;斜向加工,例如:G01X___Z—_____;或G01Y—___Z—___;G01X___Y___Z—____;。

3. G02(G03)顺(逆)时针圆弧插补,加工指令

顺时针、逆时针圆弧插补如图6-21所示。格式如下:

G02(G03) X±___Y±___I±___J±___;

G02(G03) X±___Z±___I±___K±___;

G02(G03) Y±___Z±___J±___K±___;

其中X,Y,Z指的是本段圆弧的终点坐标,I,J,K指的是圆心相对于起点在X,Y,Z方向的坐标。圆弧插补指令一般用在平动加工中。

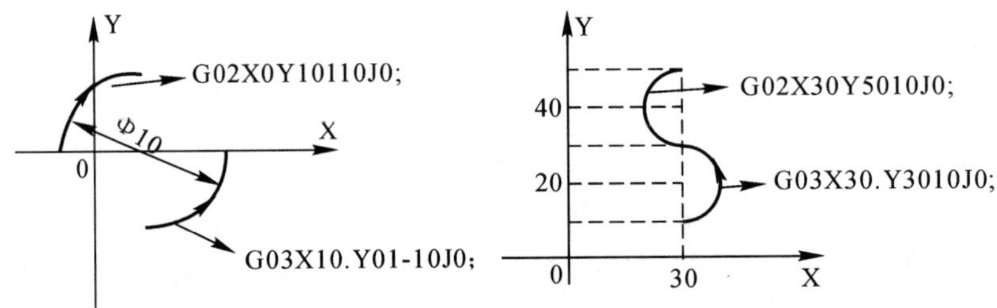

图6-21 顺时针、逆时针圆弧插补

4. G17~G19平面选择指令

G17为XOY平面;G18为XOZ平面;G19为YOZ平面。平面选择指令一般用在平动平面的选择上。平面与所选择的加工轴方向垂直。

如图6-22所示,沿着Z方向加工,则应选取G17指令;沿着Y方向加工,则应选取G18指令。

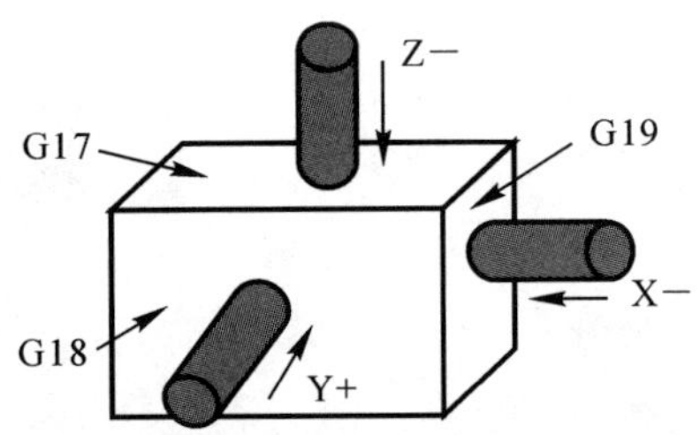

图6-22 平面选择指令示意

5. G30,G31,G32抬刀指令

G30:指定抬刀轴向,格式为G30Z±;G30X±;G30Y±(±号任选其一,且+号不能省略。方向与加工方向相反)。

G31:按加工路径的反方向抬刀,格式为G31;一般用在斜向加工、圆弧加工或加工方向变化的地方,如图6-23、图6-24所示。

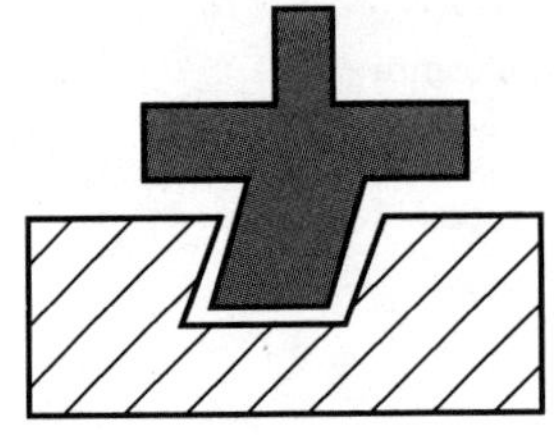

图6-23 斜孔加工

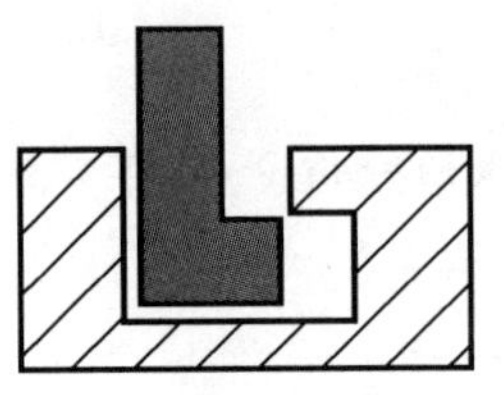

图6-24 先向下加工再向右加工

G32：回平动中心后抬刀，格式为 G32；一般用在伺服平动加工中，如图 6－25 所示。

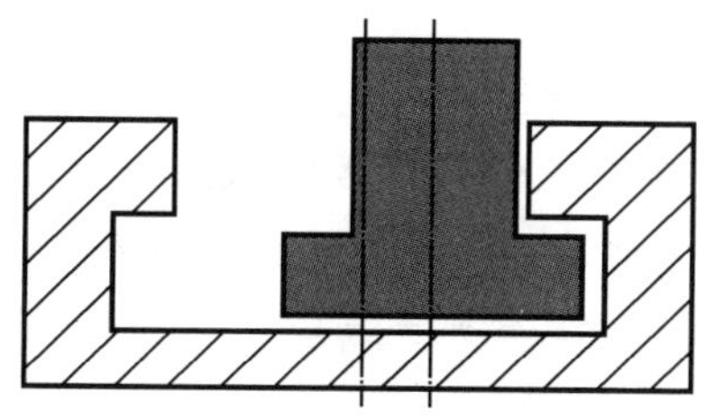

图 6－25　平动加工

6．G54～G59 坐标系选择指令

该机床共提供了 6 个工作坐标系，一般情况下只用一个坐标系。

提供多坐标系的目的：一是重复记忆，主要是为了防止误操作丢掉加工原点；二是坐标系嵌套，即在一个程序中采用多个工作坐标系记忆多个工作起点。

7．G80～G82，G86 指令

G80：接触感知指令。用来找边，确定加工位置。格式：G80X±；G80Y±；G80Z±；（正负号任选其一，且正号不能省略）。

G81：移到机床的极限。用于机床回原点，机床原点在机床的 X，Y，Z 的正限位。格式：G81X±；G81Y±；G81Z±；（正负号任选其一，选正号不能省略）。

G82：移到当前屏幕显示坐标的一半。用于找中心。格式：G82X；G82Y；。

G86：定时加工指令。格式：G86X＊＊＊＊＊＊；G86T ＊＊＊＊＊＊；X 代表从本段加工一开始就计时，深度不到时，到指定时间后结束，深度到时不到时间也结束；T 代表加工到深度后再延时，到指定时间后结束。其后的六位数两位一组，分别代表时、分、秒。例如：G86X013000；指延时加工 1 小时 30 分。

8．G90～G92 指令

G90：绝对坐标指令。即总是移到目标点所指定的坐标位置，与起点的位置无关。

G91：相对坐标指令。按指定的量移动，与起点有关。

G92：设加工起点的坐标。格式为 G92X____Y____Z____；可把加工起点设定为 0，也可设为非零值。例如想把电极当前位置的 X，Y，Z 坐标都设为零，则执行 G92X0Y0Z0 即可，若想把当前电极位置设为（100，50，1），则执行 G92X100. Y50. Z1. 即可，如图 6－26 所示。

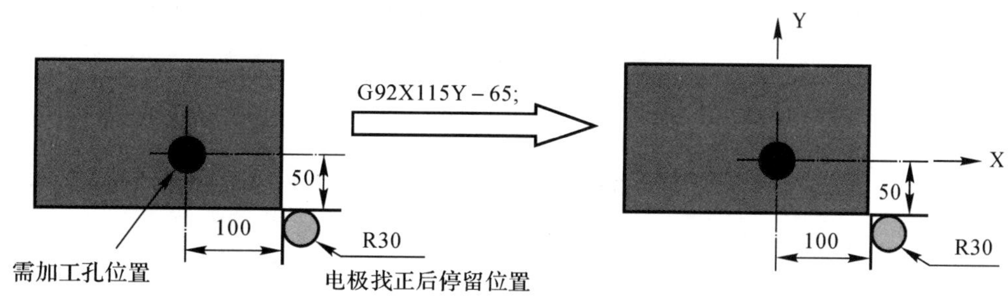

图 6－26　设置加工起点

9. M 系列指令

M00:暂停。

M02:程序结束。一个完整的程序最后一定要有 M02 表示程序结束,并让机床复位。

M05:接触感知忽视。当电极与工件处于接触状态时,为了保证电极在移动时不出现“接触感知”报警,需使用 M05 指令。例如,在加工过程中换条件时。

M98:调用子程序。格式为 M98P＊＊＊＊L＊＊;其中 P＊＊＊＊为子程序号,L＊＊为调用次数,调用一次时可省略 L01 代码。

M99:子程序调用结束。一个完整的子程序结束时,一定要在最后写上 M99。

10. 其他指令

T84:开油泵。

T85:关油泵。

C＊＊＊:加工条件代码。从 C000 到 C999 共有 1 000 个条件代码,其中 C000 到 C099 为用户使用区,其余为机床内部使用。每个条件代码都代表一组放电参数。

H＊＊＊:变量代码。从 H000 到 H999 共 1 000 个,可进行赋值,也可进行运算。

二、加工程序的应用

1. 加工程序的结构

例 6-1 用 C109,C106 两个条件加工一个 5 mm 深的孔,加工深度分别为 4.8 mm,4.95 mm,编制一个加工程序,不要求修光侧面。

按一般格式编制如下:

T84;	开油泵
G54 G90 G92 X0 Y0 Z1.0;	选工作坐标,设加工起点
G30 Z+;	指定抬刀方向
G00 Z0.5;	快速定位电极至工件表面 0.5 mm 的地方
C109;	选取加工条件
G01 Z−4.8;	沿 Z 负方向加工 4.8 mm 深
M05 G00 Z0.5;	忽略感知、快速抬起电极至距工件表面 0.5 mm 的高度
C106;	换加工条件为 C106
G01 Z−4.95;	换条件后向下加深一点深度
M05 G00Z1.0;	忽略感知、快速抬起电极至距工件表面 0.5 mm 的高度
T85 M02;	关油泵,程序结束

按自动编程生成的程序格式编制如下:

T84;	
G54 G90 ;	G92 X0 Y0 Z1.0 设起点指令为了安全起见一般不写
G30 Z+;	
H970=5.0;	H970 一般用来代表理论加工深度
H980=1.0;	H980 一般用来代表电极换加工条件时抬起的高度
G00 Z0+H980;	不管电极加工前距工件表面多高,均先快速定位至 H980 指定的高度

```
M98 P0109;              调用编号为 N0109 的子程序
M98 P0106;              调用编号为 N0106 的子程序
T85 M02;                关油泵,程序结束
;
N0109;                  子程序号
G00 Z0.5;
C109;                   选用加工条件
G01 Z0.2-H970;          沿 Z 方向向下加工,加工深度为理论深度扣除一个 0.2
                          mm 的间隙
M05 G00 Z0+H980;        以忽略感知的方式快速抬至距工件表面 1 mm 的地方
M99;                    子程序调用结束
;
N0106;                  换条件后的另一个子程序。注意,子程序号与放电条件号
                          一致以便阅读
G00 Z0.5;
C106;
G01 Z0.05-H970;
M05 G00 Z0+H980;
M99;
```

2. 圆形的自由平动加工程序

具体相关工艺参数:

停止位置:1.000 mm;加工轴向:Z—;材料组合:铜—钢;加工电参数选择:标准值;加工深度为 10.000 mm;尺寸公差为 0.600 mm;表面粗糙度值 R_a=2.000 μm;平动方式:打开;型腔数为 0;零件加工部位的投影面积为 3.14 cm^2;自由圆形平动:平动半径为 0.30 mm。

具体加工程序如下:

```
T84;
G90;
G30 Z+;
H970=10.0000;(machine depth)
H980=1.0000;(up-stop position)
G00 Z0+H980;
M98 P0130;
M98 P0129;
M98 P0128;
M98 P0127;
M98 P0126;
M98 P0125;
T85 M02;
;
N0128;
G00 Z+0.5;
C128 OBT001 STEP0188;
G01 Z+0.140-H970;
M05 G00 Z0+H980;
M99;
;
N0127;
G00 Z+0.5;
C127 OBT001 STEP0212;
G01 Z+0.110-H970;
M05 G00 Z0+H980;
M99;
```

```
N0130;
G00 Z+0.5;
C130 OBT001 STEP0070;
G01 Z+0.230-H970;
M05 G00 Z0+H980;
M99;
N0129;
G00 Z+0.5;
C129 OBT001 STEP0148;
G01 Z+0.190-H970;
M05 G00 Z0+H980;
M99;
;
;
N0126;
G00 Z+0.5;
C126 OBT001 STEP0244;
G01 Z+0.070-H970;
M05 G00 Z0+H980;
M99;
;
N0125;
G00 Z+0.5;
C125 OBT001 STEP0272;
G01 Z+0.027-H970;
M05 G00 Z0+H980;
M99;
```

3. 多孔位加工程序

具体相关工艺参数：

停止位置：1.000 mm；加工轴向：Z—；材料组合方式：铜—钢；电参数选择：标准值；加工深度为 10.000 mm；尺寸公差为 0.600 mm；表面粗糙度值 $R_a=7.4\ \mu m$；零件加工部位的投影面积为 3.14 cm^2；平动方式：打开；型腔数为 4；伺服圆周平动：平动半径为 0.30 mm。

形腔 01 X=0Y=0

形腔 02 X=100 Y=0

形腔 03 X=100 Y=100.0

形腔 04 X=0Y=100.0

具体加工程序（为便于阅读，指令间加了空格，实际编程是不需空格的）如下：

```
T84;
G90;
G30 Z+;
H970=10.0000;(machine depth)
H980=1.0000;(up-stop position)
G00 Z0+H980;
G00 X0.000;
G00 Y0.000;
M98 P0130;
G00 X100.000;
G00 Y0.000;
M98 P0130;
G00 X100.000;
G00 Y100.000;
M98 P0130;
G00 X0.000;
G00 Y100.000;
M98 P0129;
T85 M02;
;
N0130;
G00 Z+0.5;
C130 OBT000;
G01 Z+0.230-H970;
H910=0.070;
H920=0.000;
M98 P9210;
G30 Z+;
M05 G00Z0+H980;
```

```
G00 X0.000;
G00 Y100.000;
M98 P0130;
;
G00 X0.000;
G00 Y0.000;
M98 P0129;
G00 X100.000;
G00 Y0.000;
M98 P0129;
G00 X100.000;
G00 Y100.000;
M98 P0129;
M99;
;
N0129;
G00 Z+0.5;
C129 OBT000;
G01 Z+0.110-H970;
H910=0.190;
H920=0.000;
M98 P9210;
G30 Z+;
M05 G00 Z0+H980;
M99;
```

4. 圆周上多孔加工程序

用片状电极加工均布在一个圆周上多个槽的程序，以三个槽为例说明。

```
T84;
G90 G54 G92 X0 Y0 Z1.0 U0;
G30 Z+;
H970=5.
H980=1.
M98 P0109;
G00 U120;
M98 P0109;
G00 U240;
M98 P0109;
G00 U0
M98 P1000;
G00 U120;
M98 P1000;
G00 U240;
M98 P1000;
G00 U0;
T85 M02;
;
N1000;
M98 P0109;
M98 P0108;
M98 P0107;
M98 P0106;
N0108;
G00 Z0.5;
C108;
G01 Z0.14-H970;
M05 G00 Z0+H980;
M99;
;
N0107;
G00 Z0.5;
C107;
G01 Z0.095-H970;
M05 G00Z0+H980;
M99;
;
N0106;
G00 Z0.5;
C106;
G01 Z0.06-H970;
M05 G00 Z0+H980;
M99;
;
N0105;
G00 Z0.5;
C105;
```

```
M98 P0105;
M98 P0104;
M99;
;
N0109;
G00 Z0.5;
C109;
G01 Z0.2－H970;
M05 G00 Z0＋H980;
M99;
G01 Z0.055－H970;
M05 G00 Z0＋H980;
M99;
;
N0104;
G00 Z0.5;
C104;
G01 Z0.025－H970;
M05 G00 Z0＋H980;
M99;
```

6.5 电火花成形加工实例

[实例一]

如图 6－27 所示，要求加工零件中孔 Φ15，深度为 5 mm，表面粗糙度 R_a 为 1.6 mm。

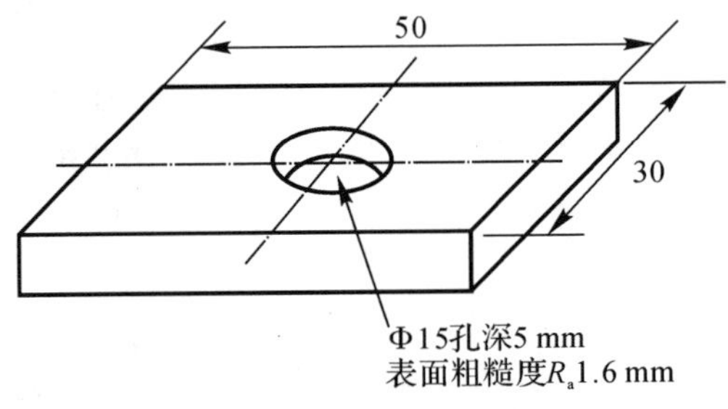

图 6－27　加工零件

确定电极尺寸收缩量，本例加工面积为 1.77 cm²，由加工参数表，按低损耗确定第一个条件用 C109，由其安全间隙确定电极收缩量为 0.4 mm。

零件装夹找正把零件放在磁力吸盘上，按以下图示的步骤操作。

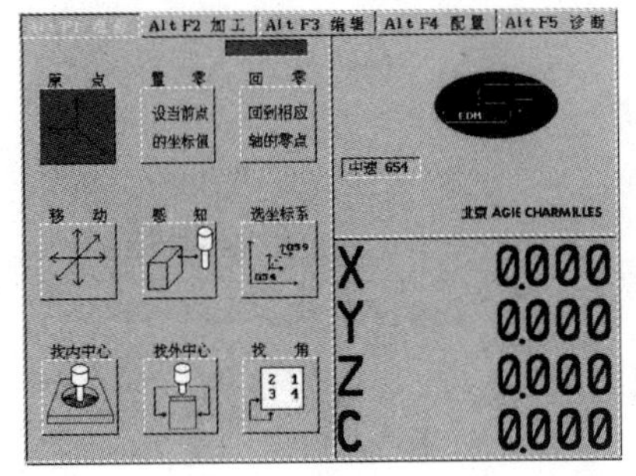

开始

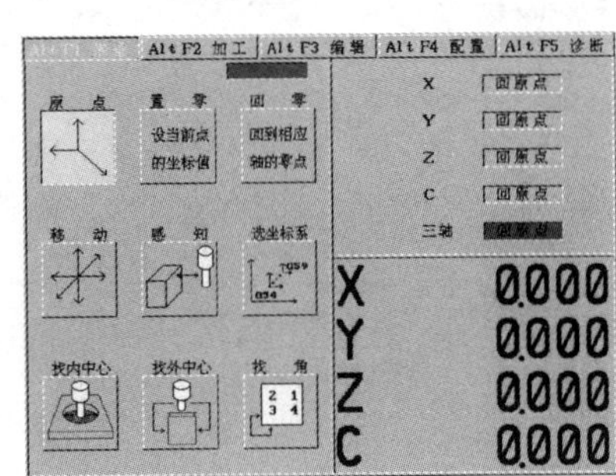

按 F1 键后在“三轴”处回车

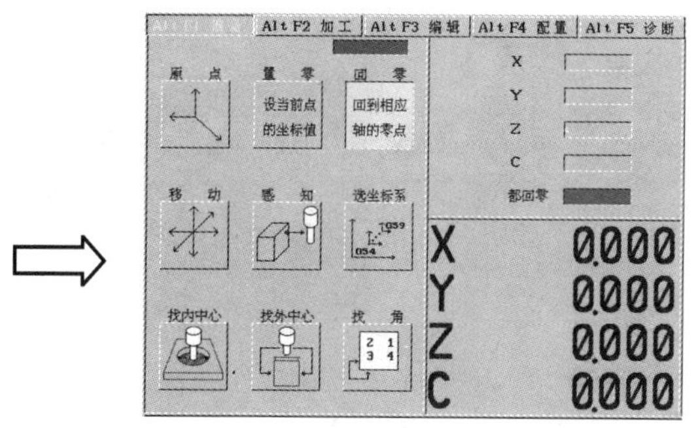

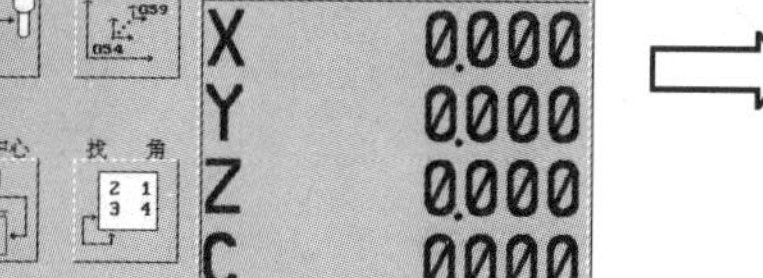

按 F3 键后选一种方式回车　　　　按 F4 键或屏幕放在任一子功能上

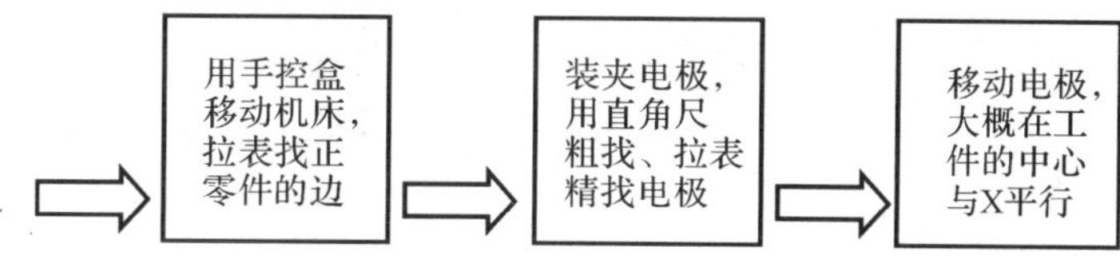

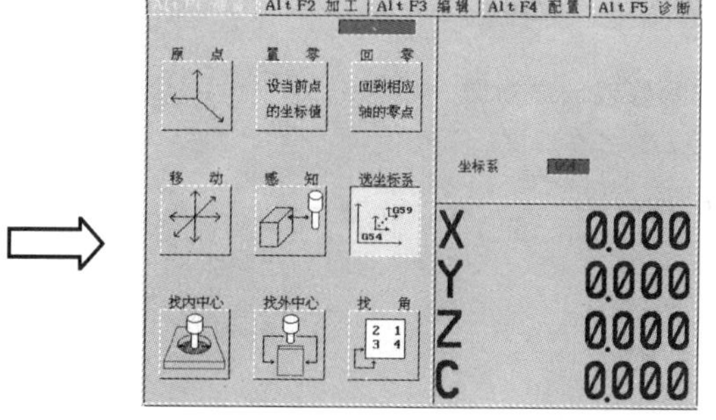

按 F6 键后，用空格选 G54 做工作坐标系

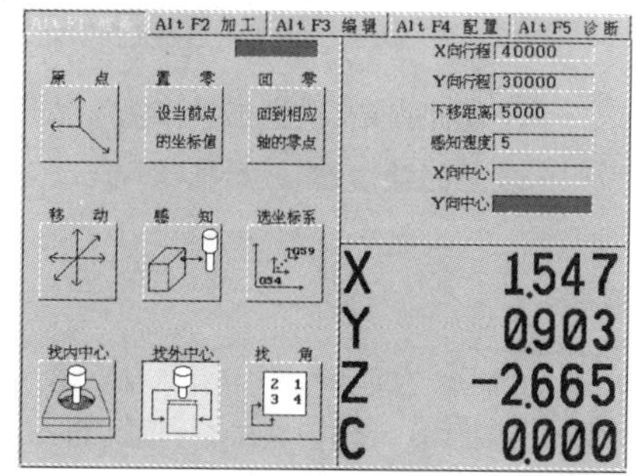

按 F8 键后再按屏幕示值输入，分别把光标移到 X、Y 向中心后，按回车执行

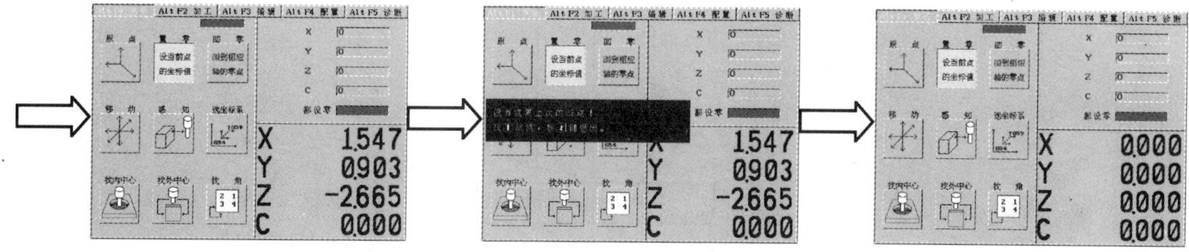

按 F2 键进入置零　　　　回车执行时出现确认提示　　　　按手控盒上的继续键后再回车

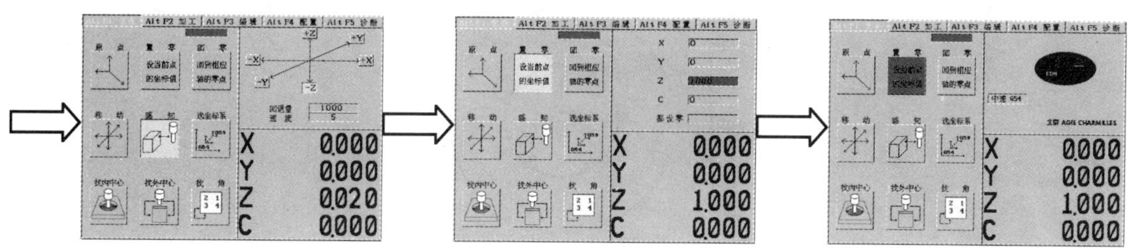

按 F5 键选一z 感知　　　　按 F2 键后光标到 z，输入 1 mm，回车两次　　　　按 F10 键退出子功能

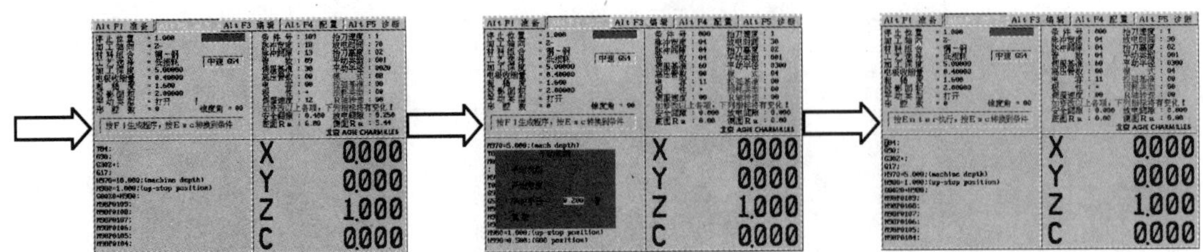

按 ALT 键＋F2 键进入加工屏，按屏幕示值输入后按 F1 键

在出现的小对话框中输入平动数据

按 F10 键后，生成程序，按 F8 键让程序弹出，按回车键即可加工

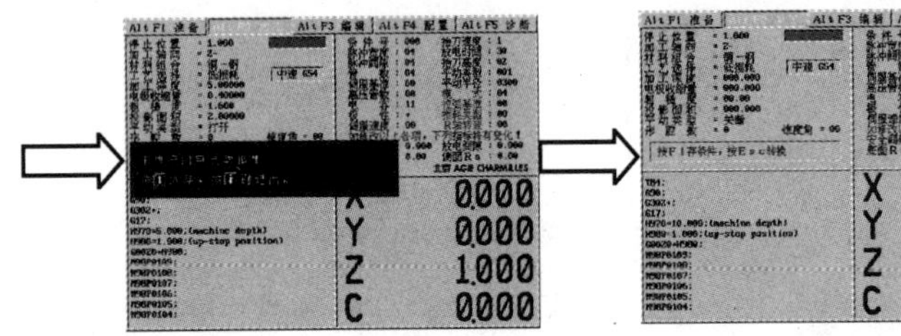

加工中掉电或关机后接着加工时,先回原点,再回零,然后在加工屏把光标放在程序开头按回车从头执行。已加工的程序会空走过去。

出现此提示，确认后按手控盒上的继续键，开始加工

加工过程中要修改放电参数，按“ESC”光标跳到参数区，修改后再按“ESC”有效

［实例二］

加工如图 6－28 所示零件上的三个槽。

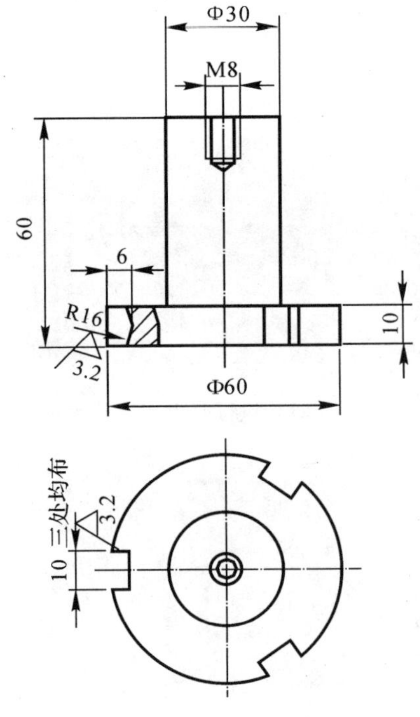

图 6－28　加工槽型

具体加工流程如下：

1. 电极的制作

为了提高效率，做二个电极，粗加工电极可选比实际面积大的条件来考虑电极收缩量，粗加工电极收缩量选 0.4 mm，精加工电极收缩量选 0.2 mm。

2. 工艺过程的制定

本例选 C130 为第一个条件，最后一个条件按 R_a 为 3.2 μm 的要求选 C126。粗加工由 C130 打至 C129，精加工由 C128 打至 C126。

3. 电极、工件的装夹找正

此零件加工过程中要转位，要用带 C 轴的机床，工件装在主轴上，电极装在工作台上。在 C 轴端通过转接板安装可调夹头，工件通过一个电极连接杆装在可调夹头上。两个电极隔开一定的距离，找正平行后用 502 胶粘在磁力吸盘上，为了找正，还需要安装一个基准球，如图 6-29 所示。

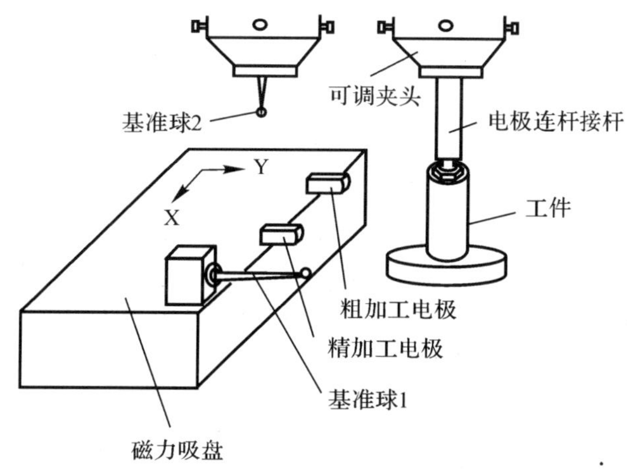

图 6-29 基准球的安装

4. 找正基准球 1 与两个电极的 X 方向距离

(1) 在可调夹头上装基准球 2。

(2) 在“准备”屏选“找外中心”功能，分别找出基准球 1、粗加工电极、精加工电极的中心，记录基准球 1 与粗加工电极、两电极之间的距离。

5. 装夹工件并找正

(1) 取下基准球 2，装上工件，拉表找正垂直。

(2) 选 G54 为当前坐标系。

(3) 用基准球 1 找正工件 Φ60 外圆的 X 向中心，再用“感知”沿 Y+找正加工部位表面，然后把当前坐标全部置零。

(4) 选“移动”功能让 C 轴旋转 120°，注意旋转时估算偏心距先让 Y 移开一点，选 G55 为当前坐标系重复(3) 的过程。

(5) 再让 C 轴旋转 120°，选 G56 为当前坐标系重复(2) 的找正过程。

(6) 回到 G54 坐标系，选绝对方式，先把 U 坐标移回零，再按测定的“基准球 1 与粗加工电极的距离”值移动工件到粗加工电极处，然后用粗加工电极感知出 10 mm 厚度方向的中心，

沿 Y＋方向感知 Φ60 外圆表面，记下此时的 Y 坐标，若感知回退量为 1 mm，则把当前(X，Y，Z) 设为(0，0，－1.）。

(7) 回到 G55 坐标系，选绝对方式，把 X，Y 坐标移动到上一个坐标系置零前的 X，Y 坐标位置，即 X 轴移动到测定的“基准球 1 与粗加工电极的距离”值位置，Y 轴移到 G54 沿 Y＋感知后记录的值，然后把(X，Y，Z) 设为(0，0，－1.）。

(8) 回到 G56 坐标系，重复(7) 选坐标系后的操作。

6. 编制程序

按下面所示程序，在“编辑”屏输入程序。为了方便，可先利用自动编程生成一个由 C130 调到 C126 的程序，再来修改。

```
T84；
G54 G90；
G30Y＋；
G18；
H970＝6.0；(machine depth)
H960＝(两电极之间的距离)；
H980＝10.000；(up-stop position)
G00X0；
G00Y0＋H980；
G00U0；
M98P1130；
G55 G90；
G00X0；
G00Y0＋H980；
G00U0；
M98P1130；
G56 G90 ；
G00X0；
G00Y0＋H980；
G00U0；
M98P1130；

G54 G90；
G00X0－H960；
G00Y0＋H980；
G00U0；
M98P1128；
G55 G90；
G00X0－H960；
G00Y0＋H980；
G00U0；
M98P1128；
G56 G90 ；
G00X0－H960；
G00Y0＋H980；
G00U0；
M98P1128；
G54 G90；
G00X0；
G00Y0＋H980；
G00U0；
T85 M02；

N1130；
M98P0130；
M98P0129；
M99；
N1128；
M98P0128；
M98P0127；
M98P0126；
M99；
N0130；
G00Y0.500；
C106 OBT000 STEP0000；
G01 Y0.23－H970；
M05 G00Y0＋H980；
M99；
N0129；
G00Y0.500；
C106 OBT000 STEP0048；
G01 Y0.19－H970；
M05 G00Y0＋H980；
M99；
；

N0128；
G00Y0.500；
C106 OBT000 STEP0000；
G01 Y0.14－H970；
M05 G00Y0＋H980；
M99；
；
N0127；
G00Y0.500；
C106 OBT000 STEP0012；
G01 Y0.11－H970；
M05 G00Y0＋H980；
M99；
；
N0126；
G00Y0.500；
C106 OBT000 STEP0070；
G01 Y0.03－H970；
M05 G00Y0＋H980；
M99；
；
```

7. 放电加工

定好液面高度，屏幕切换至“加工”屏，按 F8 键让光标弹至 T84 处，按回车即可加工。

程序编好后，为了确认是否有错，可空加工一遍，方法是把 Z 轴抬高 50 mm，再把 G54，G55，G56 的 Z 坐标清零，执行程序；确认无误后，再把 Z 轴向下移动 50 mm，重新把这三个坐标系 Z 轴清零。

[实例三]

学生上机，实际操作训练加工零件。

(1) 加工一个距零件直角边有一定尺寸要求的孔。具体尺寸根据毛坯外形尺寸和电极的

尺寸大小确定。要求加工深度为 2 mm，表面粗糙度 R_a 为 1.6 μm。如图 6－30 所示。

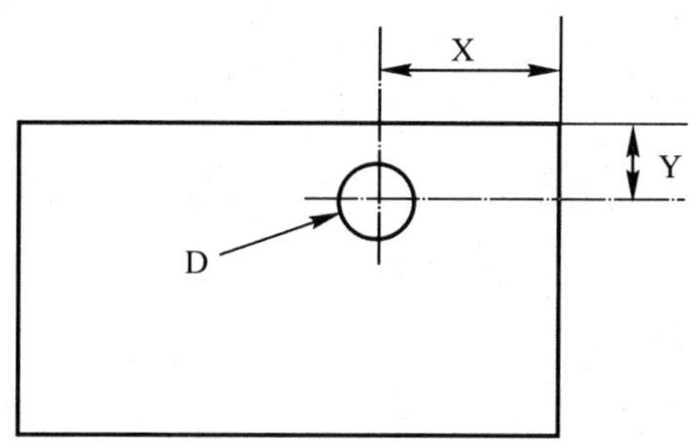

图 6－30　加工零件上的孔

(2) 在一块方形金属板上加工 4 个型腔，练习多型腔加工的编程方法和了解多型腔加工的过程。

(3) 利用平动加工的方法加工一段螺纹。

(4) 练习一个加工过程：Z 轴先向下加工 10 mm 深，然后 X 轴向负加工 5 mm。

(5) 手工编制一段加工斜孔的程序，以 X，Z 联动来加工，深度自己确定。

(6) 手工编制一个长 30、宽 15 的长方形电极加工程序，电极正放，要求清角。

第 7 章

数控电火花线切割加工

7.1 电火花线切割加工的原理、特点和应用

自从电火花加工机床投入实际应用以来已经有 50 多年的时间,电火花加工机床的产量随着模具生产量的增加而相应增长。由于在各种模具的加工中,难加工材料增加以及加工形状变得更加复杂,电火花加工机床已经成为通用机床,而不再是特殊的专用加工设备。

电火花线切割加工是利用移动的细金属丝作工具电极,按预定的轨迹进行脉冲放电切割。按线电极移动的速度大小分为高速走丝线切割和低速走丝线切割。国外主要采用低速走丝线切割,我国普遍采用高速走丝线切割,近年来也在发展低速走丝线切割。高速走丝时,线电极是直径为 Φ0.02～Φ0.3 的高强度钼丝;钼丝往复运动的速度为 8～10 m/s。低速走丝时,多采用铜丝,线电极以小于 0.2 m/s 的速度作单方向低速移动。

电火花线切割工作时,脉冲电源的一极接工件,另一极接缠绕金属丝的储丝筒。如果切割内封闭结构零件,电极丝须先穿过工件上预加工的工艺小孔——穿丝孔,再经导轮由储丝筒带动作正、反向的往复移动。工作台在水平面两个坐标方向按各自预定的控制程序,根据放电间隙状态作伺服进给移动,合成各种曲线轨迹,把工件切割成形。与此同时,工作液不断喷注在工件与钼丝之间,起绝缘、冷却和冲走屑末的作用。

快走丝线切割加工机床一般分成数控电源柜和主机两大部分,电柜主要由管理控制系统、高频电源和伺服驱动等部分组成;主机主要由 X,Y 轴(有的带 U,V 轴) 、工作台、丝筒、立柱(或丝架) 、工作液箱等部分组成,其结构如图 7 - 1 所示。

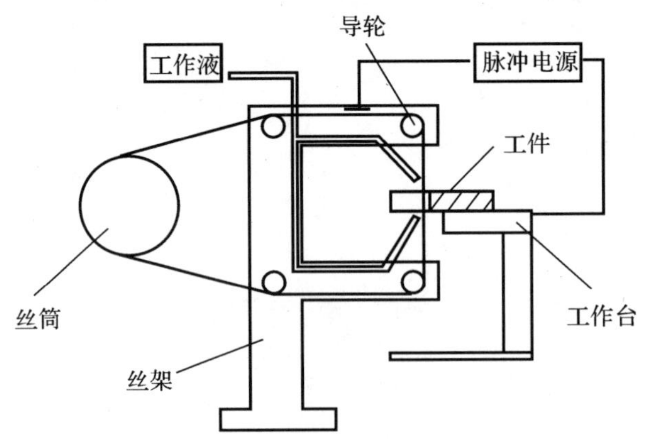

图 7 - 1 快走丝线切割机床结构示意图

与电火花成形加工不同的是，线电极在切割时，只有当电极丝和工件之间保持一定的轻微接触压力时，才形成火花放电。由此可以推断，在电极丝和工件间必然存在某种电化学作用产生的绝缘薄膜介质，当电极丝相对工件移动摩擦和被顶弯所造成的压力使绝缘薄膜减薄到可以被击穿的程度，才发生火花放电。放电产生的爆炸力使钼丝或铜丝局部振动而暂时脱离接触，但宏观上仍属轻压放电。电火花线切割加工不需要制作成形电极，而是用运动着的金属丝作电极，利用电极丝和工件的相对运动切割出各种形状的工件，若使电极丝相对于工件进行有规律的倾斜运动，还可以切割出带锥度的工件。

与电火花成形加工比较，电火花线切割加工有以下特点：

(1) 不需要制造成形电极，工件材料的预加工量小。

(2) 能方便地加工出复杂形状的工件、小孔、窄缝等。

(3) 脉冲电源的加工电流小，脉冲宽度较窄，属中、精加工范畴，一般采用负极性加工，即脉冲电源的正极接工件，负极接电极丝。

(4) 由于电极丝是运动着的细长金属丝，所以单位长度电极损耗很小。对于切割面积较小的工件，电极损耗带来的误差也很小。

(5) 只对工件进行平面轮廓加工，故材料的蚀除量小，余料还可以利用。

(6) 工作液选用乳化液，而不是煤油，成本低又安全。

线切割时，电极丝不断移动，其损耗很小，因而加工精度较高。其平均加工精度可达 0.01 mm，大大高于电火花成形加工。表面粗糙度 R_a 值可达 1.6 μm 或更小。国内外绝大多数电火花线切割机床都采用了微机数控系统，实现了电火花线切割的数控化。

目前，数控电火花线切割加工广泛用于加工各种冲裁模(冲孔和落料用)、样板以及各种形状复杂的型孔、型面和窄缝等。此外，数控电火花线切割加工还可以进行表面强化。

7.2　数控电火花线切割机床及其操作

一、数控电火花线切割机床

如图 7-2 所示为数控电火花线切割机床的外观图。该机床属于高速走丝线切割机床，主要由床身和控制部分组成，采用计算机控制，可实现 X，Y，U，V 四轴联动，通过 LAN 局域网或软驱，能与其他计算机或控制系统方便地进行数据交换，加工放电参数可自动选取与控制，采用国际通用的 ISO 代码编程，亦可使用 3B/4B 格式，并配有 CAD/CAM 系统。

该机床可实现的主要系统功能：镜像加工，常规锥度切割，比例缩放，上下异形切割，单段运行，四轴联动切割，程序编辑，自动电极丝半径补偿，模拟运行，加工条件自动转换，1/2 移动，丝杠螺距补偿，接触感知，丝找正，公英制转换，图形实时跟踪，自动找孔中心，中、英、印尼、日、葡、法、西班牙文界面，图形描画，各模块的直接进入，X—Y 轴交换，在线操作提示，子程序调用。

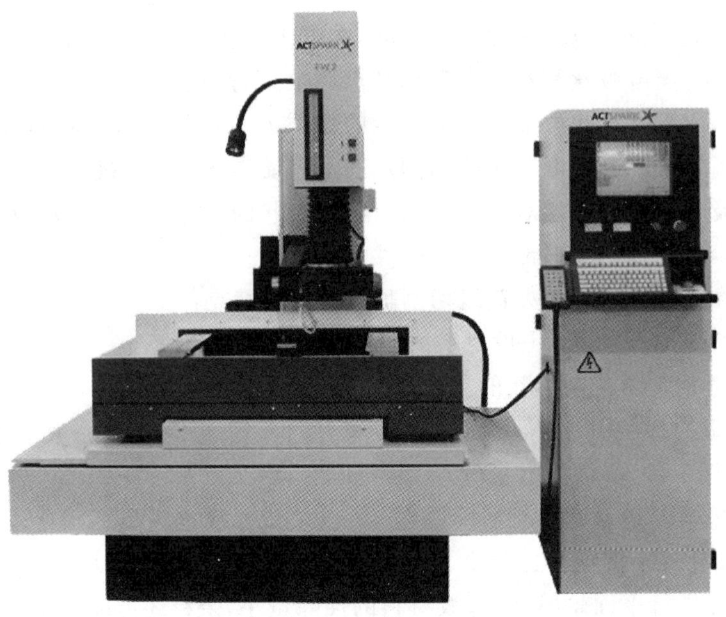

图 7-2　数控电火花线切割机床外观

二、手控盒

如图 7-3 所示为该机床的手动控制盒面板。

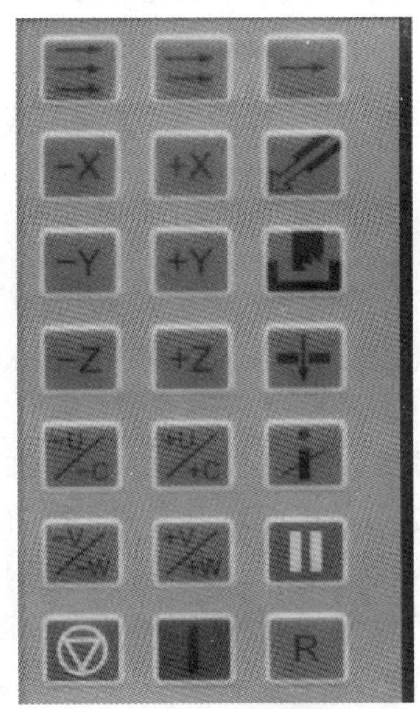

图 7-3　手控盒面板

手控盒面板中的符号含义如表 7-1 所示。

表 7-1　手控盒面板符号的含义

面板符号	含　义
⇉(三箭头)	点动高速挡
⇉(双箭头)	点动中速挡,开机时为中速
→	点动单步挡
+X　-X +Y　-Y +Z　-Z +U/+C　-U/-C +V/+W　-V/-W	点动移动键。指定轴及运动方向 机床坐标定义如下:面对机床正面,工作台向左移动(相当于电极丝向右移动)为+X,反之为-X;工作台移近工作者为+Y,远离为-Y;U 轴与 X 轴平行,V 轴与 Y 轴平行,方向定义与 X,Y 轴相同
	PUMP 键:加工液泵开关。按下开泵,再按停止
	WR 键:启动或停止丝筒运转。按下运转,再按停止
	HALT(暂停) 键:在加工状态,按下此键将使机床动作暂停
R	RST(恢复加工) 键:加工中按暂停键,加工暂停,按此键恢复暂停的加工
i	ACK(确认) 键:在出错或某些情况下,其他操作被中止,按此键确认
	OFF 键:中断正在执行的操作
	ENT 键:开始执行 NC 程序或手动程序

三、操作键盘

机床的操作键盘和通用的键盘基本一致,在使用过程中,所有字符都以大写的形式出现在屏幕上。当两个字符占用一个键时，该键上面所示字符的输入必须和 Shift 键一起使用，如“＋”号，必须同时按 Shift 和“＋”。如果输入的字符不对，可按 Num Lock 键使之转换。

操作系统中的光标根据需要以及方便程度，设有覆盖和插入两种方式。移动光标的符号含义如表 7－2 所示。

表 7－2　移动光标符号的含义

移动光标符号	含　义
↑	光标移到上一行
↓	光标移到下一行
→	光标右移一列
←	光标左移一列
Home(Ctrl_H)	光标移到一行的行首
End(Ctrl_E)	光标移到一行的行尾
PgUp	光标上翻一页
PgDn	光标下翻一页
Bs	光标移到前一个字符处，并删除该字符
Enter	用来执行程序及在编辑状态光标回到下一行开始处等

四、手动模式

开机后，计算机首先进入“手动模式”屏。在其他模式下，按“手动”所对应的 F 功能键，可返回手动模式。手动模式最多可两轴(X，Y) 直线加工。

1．手动程序输入

在手动程序输入过程中，请参考“格式说明区”所提示的格式，在“程序区”输入简单的程序，最多可输入 51 个字符，按回车键执行。如果程序的格式不对，会有错误信息提示，按 ACK 键解除后重新输入。

数据的单位为 μm 或 0.000 1 in，有小数点则为 mm 或 in。

感知(G80)：实现某一轴向的接触感知动作。例如：G80X－↵，X 负方向感知。在感知前，应将工件接触面擦干净，并启动丝筒往复运行两次，使丝上沾的工作液甩净，这有助于提高感知精度。

设原点(G92)：设置当前点的坐标值。

极限(G81)：指定轴运动到指定极限。例如：G81U＋↵，U 轴移动到正极限。

半程(G82)：指定轴运动到当前点与坐标零点的一半处。例如：Y 轴当前坐标是 100，输入 G82Y ↵，Y 轴移动到 50 处停止。

移动(G00)：移动轴到指定位置，最多可输入两轴。例如：G00X－1000Y ↵，在绝对坐标系，移动到坐标 X－1 mm，Y0 点处；在增量坐标系，X 向负方向移动 1 mm，Y 不动。

加工(G01)：可实现 X，Y 轴的直线插补加工，加工中可修改条件和暂停、终止加工。在“自动”模式设置的无人、响铃及增量、绝对状态有效，而模拟、预演状态无效。镜像、轴交换、旋

转等功能不起作用。

2. 功能键

置零(F1)：按 F1 键进入置零状态，参照提示按相应键将选定的轴置零，然后按 F1 键返回。

起点(F2)：回到“置零”所设的零点或在程序中 G92 所设定的点，以最后一次的设置为准。在回起点的过程中，如有感知、到极限发生，运动暂停并显示错误信息，解除后可继续。

中心(F3)：找内孔中心。注意，若丝筒压住换向开关，应用摇把将丝筒摇离限位，否则无法找中心。

找正(F4)：可借助手控盒及找正块校正丝的垂直。将找正块擦干净，选定位置放好，移动 X(Y) 轴接近电极丝，至有火花，然后移动 U(V) 轴，使火花上下一致。

条件(F5)：非加工时，按 F5 进入加工条件屏，可输入 C001～C020，C101～C120 等 200 个加工条件，其中 C021～C040，C121～C140 为用户自定义加工条件，其余为系统固定加工条件。

各条件均可编辑、修改：移动光标到欲修改处，输入两位数或者一位数加回车。如果希望保存所做修改，就按 ALT＋8 键存储。如果只是临时修改，就不必存储，关机后所做修改即失效。

在加工中，按 F5 键进入加工条件区，可修改当前加工条件，再按 F5 键退出，修改的条件仅对本次加工生效。

如果希望恢复系统原始的加工条件，就按 ALT＋9 键。

加工条件各项具体含义如下：

ON：设置放电脉冲时间，其值为 ON＋1 μs，最大为 32 μs。

OFF：设置脉冲间歇时间，其值为(OFF＋1) ×5 μs，最大为 160 μs。

IP：设置管数，控制脉冲峰值电流，0.5～9.5。关于 0.5 只管子的选择，小数点后数值在 0～4之间，认为是 0；在 5～9 之间，则认为是 0.5。接触感知时，IP 为 0.5。

SV：设置间隙电压，以稳定加工，最大值为 7。

GP：矩形脉冲和分组脉冲的选择，最大值为 2。0 为矩形脉冲；1 为分组脉冲Ⅰ；2 为分组脉冲Ⅱ。

V：电压选择，只能在非加工状态下修改，最大值为 1。0 为常压选择；1 为低压选择，接触感知时自动选取。

3. 参数(F6)

非数字项可用空格键选择。

语言：有汉、英、印尼、西班牙、日本、葡萄牙、法等 7 种语言。

尺寸单位：有公制、英制。

过渡曲线：分圆弧过渡和直线过渡两种。

X 镜像：X 坐标的“＋”、“－”方向对调，ON 为对调，OFF 为取消。

Y 镜像：Y 坐标的“＋”、“－”方向对调，ON 为对调，OFF 为取消。

X—Y 轴交换：X，Y 坐标对换，ON 为交换，OFF 为取消。

下导丝轮至台面的距离：在出厂前已测量并设定，不要修改。

工件厚度：按实际值输入。

台面至上导丝轮的距离:依据 Z 轴标尺的值输入。

缩放比率:编程尺寸与实际长度之比。

退出“参数”时,机床自动存储各项参数。若在自动加工中掉电,则上电后,镜像、交换保持掉电前的状态;若不是在自动加工中掉电,则上电后,镜像、交换状态为 OFF。

五、编辑模式(F10)

1. NC 程序的编辑

在此摸式下可进行 NC 程序的编辑,文件最大为 80KB,回车处自动加“;”号。

Ctrl+Y :删除光标所在处的一行。

Ins(Ctrl+I) :插入与覆盖转换键,屏幕右上角的状态显示为“插入”时,在光标前可插入字符。当状态变为“覆盖”时,输入的字符将替代原有的字符。

Enter :回车键,结束本行并在行尾加“;”号,同时光标移到下一行行首。

2. 自动显示功能

在屏幕上方,显示当前编辑状态。

文件名:当前屏幕上 NC 程序已有的标识,清除操作时,显示为空格。

行:从文件开始到光标处的总行数。

列:从光标所在行的行首到光标处的字符数。

长度:从文件开始到光标处的总字符数,每一行要多计两个字符。

状态:显示当前编辑处于“插入”还是“覆盖”状态。

3. F 功能键介绍

装入(F1) :将 NC 文件从硬盘 D 或软盘 B 装入内存缓冲区。选定驱动器后,将显示文件目录,再用光标选取文件后回车。

存盘(F2) :将内存缓冲区的 NC 文件存入硬盘 D 或软盘 B。如无文件名,会提示输入文件名。文件名要求不超过 8 个字符,扩展名“. NC”自动加在文件名后。

换名(F3) :更换文件名。如果新文件名与磁盘已有的文件重名,或文件名输入错误,将提示“替换错误”。

删除(F4) :将 NC 文件从硬盘 D 或软盘 B 中删掉。

清除(F5) :清除内存缓冲区 NC 程序区的内容并清屏。

通信(F6) :通过 RS232 接口传送和接收 NC 程序,并可打印。

按 P 进入打印状态,按提示选择好文件回车,则文件通过打印机输出。

按 O 或 I 则进入传送或接收,提示框显示一些设置项,可以用空格键修改,确定后按 ESC 键,修改内容将存入硬盘并开始传输数据。

通信时应使接收方处于接收状态,然后再行发送。电柜上的串行口为 COM2。

软盘(F7) :用 B 驱对软盘进行操作,按 F 键为格式化软盘。按 C 键为拷贝软盘。

六、自动模式(F9)

1. NC 程序的执行

(1) 首先,在编辑模式装入 NC 文件,修改好。在自动模式不能修改程序。

(2) 用 F 键预选好所需的状态,通常“无人”、“单段”为 OFF,“响铃”为 ON,“代码”为

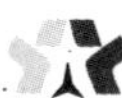

ISO。用光标键选好开始执行的程序段，一般情况下从首段开始。

(3) 加工前，建议先将“模拟”、“预演”置为 ON，运行一遍，以检验程序是否有错误。如有，会提示错误所在行。

(4) 将“模拟” 置为 OFF，开始加工。如需要暂停，按 HALT 键，再继续按 RST 键。

(5) 执行程序中按 F5 可以修改加工条件。

(6) 参数区显示的是当前状态，由程序指令决定。

(7) 按 OFF 键，程序停止运行并显示信息，可按 ACK 解除。

(8) 加工时间显示：P 为本程序已加工时间，S 为本程序段加工时间。

(9) 加工速度显示：在右下角，单位为 mm/min。

2. F 功能键介绍

无人(F1)：ON 状态，程序结束自动切断强电关机。OFF 时，不切断电源。

响铃(F2)：ON 状态，程序结束奏乐，发生错误报警。

模拟(F3)：ON 状态，只进行轨迹描画，机床无任何运动。OFF 为实际加工状态。

单段(F4)：ON 状态，执行完一个程序段自动暂停，按 RST 键执行下一段。加工中设为 ON，则在当前段结束后暂停。

条件(F5)：在加工中修改条件，与手动模式相同。

预演(F6)：ON 状态，加工前先绘出图形，加工中有轨迹跟踪，便于观察整个图形及加工位置。OFF 则不预先绘出图形，只有轨迹跟踪。

代码(F7)：选择执行代码格式，3B 或 ISO 代码，本系统一般使用 ISO 代码。

3. 掉电保护

加工中关机或断电，保护系统会发出报警声，同时将所有加工状态记录下来。再开机时，系统将直接进入自动模式，并提示：从掉电处开始加工吗？按 OFF 键退出！按 RST 键继续！

掉电后只要不动机床和工件，此时按 RST 键可继续加工。

七、自动编程系统

在手动屏或其他屏按 F8(CAM)键，即进入 SCAM 主画面。

1. CAD(F1)

按 F1 键，进入 CAD 图形绘制，详见 CAD 操作手册。

2. CAM(F2)

按 F2 键即进入自动编程模式，画面分成三栏：图形文件选择、参数设定和放电条件设定。

(1) 图形文件选择。本栏显示当前目录下所有的图形文件名，用光标选好文件名后回车，屏幕左下显示所选文件名。

(2) 参数设定。

偏置方向：沿切割路径的前进方向，电极丝向左或右偏，用空格键切换。

切割次数：可输入 1～6。但快走丝多次切割无意义，通常为 1。

暂留量：多次切割时，为防止工件掉落，暂留一定量到最后一次才切割，生成程序时在此加暂停指令。取值范围为 0～999.000 mm。

过切量：为消除切入点的凸痕，加入过切。

脱离长度：多次切割时，为改变加工条件和补偿值，需离开加工轨迹，其距离为脱离长度。

锥度角:进行锥度切割时的锥度值,单位为度(°)。

倾斜方向:锥度切割时丝的倾斜方向,设定方法和偏置方向的设定相同。

后处理文件:不同的后处理文件,可生成适合于不同控制系统的 NC 代码程序,本系统后处理文件扩展名为 pst。Strong. pst 为公制后处理文件,Inch. pst 为英制后处理文件。

(3) 放电条件设定。在条件号栏中填入加工条件,范围为 C000～C999。在偏置量栏中输入补偿值,范围为 H000～H999。快走丝只切割一次,因此设置"第一次"即可。

(4) 绘图(F1)。图形文件选定,按 F1 键绘出图形,◎表示穿丝点,×表示切入点,□表示切割方向。

反向(F1):改变在"路径"中设定的切割方向,偏置方向、倾斜方向亦随之改变。

均布(F2):把一个图形按给定角度和个数分布在圆周上。旋转角以度为单位,逆时针方向为正。均布个数必须是整数,而且,旋转角度×均布个数≤360°。

ISO(F3):生成国际通用的 ISO 格式的 NC 程序。

3B(F4):生成 3B 格式的 NC 程序。

4B(F5):生成 4B 格式的 NC 程序。

程序生成后,屏幕提示按 F9 键存盘,并输入文件名。文件名要求不超过 8 个字符,扩展名为 NC,自动加在文件名后。

返回(F10):上述操作结束,按 F10 键返回到前一个画面。

(5) 删除(F2)。按 F2 键后,屏幕下方提示用光标键选定文件,按回车键执行。按 ESC 键可取消删除操作。完成后按 F10 键返回。

(6) 穿孔(F3)。把 3B 格式的代码送到穿孔机输出,屏幕边显示程序边模拟纸带输出。按 F3 键后,提示输入 NC 文件名,输入后回车。如果不输入文件名,直接回车,就把当前内存中的文件送到穿孔机输出。

完成后按 F10 键返回。

3. 文档(F3)

在 SCAM 主画面按 F3 键即进入文档操作。屏幕显示文件目录窗口,用光标键选择文件后回车,按 C 键进行文件文件拷贝,按 D 键删除文件。如果想取消操作,就按 F10 键,屏幕提示"按 Enter 键删除,按 Esc 键取消",这时按 Esc 键退出文档操作,再按一次 Esc 键,文件目录窗口消失。

在 SCAM 主画面按 F10 键回到启动第一屏。

7.3 数控电火花线切割加工工艺

一、工件的装夹及找正

1. 快走丝线切割工件的装夹特点

(1) 由于快走丝线切割加工的作用力小,不像金属切割机床要承受很大的切削力,因而其装夹的夹紧力要求不大,有的地方还可用磁力夹具定位。

(2) 快走丝线切割加工的工作液是靠高速运行的钼丝带入切缝的,不像慢走丝那样要进行高压冲水,因此对切缝周围的材料余量没有要求,便于装夹。

（3）线切割加工是一种贯通加工方法，因而工件装夹后被切割区域要悬空于工作台的有效切割区域，因此一般采用悬臂支撑或桥式支撑方式装夹。

2. 工件装夹的一般要求

（1）工件的定位面要有良好的精度，一般以磨削加工面为定位基准，棱边倒钝，孔口倒角。

（2）切入点要导电，热处理件切入处要除去积盐及氧化皮。

（3）热处理件要充分回火去应力，平磨后的零件要充分退磁。

（4）工件装夹的位置应利于工件找正，并应与机床的行程相适应，夹紧螺钉高度要合适，避免干涉到加工过程。上导轮要压得较低。

（5）对工件的夹紧力要均匀，不得使工件变形和翘起。

（6）批量生产时，最好采用专用夹具，以提高生产率。

（7）加工精度要求较高时，工件装夹后，必须用百分表或千分表找正各面之间相互平行或垂直。

3. 常见的工件装夹方法

（1）悬臂式支撑。工件直接装夹在台面上或桥式夹具的一个刃口上，如图 7－4 所示。悬臂式支撑通用性强，装夹方便，但容易出现上仰或倾斜，一般只在工件精度要求不高的情况下使用。由于加工部位所限只能采用此装夹方法而加工又有垂直要求时，要拉表找正工件上表面。

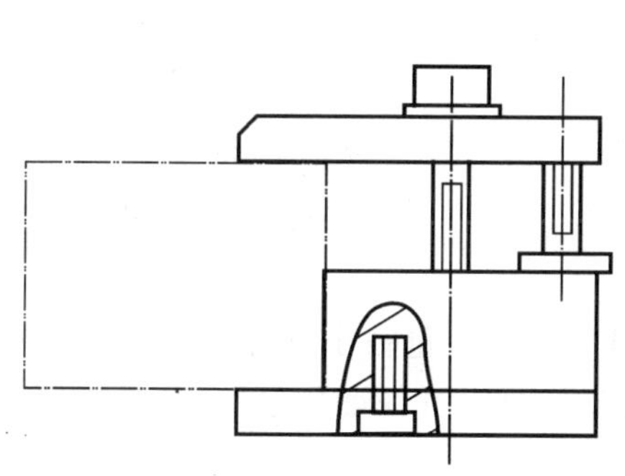

图 7－4 悬臂式支撑

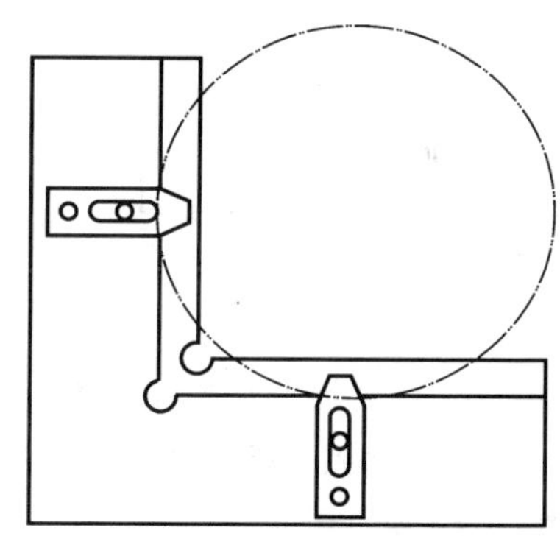

图 7－5 垂直刃口支撑

（2）垂直刃口支撑。如图 7－5 所示，工件装在具有垂直刃口的夹具上，此种方法装夹后工件也能悬伸出一角便于加工。装夹精度和稳定性较悬伸式为好，也便于拉表找正，装夹时夹紧点注意对准刃口。

（3）桥式支撑。如图 7－6 所示，此种装夹方式是快走丝线切割加工最常用的装夹方法，适用于装夹各类工件，特别是方形工件，装夹后稳定。只要工件上、下表面平行，装夹力均匀，工件表面即能保证与台面平行。桥的侧面也可作定位面使用，拉表找正桥的侧面与工作台 X 方向平行，工件如果有较好的定位侧面，与桥的侧面靠紧即可保证工件与 X 方向平行。

（4）V 形夹具装夹。此种装夹方式适合于圆形工件的装夹，如图 7－7 所示，工件母线要求与端面垂直，如果切割薄壁零件，注意装夹力要小，以防变形。V 形夹具拉开跨距，为了减小接触面，中间凹下，两端接触，可装夹轴类零件。

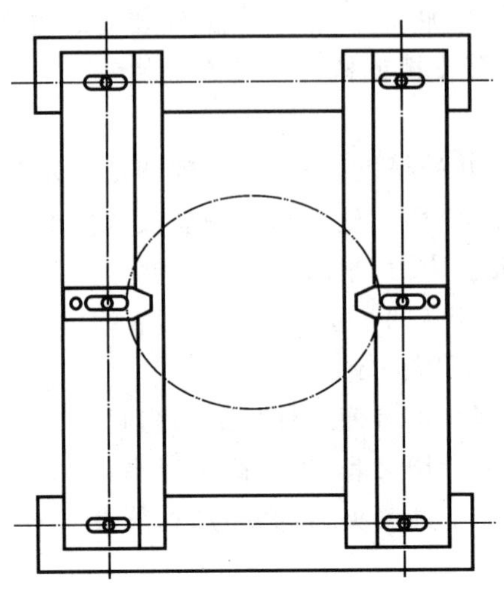

图 7－6　桥式支撑

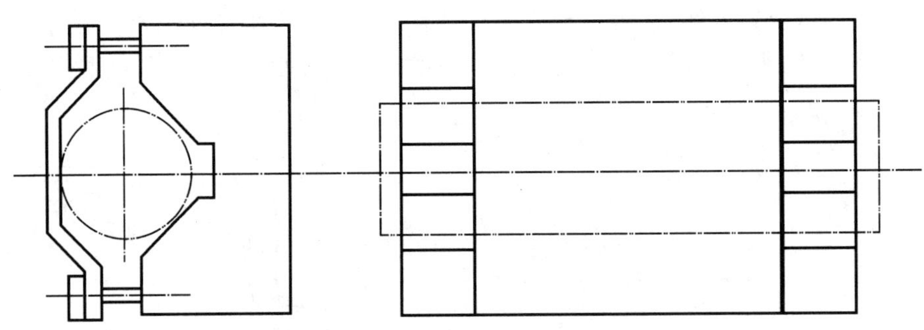

图 7－7　V 形夹具装夹

(5) 板式支撑。加工某些外周边已无装夹余量或装夹余量很小，中间有孔的零件，可在底面加一托板，用胶粘固或螺栓压紧，使工件与托板连成一体，且保证导电良好，加工时连托板一块切割，如图 7－8 所示。

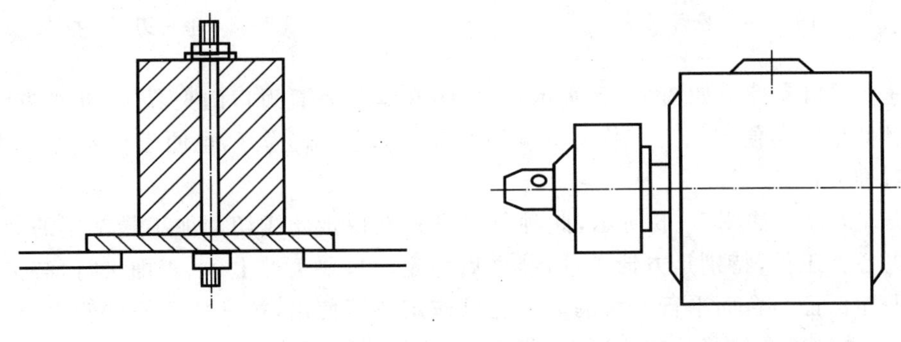

图 7－8　板式支撑　　图 7－9　分度夹具轴向安装

(6) 分度夹具装夹。弹簧夹头要求沿轴向切两个垂直的窄槽，即可采用专用的轴向安装的分度夹具，如图 7－9 所示。分度夹具安装于工作台上，三爪内装一检棒，拉表跟工作台的 X

方向或 Y 方向找平行，工件安装于三爪上，旋转找正外圆和端面，找中心后切完第一个槽，旋转分度夹具旋钮，转动 90°，再切另一槽。

某链轮的切割，其外圆尺寸已超过工作台行程，不能一次装夹切割，即可采用分齿加工的方法。如图 7－10 所示，工件安装在分度夹具的端面上，通过心轴定位在夹具的锥孔中，一次加工 2～3 齿，通过连续分度完成一个零件的加工。

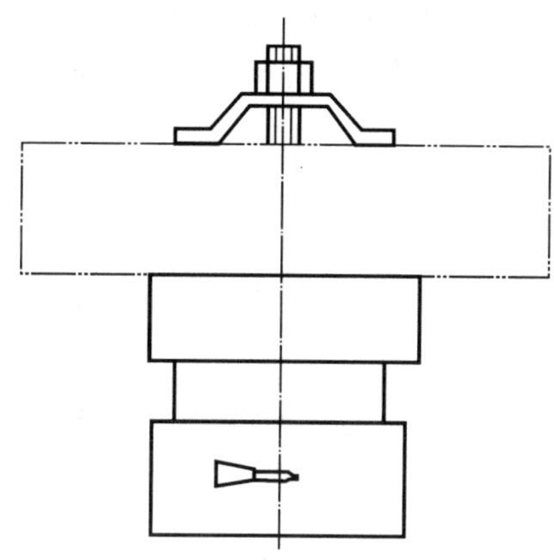

图 7－10 分度夹具端面安装

4. 工件的找正

工件找正的目的是为了保证切割型腔与工件外形或型腔与型腔之间有一个正确的位置关系。与外形的位置关系可通过找外形或找工艺孔的中心来确定，而工艺孔一般是在坐标镗床上已精确地加工出；型腔与型腔之间的位置关系是靠定位移动的步距来保证的，但要注意穿丝孔小时位置精度不能太差，以保证移至下一个型腔加工的穿丝位置时能顺利穿丝。找正的实质是为了确定加工起点，而一般情况下型腔与外形或型腔之间的位置参考点就是加工起点，常选在对称中心处。

(1) 找边的方法。如图 7－11 所示，在距工件左端距离为 A，距工件上端为 B 处加工一型腔。找正边的方法如下：首先用接触感知的方法感知左边，将 X 坐标清零，注意此时的电极丝中心与边有一个电极丝半径的距离 r，移位时应注意加上此距离。用同样的办法感知上边，Y 坐标清零，然后定位移动 G00 X(A＋r) Y(B＋r)；即可确定型腔的位置。

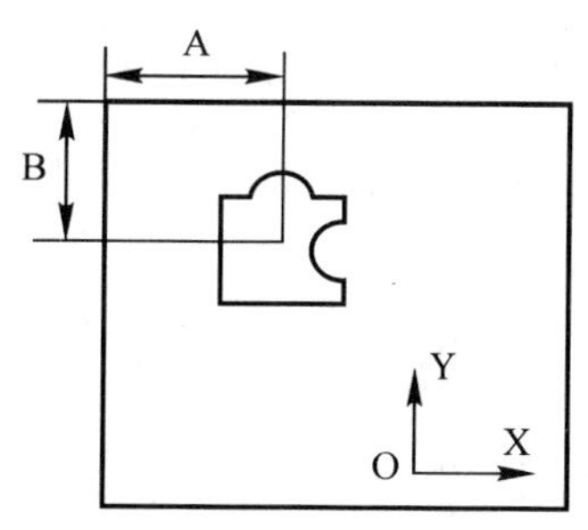

图 7－11 找边的方法

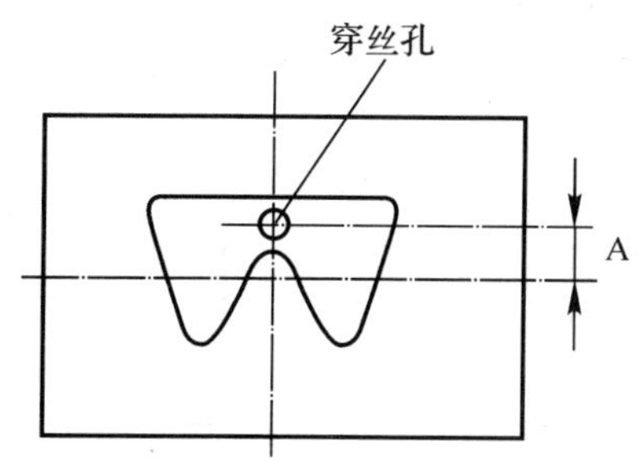

图 7－12 找中心的方法

(2) 找中心的方法。如图 7－12 所示，在工件的中心加工一个型腔，编程时假定加工起点

确定在图示位置,在要求图形位于工件的中间时,加工起点距工件中心就有一个偏移量,按这个偏移量精确地加工出穿丝孔,加工前用自动找中心功能找出这个孔的中心,就能保证加工出的型腔位于工件的中间。

(3) 间接找正法。即电极丝不是直接找正工件,而是找正夹具、胎具的位置间接地保证工件的位置。如前所述的加工弹簧夹头,通过找检棒的中心达到找正工件中心的目的。又如链轮的分度加工,链轮齿形的编程尺寸是以内孔中心为坐标原点确定的。因此加工起点的位置也是相对于孔中心而定的,找正时先拉表找平行胎具侧面,然后用找边的方法,通过设定坐标值的方法来定出胎具中心。

二、加工条件的选用

电火花线切割加工的条件主要包括放电参数、工作液和电极丝,而每种加工条件又由若干因素组成,具体如表 7-3 所示。

表 7-3 线切割加工条件的组成

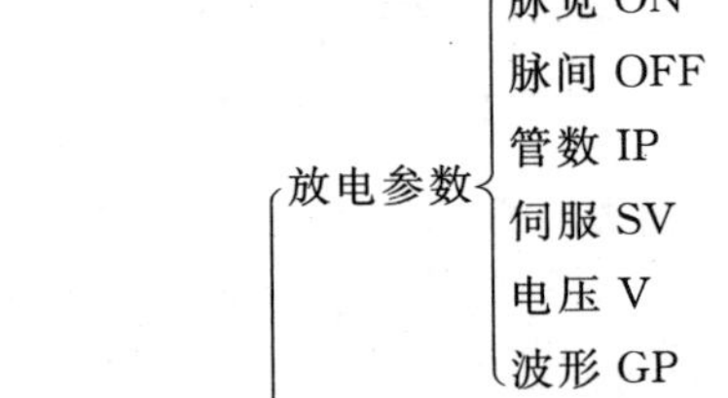

加工条件
- 放电参数
  - 脉宽 ON
  - 脉间 OFF
  - 管数 IP
  - 伺服 SV
  - 电压 V
  - 波形 GP
- 工作液
  - 乳化油种类
  - 浓度
  - 给量
- 电极丝
  - 种类
  - 丝径
  - 张力

1. 放电参数的选用

(1) 波形 GP。电火花线切割加工有两种波形可供选择:“0”为矩形波脉冲;“1”为分组脉冲。

矩形波脉冲:波形如图 7-13 所示,矩形波加工效率高,加工范围广,加工稳定性好,是快走丝线切割常用的加工波形。

分组脉冲:波形如图 7-14 所示,分组波适用于薄工件的加工,精加工较稳定。

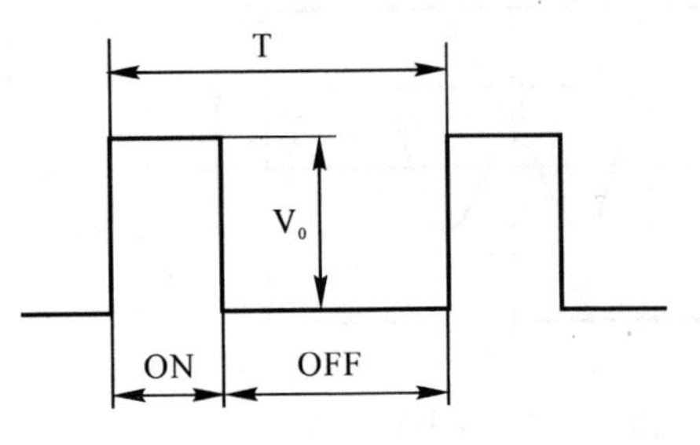

图 7-13 矩形波

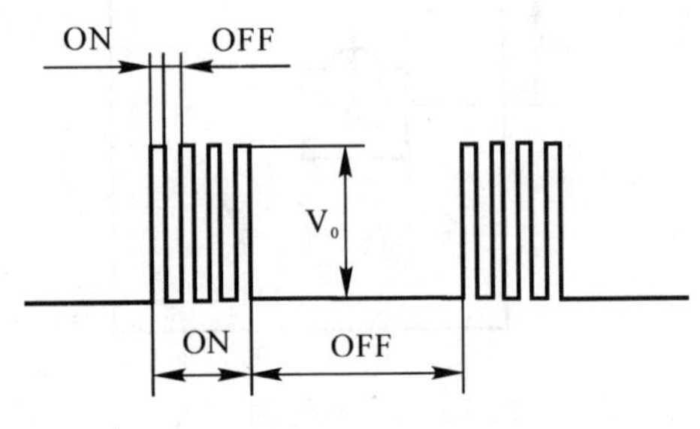

图 7-14 分组脉冲

(2) 脉冲宽度 ON。设置脉冲放电时间，其值为(ON+1) μs，取值范围为 0～32μs。在特定的工艺条件下，脉宽增加，切割速度提高，表面粗糙度增大，这个趋势在 ON 增加的初期，加工速度增大较快，但随着 ON 的进一步增大，加工速度的增大相对平缓，粗糙度变化趋势也一样。这是因为单脉冲放电时间过长，会使局部温度升高，形成对侧边的加工量增大，热量散发快，因此减缓了加工速度，如图 7-15 所示是特定工艺条件下，脉宽 ON 与加工速度 η、表面粗糙度 R_a 的关系曲线。

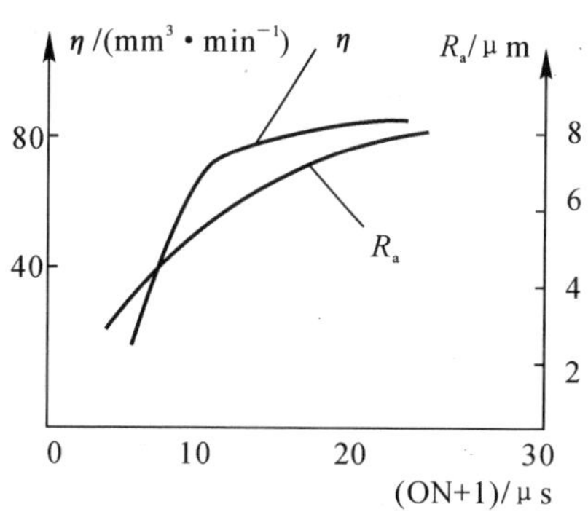

图 7-15 脉宽与加工速度、表面粗糙度的关系

通常情况下，ON 的取值要考虑工艺指标及工件的材质、厚度。如对表面粗糙度要求较高，工件材质易加工，厚度适中时，ON 取值较小，一般在 3～10 μs。中、粗加工，工件材质切割性能差，较厚时，ON 取值一般为 10～25 μs。

当然，这里只能定性地介绍 ON 的选择趋势和大致取值范围，实际加工时要综合考虑各种影响因素，根据侧重的不同，最终确定合理的数值。

(3) 脉冲间隙 OFF。设置脉冲停歇时间，其值为(OFF+1) × 5 μs，最大为 160 μs。在特定的工艺条件下，OFF 减小，切割速度增大，表面粗糙度增大不多。这表明 OFF 对加工速度影响较大，而对表面粗糙度影响较小。减小 OFF 可以提高加工速度，但是 OFF 不能太小，否则消电离不充分，电蚀产物来不及排除，将使加工变得不稳定，易烧伤工件并断丝。OFF 太大也会导致不能连续进给，使加工也变得不稳定。在特定工艺条件下，OFF 与加工速度、表面粗糙度的关系曲线，如图 7-16 所示。

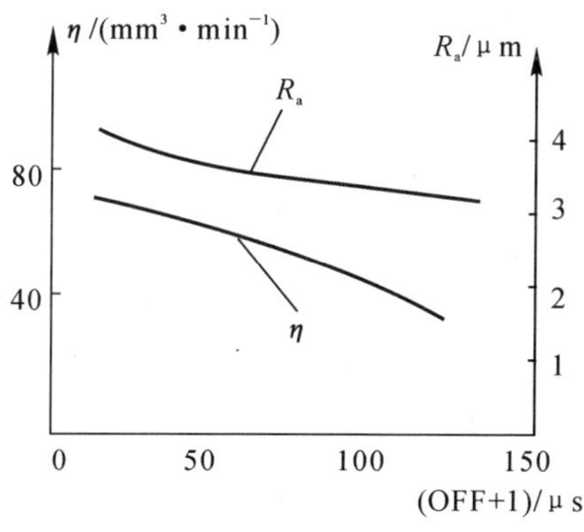

图 7-16 脉冲间隙与加工速度、表面粗糙度的关系

对于难加工、厚度大、排屑不利的工件，停歇时间应选长些，选脉宽的 5～8 倍比较适宜。OFF 取值则为(停歇时间/5)-1。对于加工性能好、厚度不大的工件，停歇时间可选脉宽的 3～5倍。OFF 取值主要考虑加工稳定、防短路及排屑，在满足要求的前提下，通常减小 OFF 以取得较高的加工速度。

(4) 功率管数 IP。设置投入放电加工回路的功率管数，以 0.5 为基本设置单位，取值范围由 0.5～9.5。管数的增、减决定脉冲峰值电流的大小，每只管子投入的峰值电流为 5 A，电流

越大切割速度越高，表面粗糙度增大，放电间隙变大。图 7－17 为特定工艺条件下，峰值电流 I_s 对加工速度和表面粗糙度的影响。

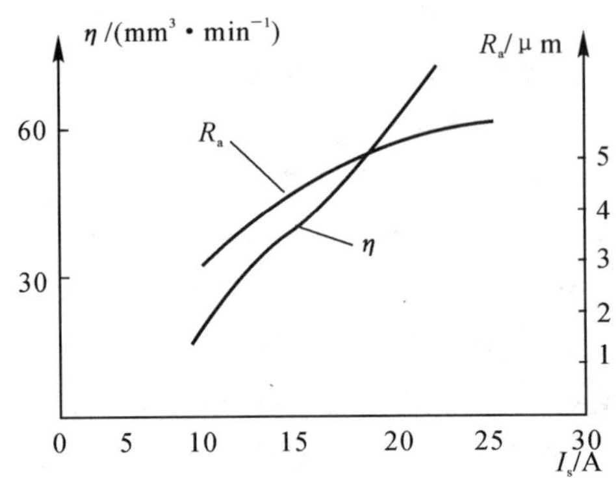

图 7－17　峰值电流对加工速度、表面粗糙度的影响

IP 的选择，一般中厚度精加工为 3～4 只管子，中厚度中加工、大厚度精加工为 5～6 只管子，大厚度中粗加工为 6～9 只管子。

（5）伺服（间隙）电压 SV。用来控制伺服的参数，最大值为 7。当伺服（间隙）电压高于设定值时，电极丝进给，低于设定值时，电极丝回退。加工状态的好坏，与 SV 取值密切相关。SV 取值过小，会造成放电间隙小，排屑不畅，易短路。反之，使空载脉冲增多，加工速度下降。SV 取值合适，加工状态最稳定。从电流表上可观察加工状态的好坏，若加工中表针间歇性的回摆则说明 SV 过大，若表针间歇性前摆（向短路电流值处摆动）说明 SV 过小，若表针基本不动说明加工状态稳定。

另外，也可用示波器观察放电极间电压波形来判定状态的好坏，将示波器接工件与电极，调整好同步，可观察到放电波形，如图 7－18 所示。若加工波密度大，而开路波、短路波较弱，则 SV 选取合适；若开路波或短路波密度大，则需要调整。

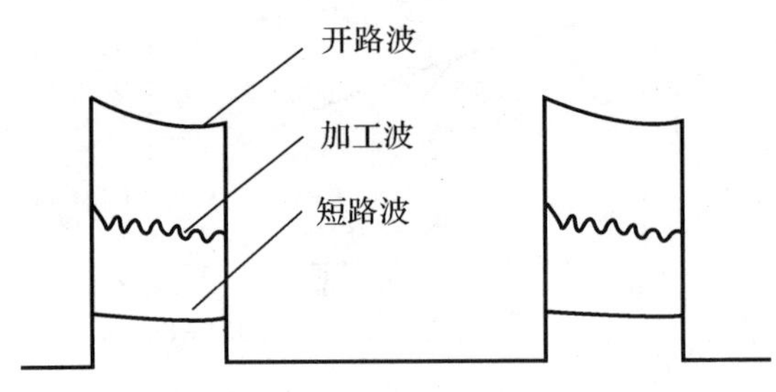

图 7－18　放电波形示意图

SV 一般取 02～03，对薄工件一般取 01～02，对大厚度工件一般取 03～04。

（6）加工电压 V。即加工电压值。目前有两种选择，“0”为常压选择，“1”为低压选择。低压一般在找正时选用，加工时一般都选用常压“0”，因而电压 V 参数一般不需修改。

2. 工作液的选用

快走丝电火花线切割加工选用的工作液一般是乳化液。乳化液具有以下特点：

（1）有一定的绝缘性能。乳化液的电阻率约为 104～105 Ω·cm，适合于快走丝对放电介

质的要求。另外，由于快走丝的独特放电机理，乳化液会在放电区域金属材料表面形成绝缘膜，即使乳化液使用一段时间后电阻率下降，也能起到绝缘介质的作用，使放电正常进行。

(2) 具有良好的洗涤性能。所谓洗涤性能指乳化液在电极丝带动下，渗入工件切缝起溶屑、排屑作用。洗涤性能好的乳化液，切割后的工件易取，且表面光亮。

(3) 有良好的冷却性能。高频放电局部温度高，工作液起到了冷却作用，由于乳化液在高速运行的丝带动下易进入切缝，因而整个放电区能得到充分冷却。

(4) 有良好的防锈能力。线切割要求用水基介质，以去离子水作介质，工件易氧化，而乳化液对金属起到了防锈作用，有其独到之处。

(5) 对环境无污染，对人体无害。根据加工使用经验，新配制的工作液切割效果并不是最好，在使用 20 h 左右时，其切割速度、表面质量最好。快走丝线切割是靠高速运行的电极丝把工作液带入切缝的，因此工作液不需多大压力，只要能充分包住电极丝，浇到切割面上即可。

3. 电极丝的选用

快走丝线切割的电极丝要反复使用，因此要有一定的韧性、抗拉强度和抗腐蚀能力。可做快走丝电极丝材料的性能如表 7－4 所示。

表 7－4　可做电极丝材料的性能

材料	适用温度/℃		延伸率/%	抗张力/MPa	熔点 T/℃	电阻率/Ω·mm	备注
	长期	短期					
钨 W	2 000	2 500	0	1 200～1 400	3 400	0.061 2	较脆
钼 Mo	2 000	2 300	30	700	2 600	0.047 2	较韧
钨钼 W50Mo	2 000	2 400	15	1 000～1 100	3 000	0.053 2	韧性适中

常用的丝径有 Φ0.12，Φ0.14，Φ0.18 和 Φ0.2。张力是保证加工零件精度的一个重要因素，但受丝径、丝使用时间的长短等要素限制。一般丝在使用初期张力可大些，使用一段时间后，丝已不易伸长，可适当去些配重，以延长丝的使用寿命。

三、影响加工精度的因素

1. 材料内应力的影响

材料的内应力一般有热应力、组织应力和体积效应，以热应力影响为主，热应力对工件形状的影响如表 7－5 所示。

表 7－5　热应力对工件形状的影响

零件类别	轴类	扁平类	正方形	套类	薄壁型孔	复杂型腔
理论形状		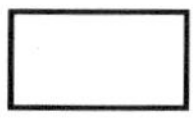			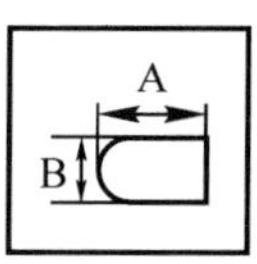 A B	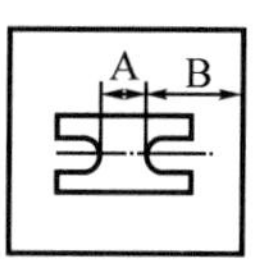 A B
热应力作用			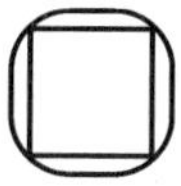	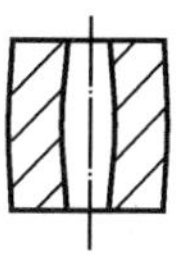	A+　B+	A－　B+

对于应力变形，一般可采用预加工，如在余料上钻孔、切槽等，热处理工件应该做到充分回火，以消除内部应力，采用穿丝并选择合理的加工路径，以限制应力释放，如图 7－19 所示.

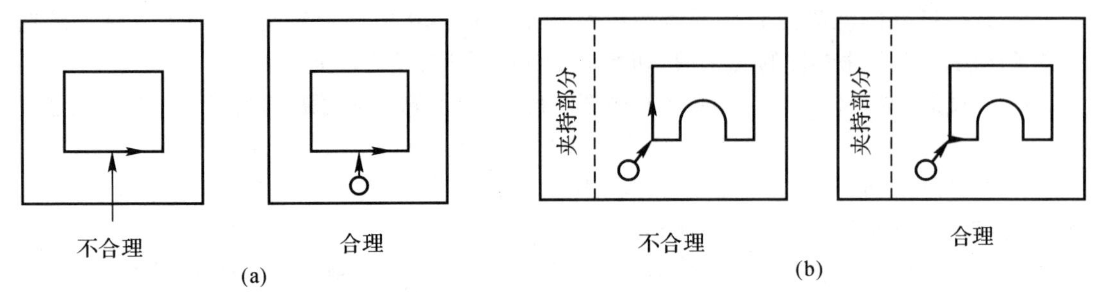

图 7－19　控制应力变形的方法

(a) 采用穿丝孔；(b) 选择合理的加工路径

2. 找正精度的影响

定位孔自身的精度以及找正定位孔的精度都会影响加工精度。如果用穿丝孔作为定位孔，就要保证穿丝孔精度。如图 7－20 所示，定位孔若有 α 的倾斜度，工件厚 H，则找正的中心 O_d 与理论中心 O_D 的误差为 $\Delta = H\tan(\alpha/2)$，即找中心误差与工件厚度、倾角的正切值成正比。

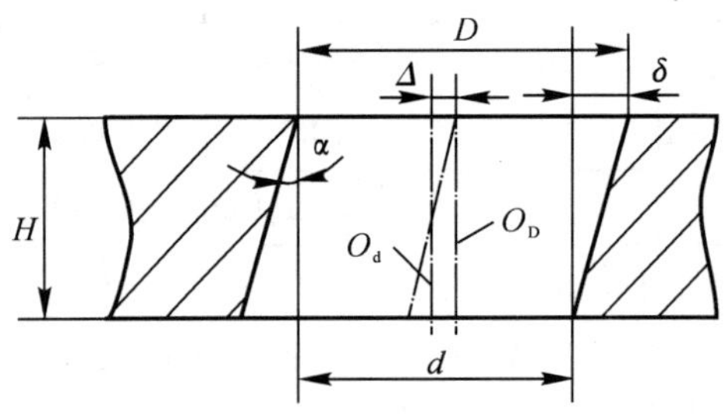

图 7－20　定位孔精度对加工精度的影响

为了减小定位孔自身精度对定位的影响，就要设法减小 H 与 α。在工件厚度不变的情况下，通常采用设置空刀孔的办法，以减小 H，如图 7－21 所示。另外，就是尽量提高定位孔的垂直度，对要求较高的定位孔需要在坐标镗床上加工。对于多孔位加工，为了保证各孔的位置精度，也需要在坐标镗床上加工定位孔。

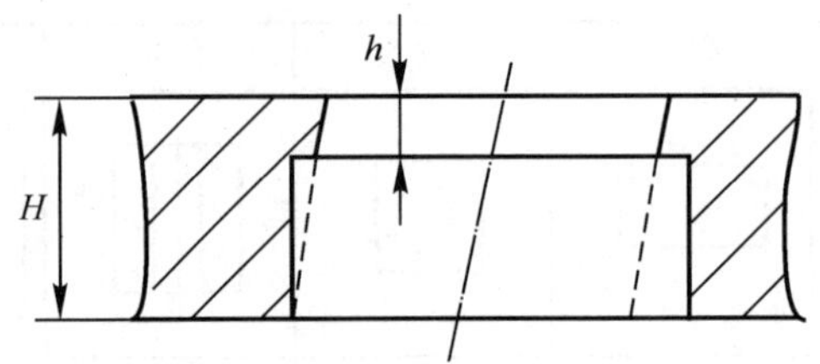

图 7－21　减小定位孔自身精度的方法

另外，为了提高感知精度，感知面的粗糙度要小，孔口倒角以防止产生毛刺。

在找正定位孔中心的过程中，第一次找正完后接着再找正 2～3 次，以差值很小为准。由于找正前电极丝不在孔的中心，找正误差较大，多找正几次可减小误差。找正时，应当使感知表面干净，不得有杂物存在，电极丝表面上不要有残留的工作液，否则会影响感知精度。

3. 拐角策略

线切割加工时由于电磁力的作用，电极丝会产生一个挠曲变形而滞后，在进行拐角切割时，会抹去工件轮廓的尖角造成塌角，如图 7－22 所示。

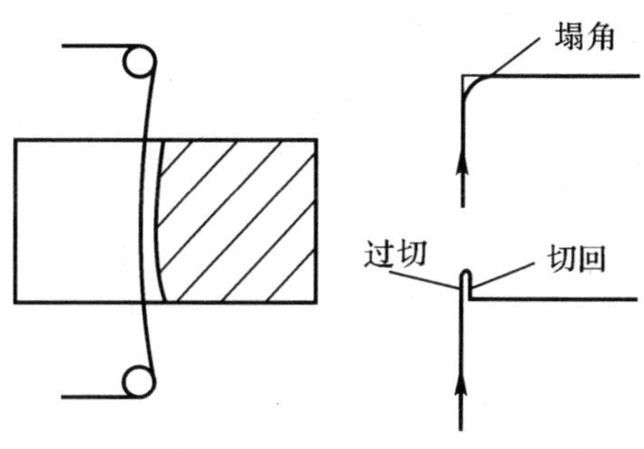

图 7－22　拐角策略

为防止切割过程中造成塌角，一是在程序段末设置延时，以等待电极丝切直；二是采用过切的办法，特别是对凸模进行加工时，可在外面的余料上过切，即沿原程序段多切一段距离，再原路返回，在这个过切过程中，电极丝已回直，则可加工出清角。

4. 运丝系统精度的影响

快走丝线切割运丝系统的状况对工件的表面质量有较大的影响。运丝系统正反向运丝时的张力差，是产生换向条纹、影响表面粗糙度的重要因素。此外，运丝的平稳性(即电极丝的抖动)、张力的大小都会对加工表面及尺寸精度带来影响。电极丝抖动反映在切割表面，会呈现两端条纹明显而中间稍好。张力大小会影响工件纵剖面尺寸的一致性。

运丝环节包括丝筒、配重、导轮、导电块，检查维护好这些环节是保证运丝平稳的条件。

张力的大小要根据侧重来确定。张力大则丝绷得直，工件上下一致性好，但丝的损耗大且对导电块、导轮及轴承的磨损也大。电极丝在使用的中后期要适当减小配重，以延长使用寿命。

四、常用材料的切割性能

碳素工具钢由于含碳量高，加之淬火后切割中易变形，其切割性能不是很好，切割进度较之合金工具钢稍慢，切割表面偏黑，切割表面的均匀性较差，易出现短路条纹。如热处理不当，加工中会出现开裂。

合金工具钢具有良好的线切割加工性能，加工速度高，加工表面光亮、均匀，有较小的表面粗糙度。

碳素结构钢的线切割性能一般，淬火件的切割性能较未淬火件好，加工速度较合金工具钢稍慢，表面粗糙度较差。

硬质合金的线切割加工速度较低，但表面粗糙度好。由于线切割加工时使用水质工作液，其表面会产生显微裂纹的变质层。

紫铜的线切割加工速度较低，是合金工具钢的50%～60%，表面粗糙度较大，放电间隙也较大，但其切割稳定性还是较好。

石墨的线切割性能很差，效率只有合金工具钢的20%～30%，其放电间隙小，不易排屑，加工时易短路，属不易加工材料。

铝的线切割加工性能良好，切割速度是合金工具钢的2～3倍，加工后表面光亮，表面粗糙度一般。铝在高温下表面极易形成不导电的氧化膜，因而线切割加工时放电停歇时间相对要小，这样才能保证高速加工。

7.4 数控线切割加工的编程

数控电火花线切割加工的编程，需要按照以下步骤进行。

(1) 根据相应的装夹情况和切割方向，确定相应的计算坐标系。为了简化计算，尽量选取图形的对称轴线为坐标轴。

(2) 按选定的电极丝半径、放电间隙，计算电极丝中心相对工件轮廓的偏移量。

(3) 采用ISO格式编程，将需要切割的工件轮廓分割成平滑的直线和单一的圆弧，按轮廓平均尺寸计算出各线段交点的坐标值。

(4) 根据电极丝中心轨迹(或轮廓) 各交点坐标值及各线段的加工顺序，逐段编制程序。

(5) 程序检验。编好的程序一般要经过检验才能用于正式加工。机床数控系统一般都提供程序检验方法，常见的方法有画图检验和空运行等。

一、ISO代码及编程

G代码大体上可分为两种类型：

(1) 只对指令所在程序段起作用，称为非模态，如G80，G04等。

(2) 在同组的其他代码出现前，这个代码一直有效，称为模态。在“代码一览表”中，凡“组”栏目有字母的均为模态代码。在后面的叙述中，如无必要，这一类代码均作省略处理，不再说明。

1. G00(定位、移动轴)

格式：G00 {轴1}{数据1} {轴2}{数据2}；

G00代码为定位指令，用来快速移动轴。执行此指令后，不加工而移动轴到指定的位置。可以是一个轴移动，也可以两轴移动。例如：

G00 X+10 Y+20；

轴标识后面的数据如果为正，“+”号可以省略，但不能出现空格或其他字符，否则属于格式错误。这一规定也适用于其他代码。例如：

G00 X 10 YA10；

出错，轴标识和数据间有空格或字符

2. G01(直线插补加工)

格式：G01 {轴1}{数据1} {轴2}{数据2}；

用G01代码，可指令各轴直线插补加工，最多可以有四个轴标识及数据。例如：

G01 X20 Y60；

3. G02,G03(圆弧插补加工)

格式:{平面指定}{圆弧方向}{终点坐标}{圆心坐标};

用于两坐标平面的圆弧插补加工。平面指定默认值为XOY平面。G02表示顺时针方向加工,G03表示逆时针方向加工。圆心坐标分别用I,J,K表示,它是圆心相对于圆弧起点的坐标增量值。

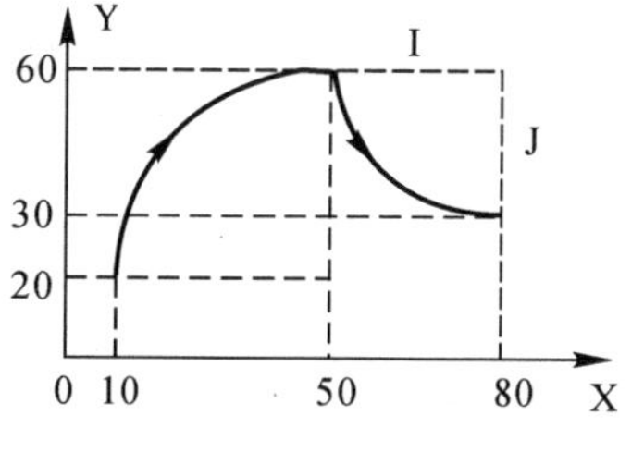

图 7-23　圆弧插补加工

例如:如图 7-23 所示。

G17 G90 G54 G00 X10 Y20;

C001 G02 X50 Y60 140;

G03 X80. Y30 120;

I,J 有一个为零时可以省略,如此例中的J0。但不能都为零、都省略,否则会出错。

4. G04(停歇指令)

格式:G04 X{数据};

执行完一段程序之后,暂停一段时间,再执行下一程序段。X后面的数据即为暂停时间,单位为s,最大值为99 999.999 s。例如暂停5.8 s的程序:

公制:G04 X5.8;或 G04 X5800;

英制:G04 X5.8;或 G04 X58000;

5. G05,G06,G07,G08,G09(轴镜像,X—Y轴交换,取消镜像,交换)

这组代码仅在自动方式下,执行程序时起作用。在手动方式下不起作用。

镜像指令:G05定义X轴,G06定义Y轴,G07定义Z轴。

这里所说的镜像,是将原程序中镜像轴的值变号后所得到的图形。例如在XOY平面,X轴镜像是将X值变号后所得到的图形,它实际上是原图形关于Y轴的对称图形。这与几何中镜像的概念是不同的。

G08:图形X,Y轴交换,即将程序中的X,Y值互换所得到的图形。

G09:取消图形镜像,取消X,Y轴交换。

执行轴交换指令,圆弧插补的方向将改变,即G02变为G03,G03变为G02。

两轴同时镜像,与代码的先后次序无关,即“G05 G06;”与“G06 G05;”的结果相同。

直线插补的镜像图形,如图 7-24 所示。

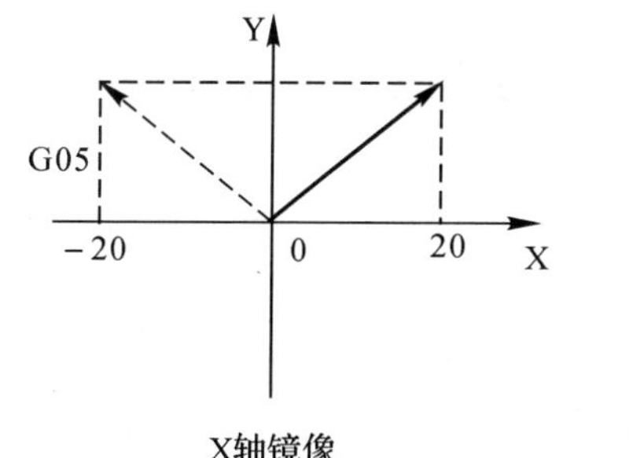

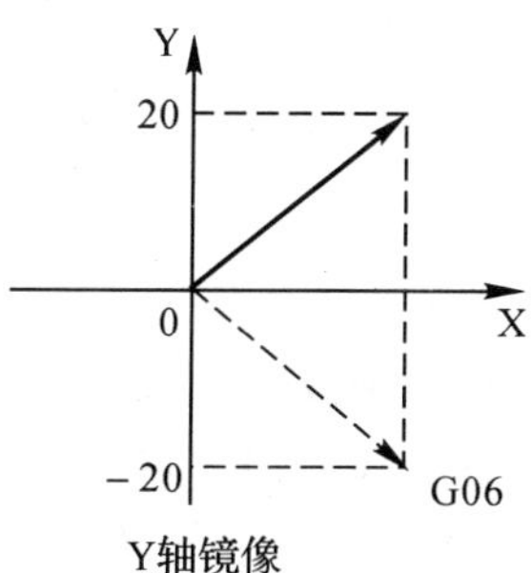

图 7-24　直线插补镜像

圆弧插补的镜像图形,如图 7-25 所示。

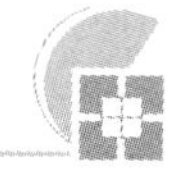

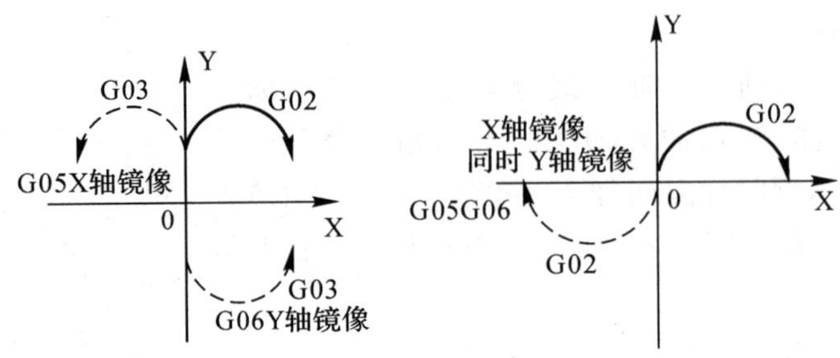

图 7-25 圆弧插补镜像

6. G11,G12(跳段)

G11:“跳段 ON”,跳过段首有“/”符号的程序段,标识参数画面的 SKIP 显示 ON。

G12:“跳段 OFF”,忽略段首的“/”符号,照常执行该程序段,标识参数画面的 SKIP 显示 OFF。

7. G20,G21(单位选择)

这组代码应放在 NC 程序的开头。

G20:英制,有小数点为 in,否则为 0.000 1 in。如 0.5 in 可写作“0.5”或“5000”。

G21:公制,有小数点为 mm,否则为 μm。如 1.2 mm 可写作“1.2”或“1200”。

1 in=25.4 mm。

8. G25(回最后设定的坐标系原点)

格式:如在 NC 程序中要回 G58 坐标系原点,则程序为

G58;

G25;

即回到 G58 坐标系最后一次设定的原点,顺序为 X,Y,U,V 轴。手动“起点”功能与 G25 相同。

原点定义:①在“置零”画面将 X,Y,U,V 轴设零,该点即指定坐标系的原点。②在 NC 程序中,以 G92X_Y_U_V_;所设置的坐标点,定义为原点。

9. G26,G27(图形旋转)

格式:RA60;　　给角度值 RA 赋值,图形旋转 60°

G26;　　旋转打开

G26:旋转打开。角度值 RA 有小数点为度(°),否则为 0.001°。

G27:旋转取消。

旋转打开前应先给 RA 赋值,给出旋转角度;图形旋转功能仅在 G17(XOY 平面)有效,否则出错。

10. G28,G29(尖角过渡策略)

G28:尖角圆弧过渡,在尖角处加一个过渡圆。缺省为 G28,即开机后自动设为圆弧过渡。

G29:尖角直线过渡,在尖角处加三段直线,以避免尖角损伤。

如图 7-26 所示,如补偿值为 0,尖角过渡策略无效。

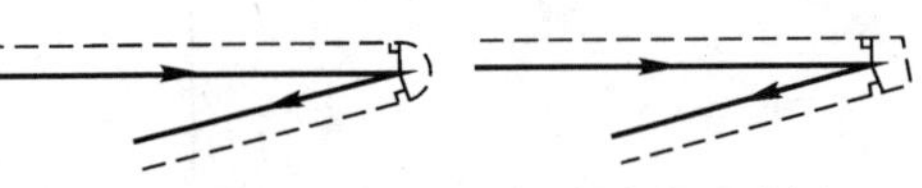

尖角圆弧过渡例　　尖角直线过渡例

图 7-26 尖角过渡策略

11. G31,G30(加入和取消过切)

G31 用于在 G01 的直线段的终点按该直线方向延长给定距离,而且应放在 G01 之前。

格式:G31X{过切量} G01 X;

X 值为延长的距离,应大于等于零。例如:G31X30;表示过切量为 30 μm。若过切量输入 0,则程序在执行中将不进行内角、外角的特殊处理。G30 取消 G31 功能。

12. G34,G35(减速加工的开始与取消)

G34:自 G01/G02/G03 的结束前 3mm 处开始减速加工,直到该段结束。

G35:取消 G34 的减速加工。

若 NC 程序中无 G34/G35,则缺省为取消减速加工。

13. G40,G41,G42(补偿和取消补偿)

格式:G41 H * * * ;

G41 为电极左补偿,G42 为电极右补偿。它是在电极运行轨迹的前进方向上,向左(或者向右)偏移一定量,偏移量由 H * * * 确定。G40 为取消补偿。

(1) 补偿值(D,H)。较常用的是 H 代码,从 H000～H099 共有 100 个补偿码,它存于"offset. sys"文件中,开机即自动调入内存。可通过赋值语句 H * * * 赋值,范围为0～99 999 999。

(2) 补偿开始的情形。如图 7-27 所示,表示补偿建立的过程。在第Ⅰ段中,无补偿,电极中心轨迹与编程轨迹重合。第Ⅱ段中,补偿从无到有,称为补偿的初始建立段。规定这一段只能用直线插补指令,不能用圆弧插补指令,否则会出错。第Ⅲ段中,补偿已经建立,故称为补偿进行段。

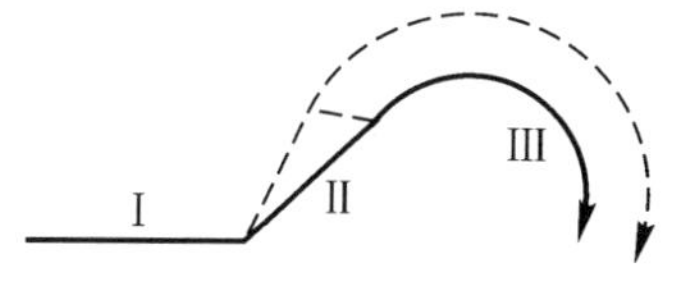

图 7-27 补偿的建立过程

补偿初始建立的各种情形,如图 7-28 所示,以左补偿为例,右补偿同理。

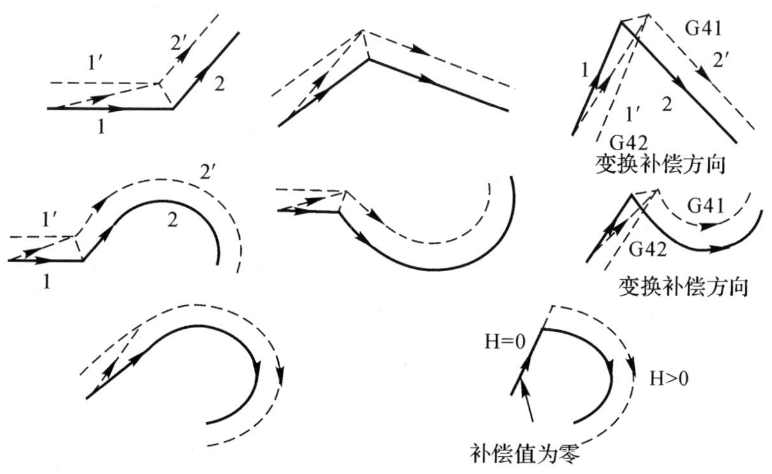

图 7-28 补偿初始建立的各种情形

(3) 补偿进行中的情形。补偿进行中的情形分直线—直线、直线—圆弧、圆弧—直线、圆弧—圆弧补偿等几种形式,如图 7-29 所示。

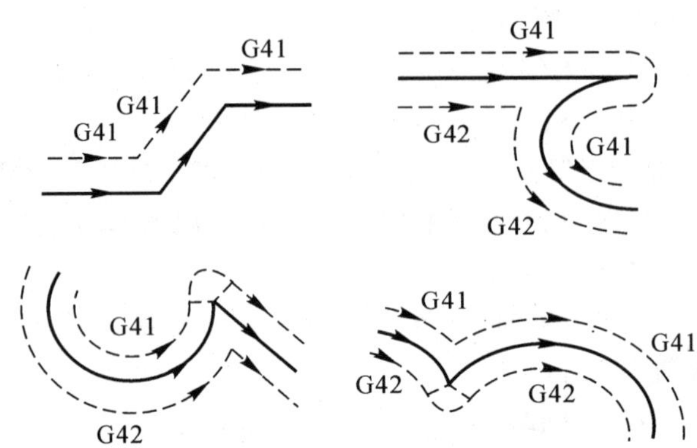

图 7-29　补偿进行中的几种形式

(4) 补偿撤消时的情形。撤消补偿时只能在直线段上进行，在圆弧段撤消补偿将会引起错误。正确的方式：G40 G01 X0 Y0；错误的方式：G40 G02 X20 Y0 110 J0；当补偿值为零时，运动轨迹与撤消补偿一样，但补偿模式并没有被取消。如图 7-30 所示。

图 7-30　补偿撤销时的情形

14. G50，G51，G52(锥度加工)

所谓锥度加工(Taper 式倾斜加工)，是指电极丝向指定方向倾斜指定角度的加工。

G50 为取消锥度。

G51 是锥度左倾斜(沿电极丝行进方向，向左倾斜)。

G52 是锥度右倾斜(沿电极丝行进方向，向右倾斜)。

15. G54，G55，G56，G57，G58，G59(工作坐标系 0～5)

这组代码用来选择工作坐标系，从 G54～G59 共有六个坐标系可选择，以方便编程。这组代码可以和 G92，G90，G91 等一起使用。

16. G60，G61(上、下异形)

根据要求可加工上面和下面不同形状的工件。G60 为上、下异形关闭，G61 为上、下异形打开。在上、下异形打开时，不能用 G74，G75，G50，G51，G52 等代码。上、下形状代码的区分符为“：”，“：”左侧为下面形状，“：”右侧为上面形状。程序举例：

G92 X0 Y0 U0 V0；

C010 G61；

G01 X0 Y10：G01 X0 Y10；

G02 X－10 Y20 J10：G01 X－10 Y20；　　下面是 Φ20 圆，上面是其内接正方形

X0 Y30 I10 ：X0 Y30；

X10 Y20 J－10：X10Y20；

X0 Y10 I－10：X0 Y10；

G01 X0 Y0 :G01 X0 Y0;

G60;

M02;

17. G74,G75(四轴联动)

根据所指定 X,Y,U,V 四个轴的数据,可加工上、下不同形状的工件。G74 为四轴联动打开,G75 为四轴联动关闭。G74 仅支持 G01 代码,不支持的代码有 G02,G03,G50,G51,G52,G60,G61。

例如:如图 7-31 所示,采用四轴联动加工。

```
G92 X0 Y—10;
G74;                四轴联动打开
G01 Y0;
X10;
Y10 U—3 V—4;
X5 U0 V0;
X0 U3 V—4;
Y0 U0 V0;
G75;                四轴联动关闭
Y—10;
M02;
```

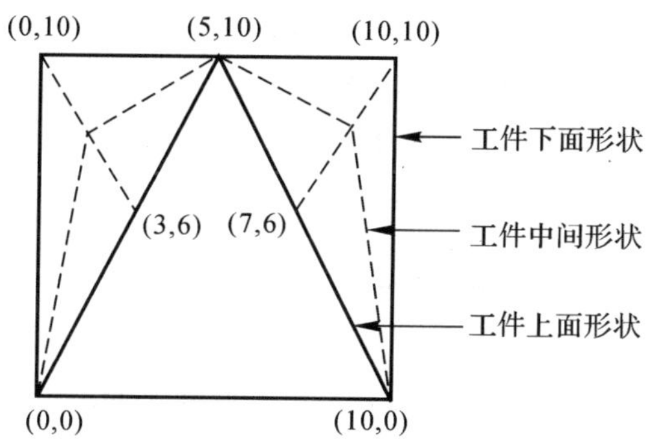

图 7-31 四轴联动加工

18. G80(接触感知)

格式:G80 {轴指定及方向};

执行该命令使指定轴沿指定方向前进,直到电极与工件接触为止。方向用"+"、"—"号表示,而且"+"号不能省略。例如:

G80 X—;

19. G82(半程返回)

格式:G82 {轴指定};

执行命令使电极移动到指定轴当前坐标的 1/2 处。

例如:G82 X;

假如电极当前位置的坐标是 X100,Y60,那么执行上述命令后,电极将移动到 X50 处。

20. G90(绝对坐标指令)、G91(增量坐标指令)

G90:绝对坐标指令,即所有点的坐标值均以坐标系的零点为参考点。

G91:增量坐标指令,即当前点坐标值是以上一点为参考点得出的。

21. G92(设置当前点的坐标值)

G92 代码把当前点的坐标设置成需要的值。

例如:G92 X0 Y0;把当前点的坐标设置为(0,0),即坐标原点。

又如:G92 X10 Y0;把当前点的坐标设置为(10,0)。

在补偿方式下,如果遇到 G92 代码,就会暂时中断补偿功能,相当于撤消一次补偿,在执行下一段程序时,再重新建立补偿。

每个程序的开头一定要有 G92 代码,否则可能会发生不可预测的错误。

G92 只能定义当前点在当前坐标系的坐标值,而不能定义该点在其他坐标系的坐标值。

二、坐标轴及其他代码

1. X,Y,U,V(I,J) 坐标轴

在编程中,坐标轴是一个字,由地址和它后面的数字组成,数字表示该坐标轴的运动量,可以用绝对或增量的方式进行指定。面对工作台,各坐标轴和它的方向一般定义如下:

X 轴:左右方向为 X 轴,主轴头向工作台右方作相对运动时为正方向。

Y 轴:前后方向为 Y 轴,主轴头向工作台立柱侧作相对运动时为正方向。

U 轴:与 X 轴平行的轴为 U 轴,方向与 X 轴一致。

V 轴:与 Y 轴平行的轴为 V 轴,方向与 Y 轴一致。

I、J 并不是轴,它只是在圆弧插补时,表示圆心相对于圆弧起点坐标的代码。

在坐标轴的运用过程中,计量制式如表 7-6 所示。

表 7-6　计量制式

计量制式	计量单位	最大命令值	最小命令值
公制	0.001 mm	99 999.999 mm	0.001 mm
英制	0.000 1 in	9 999.999 9 in	0.000 1 in

2. M 代码

(1) M00(暂停指令)。执行 M00 代码后,程序运行暂停。它的作用和单段暂停作用相同,按 Enter 键后,程序接着运行。

(2) M02(程序结束)。M02 代码是整个程序结束命令,其后的代码将不被执行。执行 M02 代码后,所有模态代码的状态都将被复位,然后接受新的命令以执行相应的动作。也就是说,上一个程序的模态代码不会对下一个执行程序构成影响。

(3) M05(忽略接触感知)。M05 代码只在本程序段有效,而且只忽略一次。当电极与工件接触时,要用此代码才能把电极移开。如电极与工件再次接触,须再次使用 M05。

(4) M98(子程序调用)。格式:M98 P*** L***;

M98 指令使程序进入子程序，子程序号由 P＊＊＊给出，子程序的循环次数则由 L＊＊＊确定。

(5) M99(子程序结束)。M99 是子程序的最后一个程序段。它表示子程序结束，返回主程序，继续执行下一个程序段。

3. C 代码

C 代码用在程序中选择加工条件，格式为 C＊＊＊，C 和数字间不能有别的字符，数字也不能省略，不够三位请用"0"补齐，如 C005。加工条件的各个参数显示在加工条件显示区域中，加工进行中可随时更改。

4. T 代码

(1) T84，T85(打开、关闭液泵)。T84 为打开液泵指令，T85 为关闭液泵指令。

(2) T86，T87(走丝电机启动、停止)。T86 为启动走丝电机，T87 为停止。

三、子程序及其调用

在加工中，往往有相同的工作步骤，将这些相同的步骤编成固定的程序，在需要的地方调用，那么整个程序将会简化和缩短。把调用固定程序的程序叫做主程序，把这个固定程序叫做子程序，并以程序开始的序号来定义子程序。当主程序调用子程序时只需指定它的序号，并将此子程序当做一个单段程序来对待。

主程序调用子程序的格式：M98 P＊＊＊＊ L＊＊＊；

其中，P＊＊＊＊为要调用的子程序的序号，L＊＊＊为子程序调用次数。如果 L＊＊＊省略，那么此子程序只调用一次；如果为"L0"，那么不调用此子程序。子程序最多可调用 999 次。

子程序的格式：N＊＊＊＊ ……；

(程序)

M99；

子程序以 M99 作为结束标识。在执行到 M99 时，返回主程序，继续执行下面的程序。

在主程序调用的子程序中，还可以再调用其他子程序，它的处理和主程序调用子程序相同。这种方式叫做嵌套(nesting)，如图 7－32 所示。

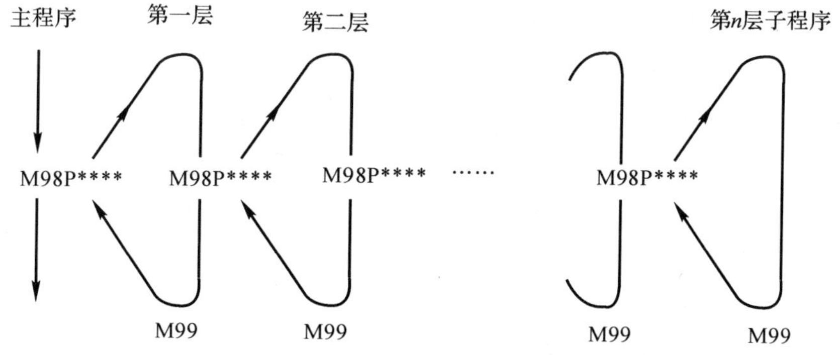

图 7－32　子程序调用嵌套示意图

在本系统中，规定 n 的最大值为 7，即子程序嵌套最多为 7 层。

四、锥度加工

1. 锥度加工的设定输入

为了执行锥度加工，必须确定并输入三个数据：上导丝轮与工作台面、下导丝轮与工作台面的距离及工件厚度。否则，即使程序中设定了锥度加工也无法正确执行。请在“参数”方式的“机床”子方式中输入这三个参数。对加工面的定义：与编程尺寸一致的面叫做主程序面，把另一有尺寸要求的面叫做副程序面。

格式：G52 A2.5 G01 X0 Y5;　　　　电极丝右倾 2.5°

2. 锥度加工的开始与结束

锥度加工开始和结束时的动作，如图 7-33 所示。与补偿的加入和撤消一样，锥度加工也必须以直线插补起止，而不能用圆弧指令开始和终止。

图 7-33　锥度加工的开始与结束示意图

3. 锥度加工的连接

在锥度加工中，当副程序面的两曲线没有交点时，程序将自动在副程序面加入过渡圆弧处理，具体分以下三种情况。

(1) 直线—圆弧，如图 7-34 所示。

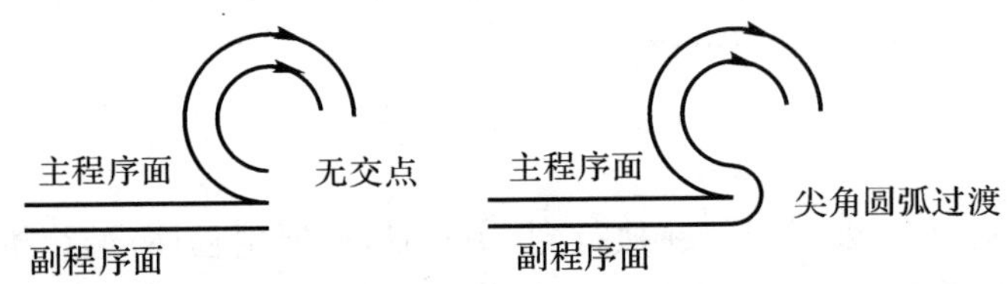

图 7-34　直线—圆弧的连接

(2) 圆弧—直线，如图 7-35 所示。

图 7-35　圆弧—直线的连接

(3) 圆弧—圆弧，如图 7-36 所示。

4. 锥度和转角 R

在锥度加工中，可以在主程序面和副程序面分别加入圆弧过渡，方法是：在该程序段加入转角 R 指令，用 R1 设定主程序面的过渡圆弧半径，用 R2 设定副程序面的过渡圆弧半径。

格式如下：

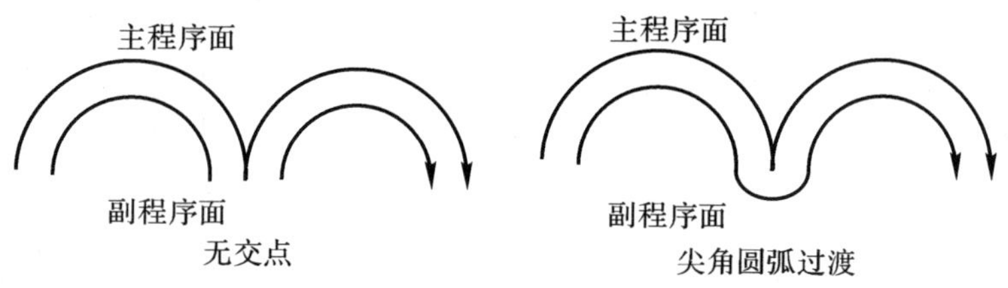

图 7－36　圆弧—圆弧的连接

G01 X_ Y_ R1_ R2_;

G02 X_ Y_ I_ J_ R1_ R2_;

G03 X_ Y_ I_ J_ R1_ R2_;

转角 R 指令只在补偿状态(G41,G42) 和锥度状态(G51,G52) 下有效,如补偿和锥度都处于取消状态(G40,G50) ,则 R 无效。

锥度加工加入圆弧过渡,如图 7－37 所示。

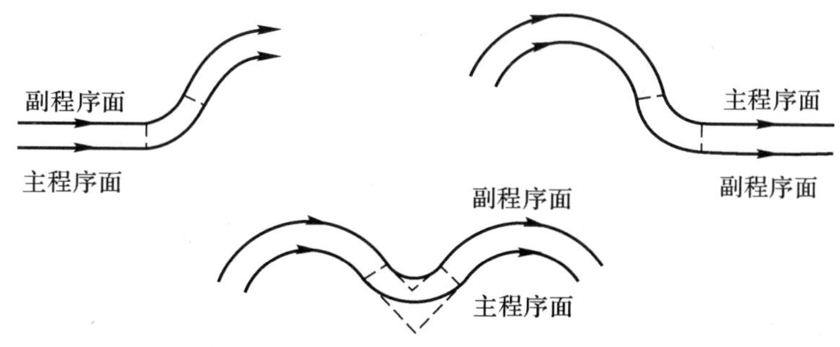

图 7－37　锥度加工加入圆弧过渡

如果 R1＝R2,则工件的上、下面插入同一圆弧,因而成斜圆柱状,如图 7－38 所示。

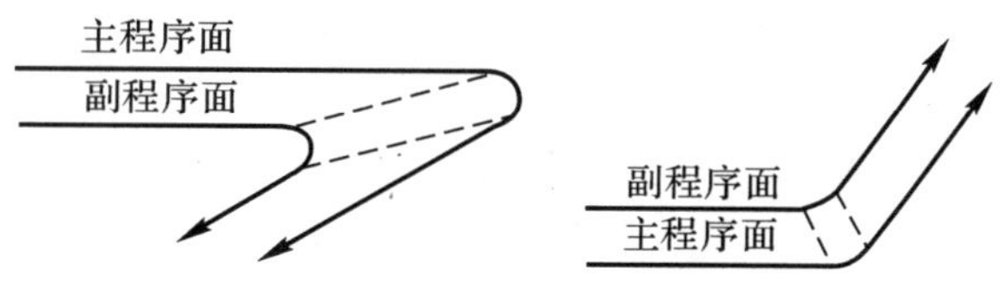

图 7－38　过渡圆弧半径相等

7.5　数控电火花线切割加工程序实例

一、直线加工

图 7－39 所示为有偏移量、有锥度的凸模加工示意图。

H000＝0H001＝110;

H005＝0;

T84 T86 G54 G90 G92 X15 Y0 U0 V0;

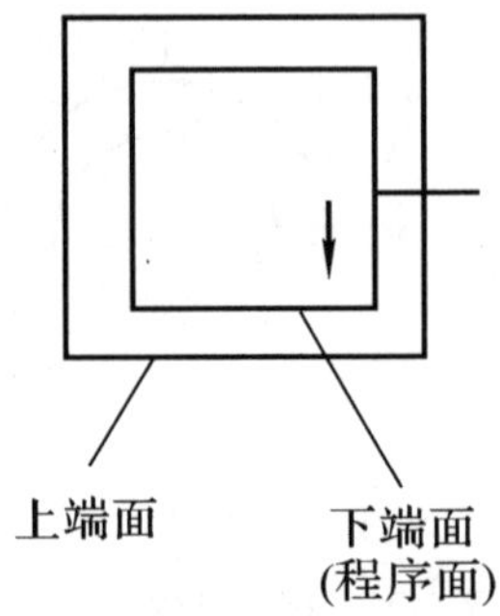

图 7－39　有偏移量、有锥度的凸模加工示意图

```
C007;
G01 X11 Y0;G04 X0+H005;
G41 H000;
G51 A0;
C003;
G41 H000;
G51 A0;
G01 X10 Y0;G04 X0+H005;
G41 H001;
G51 A1;
X10 Y-10;G04 X0+H005;
X-10 Y-10;G04 X0+H005;
X-10 Y10;G04 X0+H005;
X10 Y10;G04 X0+H005;
X10 Y0;G04 X0+H005;
G40 H000 G50 A0 G01 X11 Y0;
M00;
C007;
G01 X15 Y0;G04 X0+H005;
T85 T87 M02;
(:: The Cutting length=85 mm);
```

二、圆弧加工

图 7－40 所示为线切割圆弧直线加工示意图。

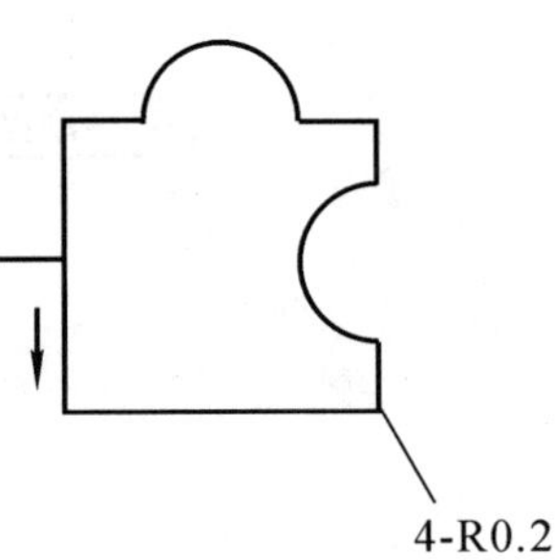

图 7－40　圆弧直线加工示意图

```
H000=0 H001=110;
H005=0;
T84 T86 G54 G90 G92 X-15 Y0 U0 V0;
C007;
G01 X-11 Y0;G04 X0+H005;
G42 H000;
C002;
G42 H000;
G01 X-10 Y0;G04 X0+H005;
G42 H001;
X-10 Y-9.8;G04 X0+H005;
G03 X-9.8 Y-10 I+0.2 J0;G04 X0+H005;
G01 X9.8 Y-10;G04 X0+H005;
G03 X10 Y-9.8 I0 J0.2;G04 X0+H005;
G01 X10 Y-5;G04 X0+H005;
```

```
G02 X+10 Y+5 I0 J+5;G04 X0+H005;
G01 X+10 Y+9.8;G04 X0+H005;
G03 X+9.8 Y+10 I-0.2 J0;G04 X0+H005;
G01 X+5 Y+10;G04 X0+H005;
G03 X-5 Y10 I-5 J0;G04 X0+H005;
G01 X-9.8 Y10;G04 X0+H005;
G03 X-10 Y9.8 I0 J-0.2;G04 X0+H005;
G01 X-10 Y0;G04 X0+H005;
G40 H000 G01 X-11 Y0;
M00;
C007;
G01 X-15 Y0;G04 X0+H005;
T85 T87 M02;
(:: The Cutting length=96.07 mm) ;
```

三、子程序的运用

在线切割加工的主程序运行过程中，可以实现子程序的调用，如图 7 - 41 所示，调用方形的子程序。

```
M98 P1000 L4;
M02;
N1000;
H000=0 H001=110;
H005=0;
T84 T86 G54 G90 G92 X0 Y0 U0 V0;
C007;
G01 X0 Y4;G04 X0+H005;
G42 H000;
C002;
G42 H000;
G01 X0 Y5;G04 X0+H005;
G42 H001;
X5 Y5;G04 X0+H005;
X5 Y-5;G04 X0+H005;
X-5 Y-5;G04 X0+H005;
X-5 Y5;G04 X0+H005;
X0 Y5;G04 X0+H005;
G40 H000 G01 X0 Y4;
M00;
C007;
```

```
G01 X0 Y0;G04 X0+H005;
T85 T87 ;
M00;
G00 X30 Y0;
M00;
M99;
```

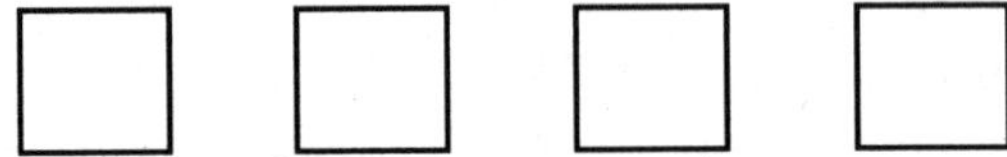

图 7-41　子程序的调用

四、图形旋转运用

线切割可以对图 7-40 所示图形进行旋转后再加工，如图 7-42 所示。

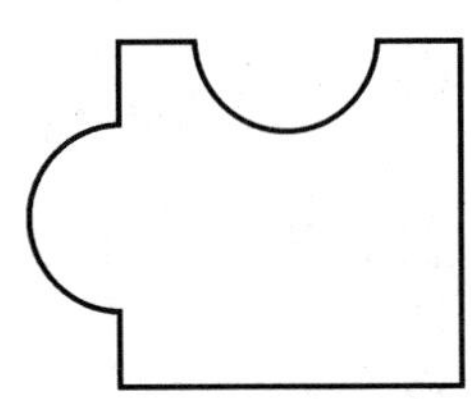

图 7-42　图形旋转加工示意图

```
RA90;
G26;
H000=0 H001=110;
H005=0;
T84 T86 G54 G90 G92 X-15 Y0 U0 V0;
C007;
G01 X-11 Y0;G04 X0+H005;
G42 H000;
C002;
G42 H000;
G01 X-10 Y0;G04 X0+H005;
G42 H001;
X-10 Y-9.8;G04 X0+H005;
G03 X-9.8 Y-10 I0.2 J-0;G04 X0+H005;
G01 X9.8 Y-10;G04 X0+H005;
G03 X10 Y-9.8 I0 J0.2;G04 X0+H005;
G01 X10 Y-5;G04 X0+H005;
G02 X10 Y5 I0 J5;G04 X0+H005;
G01 X10 Y9.8;G04 X0+H005;
G03 X9.8 Y10 I-0.2 J0;G04 X0+H005;
G01 X5 Y10;G04 X0+H005;
G03 X-5 Y10 I-5 J0;G04 X0+H005;
G01 X-9.8 Y10;G04 X0+H005;
G03 X-10 Y9.8 I-0 J-0.2;G04 X0+H005;
G01 X-10 Y0;G04 X0+H005;
```

```
G40 H000 G01 X－11 Y0;
M00;
C007;
G01 X－15 Y0;G04 X0＋H005;
T85 T87;
G27 M02;
(:: The Cutting length=96.072 563 mm) ;
```

五、上、下异形加工

线切割可以加工上、下形状相异的零件，如图 7 - 43 所示。

```
H000=0 H001=110;
T84 T86 G54 G90 G92 X0 Y0 U0 V0;
C008
G61;
G41 H000;
G01 X0 Y10 :G01 X0 Y10;
G41 H001;
G02 X－10 Y20 I0 J10:X－10 Y20;
X0 Y30 I10 J0 :X0 Y30;
X10 Y20 I0 J－10:X10 Y20;
X0 Y10 I－10 J0:X0 Y10;
G40 H000;
G01 X0 Y0:X0 Y0;
G60;
T85 T87 M02;
(:: The Cutting length=85 mm) ;
```

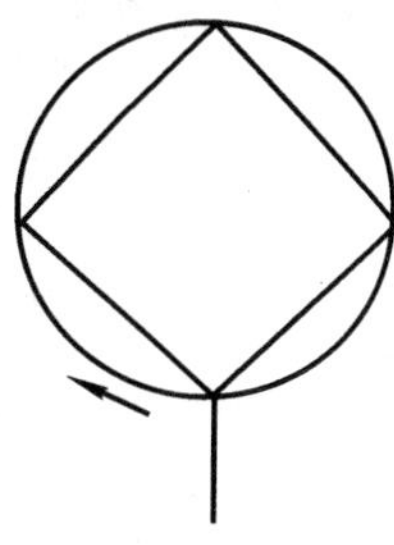

图 7 - 43　上、下异形加工示意图

第8章

激光刻绘加工

8.1 概　述

一、什么是激光

激光的最初中文名叫做“镭射”“莱塞”，是它的英文名称LASER的音译，是取自英文Light Amplification by Stimulated Emission of Radiation的各单词的头一个字母组成的缩写词，意思是“受激辐射的光放大”。激光的英文全名已完全表达了激光产生的主要过程。1964年，按照我国著名科学家钱学森的建议将“光受激发射”称为“激光”。

激光是20世纪以来，继原子能、计算机、半导体之后，人类的又一重大发明，被称为“最快的刀”“最准的尺”“最亮的光”和“奇异的激光”。它的原理早在1916年已被著名的物理学家爱因斯坦发现，但直到1958年激光才被首次成功制造。

二、激光产生的原理

了解激光产生的原理，必须先了解物质的结构，以及光的辐射和吸收的原理。

物质由原子组成。图8-1是一个碳原子的示意图。原子的中心是原子核，由质子和中子组成。质子带有正电荷，中子则不带电。原子的外围布满着带负电的电子，绕着原子核运动。有趣的是，电子在原子中的能量并不是任意的。由描述微观世界的量子力学可知，这些电子会处于一些固定的“能阶”，不同的能阶对应于不同的电子能量。为了简单起见，可以如图8-1所示，把这些能阶想象成一些绕着原子核的轨道，距离原子核越远的轨道能量越高。此外，不同轨道最多可容纳的电子数目也不同，例如最低的轨道（也是最近原子核的轨道）最多只可容纳2个电子，较高的轨道则可容纳8个电子等等。事实上，这个过分简化了的模型并不是完全正确的，但它足以帮助说明激光的基本原理。

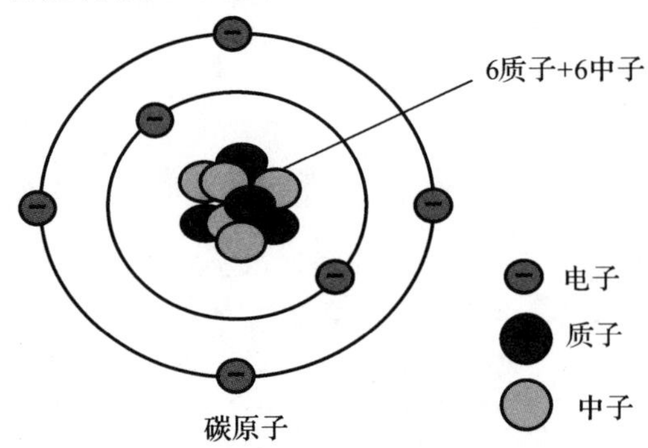

图8-1　碳原子示意图

电子可以通过吸收或释放能量从一个能阶跃迁至另一个能阶。例如当电子吸收了一个光子时，它便可能从一个较低的能阶跃迁至一个较高的能阶（见图 8－2(a)）。同样地，一个位于高能阶的电子也会通过发射一个光子而跃迁至较低的能阶(见图 8－2(b))。在这些过程中，电子吸收或释放的光子能量总是与这两能阶的能量差相等。由于光子能量决定了光的波长，因此，吸收或释放的光具有固定的颜色。

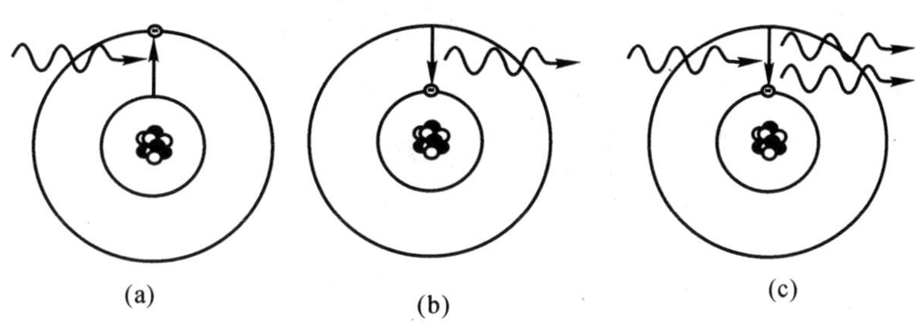

图 8－2　原子内电子的跃迁过程

(a)自发吸收；(b)自发辐射；(c)受激辐射

当原子内所有电子处于可能的最低能阶时，整个原子的能量最低，称原子处于基态。图 8－1 显示了碳原子处于基态时电子的排列状况。当一个或多个电子处于较高的能阶时，称原子处于受激态。前面说过，电子可通过吸收或释放光子能量在能阶之间跃迁。跃迁又可分为三种形式：

(1)自发吸收。电子通过吸收光子从低能阶跃迁到高能阶（见图 8－2(a)）。

(2)自发辐射。电子自发地通过释放光子从高能阶跃迁到较低能阶(见图 8－2(b))。

(3)受激辐射。光子射入物质诱发电子从高能阶跃迁到低能阶，并释放光子。入射光子与释放的光子有相同的波长和相，此波长对应于两个能阶的能量差。一个光子诱发一个原子发射一个光子，最后就变成两个相同的光子（见图 8－2(c)）。

激光基本上就是由受激辐射跃迁机制所产生的。图 8－3 显示了红宝石激光的原理。它由一支闪光灯、激光介质和两面镜子所组成。激光介质是红宝石晶体，当中有微量的铬原子。在开始时，闪光灯发出的光射入激光介质，使激光介质中的铬原子受到激发，最外层的电子跃迁到受激态。此时，有些电子会通过释放光子，回到较低的能阶。而释放出的光子会被设于激光介质两端的镜子来回反射，诱发更多的电子进行受激辐射，使激光的强度增加。设在两端的其中一面镜子会把全部光子反射，另一面镜 子则会把大部分光子反射，并让其余小部分光子穿过；而穿过镜子的光子就构成所见的激光。

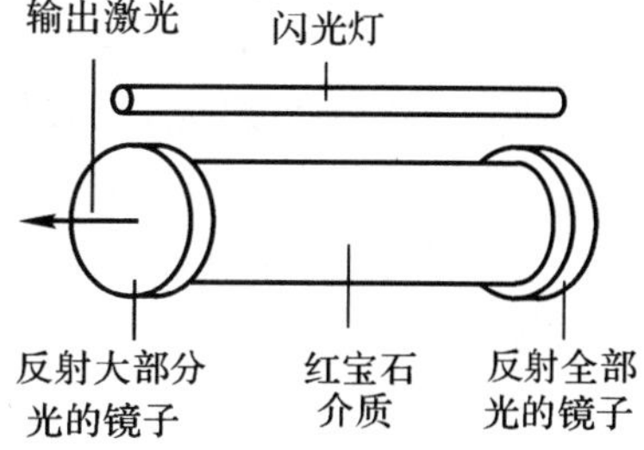

图 8－3　红宝石激光原理的示意图

产生激光还要有一个重要条件，就是要实现所谓粒子数反转的状态。以红宝石激光为例（见图 8－4），原子首先吸收能量，跃迁至受激态。原子处于受激态的时间非常短，大约 10^{-7} s 后，它便会落到一个称为亚稳态的中间状态。原子停留在亚稳态的时间很长，大约是 10^{-3} s 或更长的时间。电子长时间留在亚稳态，导致在亚稳态的原子数目多于在基态的原子数目，此现象称为粒子数反转。粒子数反转是产生激光的关键，因为它使通过受激辐射由亚稳态回到

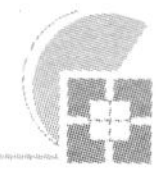

基态的原子，比通过自发吸收由基态跃迁至亚稳态的原子多，从而保证了介质内的光子可以增多，以输出激光。

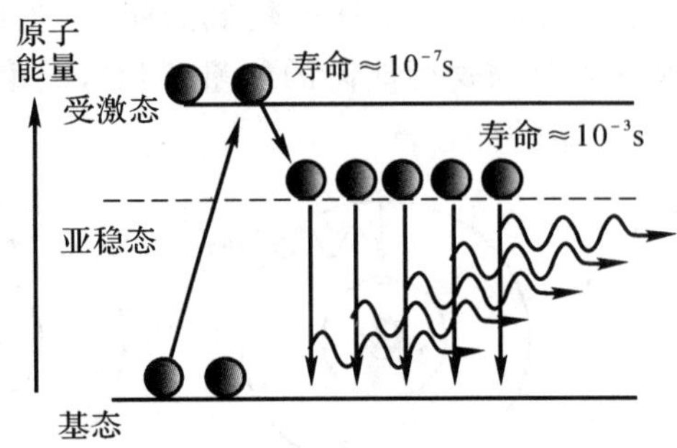

图 8－4　粒子数反转的状态

三、激光的特性

由于激光是通过受激辐射产生的特殊光，因此它和普通光相比具有以下四大特性（见图 8－5）。

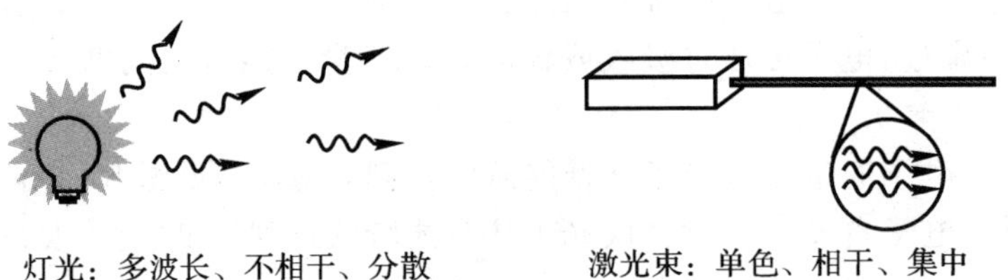

图 8－5　普通灯光与激光的比较

1. 方向性好

普通光源是向四面八方发光。要让发射的光朝一个方向传播，需要给光源装上一定的聚光装置，如汽车的车前灯和探照灯都安装有聚光作用的反射镜，使辐射光汇集起来向一个方向射出。激光器发射的激光，光束的发散度极小，大约只有 0.001 rad，接近平行。1962 年，人类第一次使用激光照射月球，地球离月球的距离约 38 万 km，但激光在月球表面的光斑不到 2 km。若以聚光效果很好，看似平行的探照灯光柱射向月球，则按照计算其光斑直径将覆盖整个月球。

2. 亮度极高

在激光发明前，人工光源中高压脉冲氙灯的亮度最高，与太阳的亮度不相上下。一台输出功率仅为 10 mW 的氦氖激光器，光束发散角为 10^{-4} rad，其辐射亮度可达 10^{10} W/(m^2 · sr)[瓦/(平方米 · 球面度)]，比太阳光的辐射亮度 3×10^6 W/(m^2 · sr) 高几千倍。又如，一台较高水平的红宝石激光器发出的激光亮度比高压脉冲灯的亮度高 370 亿倍，比太阳表面的亮度高 200 多亿倍。除了氢弹以外，目前还没有其他的光源能达到这样高强度的能量。因为激光的亮度极高，所以能够照亮远距离的物体。红宝石激光器发射的光束在月球上产生的照度约为 0.02Ix(光照度的单位勒[克斯])，颜色鲜红，激光光斑明显可见。若用功率最强的探照灯照射月球，则产生的照度只有约 1×10^{-12} Ix，人眼根本无法察觉。激光亮度极高的主要原因

是定向发光。大量光子集中在一个极小的空间范围内射出，能量密度自然极高。

3. 单色性好

光的颜色由光的波长(或频率) 决定。一定的波长对应一定的颜色。太阳光的波长分布范围约在 0.4～0.67 μm 之间，对应的颜色从红色到紫色共 7 种颜色，所以太阳光谈不上单色性。发射单种颜色光的光源称为单色光源，它发射的光波波长单一。比如氪灯、氦灯、氖灯、氢灯等都是单色光源，只发射某一种颜色的光。单色光源的光波波长虽然单一，但仍有一定的分布范围。如氪灯只发射红光，单色性很好，被誉为单色性之冠，波长分布的范围仍有 0.000 01 nm，因此氪灯发出的红光，若仔细辨认仍包含有几十种红色。由此可见，光辐射的波长分布区间越窄，单色性越好。

激光器输出的光，波长分布范围非常窄，因此颜色极纯。以输出红光的氦氖激光器为例，其光的波长分布范围可以窄到 2×10^{-9} nm，是氪灯发射的红光波长分布范围的 2×10^{-4}。由此可见，激光器的单色性远远超过任何一种单色光源。

4. 相干性好

激光的频率、振动方向、相位都高度一致，使激光光波在空间重叠时，重叠区的光强分布会出现稳定的强弱相间现象。这种现象叫做光的干涉，所以激光是相干光。而普通光源发出的光，其频率、振动方向、相位都不一致，称为非相干光。

四、激光技术的应用

世界上第一台激光器诞生于 1958 年，我国于 1961 年研制出第一台激光器。多年来，激光技术与应用发展迅猛，已与多个学科相结合形成多个应用技术领域，比如光电技术、激光医疗与光子生物学、激光加工技术、激光检测与计量技术、激光全息技术、激光光谱分析技术、非线性光学、超快激光学、激光化学、量子光学、激光雷达、激光制导、激光分离同位素、激光可控核聚变、激光武器等。这些交叉技术与新的学科的出现，大大地推动了传统产业和新兴产业的发展。

1. 日常生活中的应用

(1) 超级市场中常用激光条形码扫描仪来扫描商品标识上的条形码，从中读取商品信息。

(2) 课堂上，教师用的激光指示器为学生指示讲授内容。

(3) 计算机光驱中，用激光头来读取光盘数据，或向光盘中刻录数据信息。

(4) 少年儿童喜爱的激光玩具。

(5) 办公自动化光电设备，如激光打印、传真和复印。

(6) 城市夜景的激光地标灯和舞台、广场用的激光特殊效果灯等。

2. 科学研究方面

(1) 激光核聚变。在热核聚变实验中，用高能量激光器发出的激光脉冲(其脉冲功率竟可达 10～14 W！这种激光可产生 1×10^{8} ℃的高温)，引发微粒状的氘-氚燃料进行热核聚变。

(2) 激光冷却(Laser Cooling) 。利用激光和原子的相互作用减速原子运动，以获得超低温原子的高新技术。1985 年美国国家标准与技术研究院的菲利浦斯(Willam D. Phillips) 和斯坦福大学的朱棣文(Steven Chu) 首先实现了激光冷却原子的实验，并得到了极低温度(24μK) 的钠原子气体。激光冷却有许多应用，如原子光学、原子刻蚀、原子钟、光学晶格、光

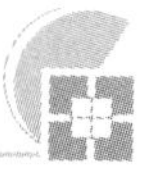

镊子、玻色-爱因斯坦凝聚、原子激光、高分辨率光谱以及光和物质的相互作用的基础研究等。

(3) 超高速、超大容量、高保密度、强抗干扰的信息传输和通信的研究等。

(4) 激光光谱(Laser Spectra)。激光光谱是以激光为光源的光谱技术。它用来研究光与物质的相互作用,从而辨认物质及其所在体系的结构、组成、状态及其变化。激光的出现使原有的光谱技术在灵敏度和分辨率方面得到很大的改善。由于已能获得强度极高、脉冲宽度极窄的激光,对多光子过程、非线性光化学过程以及分子被激发后的弛豫过程的观察成为可能,并分别发展成为新的光谱技术。激光光谱学已成为与物理学、化学、生物学及材料科学等密切相关的研究领域。

3. 医疗卫生方面

(1) 激光美容。利用激光产生的高能量,精确聚焦,作用于人体组织而在局部产生高热量,从而达到去除或破坏目标组织的目的,治疗各种血管性皮肤病及色素沉着。如去除鲜红斑痣、雀斑、老年斑、纹身、洗眼线、洗眉,治疗瘢痕、毛细血管扩张,美白牙齿等。

(2) 激光治疗。激光治疗技术有:光动力疗法治癌;激光治疗心血管疾病;准分子激光角膜成形术;激光治疗前列腺良性增生;激光纤维内窥镜手术;激光腹腔镜手术;激光胸腔镜手术;激光关节镜手术;激光碎石术;激光外科手术;激光在吻合术上的应用;激光在口腔、颌面外科及牙科方面的应用;弱激光疗法等。

4. 军事领域

激光武器是一种利用定向发射的激光束直接毁伤目标或使之失效的定向武器。根据作战用途的不同,激光武器可分为战术激光武器和战略激光武器两大类。

战术激光武器是利用激光作为能量,是像常规武器那样直接杀伤敌方人员,击毁坦克、飞机等,打击距离一般可达 20 km。目前,国外已有一种红宝石袖珍式激光枪,外形和大小与美国的派克钢笔相当。它能在距人几米之外烧毁衣服、烧穿皮肉,且无声响,在不知不觉中致人死命,并可在一定的距离内,使火药爆炸,使夜视仪、红外或激光测距仪等光电设备失效。

战略激光武器可攻击数千千米之外的洲际导弹;可攻击太空中的侦察卫星和通信卫星等。例如,1975 年 11 月,美国的两颗监视导弹发射井的侦察卫星在飞抵西伯利亚上空时,被苏联的“反卫星”陆基激光武器击中,并变成“瞎子”。因此,高基高能激光武器是夺取宇宙空间优势的理想武器之一,也是军事大国不惜耗费巨资进行激烈争夺的根本原因。据外刊透露,自 20 世纪 70 年代以来,美俄两国都分别以多种名义进行了数十次反卫星激光武器的试验。

5. 基本建设方面

激光在基本建设方面的应用有激光准直、激光测速、激光测距、地震监测等。

6. 工业生产方面

激光技术在工业生产中的应用范围很广,种类很多,主要包括激光切割、激光焊接、激光表面处理、激光打孔、激光刻绘、激光微调等各种加工工艺。

8.2 激光刻绘加工

一、激光刻绘加工的概念

激光刻绘加工是指利用聚焦后的高能量、高密度激光束在金属和非金属材料表面或内部

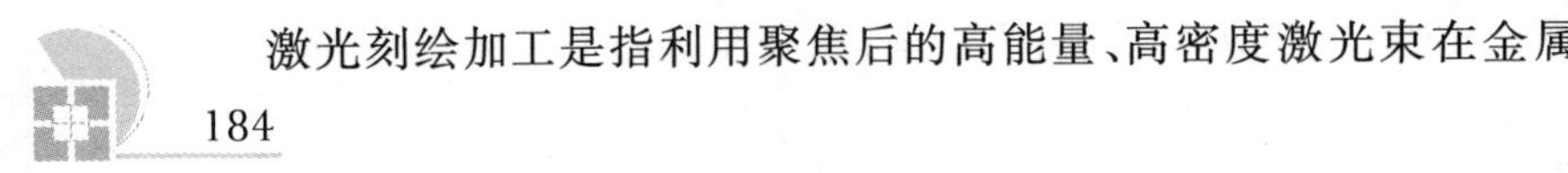

（透明材料）加工照片、图案、文字、符号、立体模型及外形切割的一类加工方法。常见的激光刻绘加工方法有激光打标加工、切割加工和激光内雕加工。

二、激光刻绘加工原理

激光内雕加工是将脉冲强激光在透明物体（水晶、玻璃、亚克力等）内部聚焦，产生微米量级大小的气化微裂纹，通过计算机控制微裂纹在玻璃体内的空间位置，使这些微裂纹三维排列而构成平面或立体图像。由于微裂纹所产生的光的散射，一般激光内雕的图像呈白色。另外，利用飞秒激光诱导微结构可以在一块无色透明的玻璃中雕入各种各样颜色的三维图案（主要是光活性离子如稀土离子、重金属离子等的氧化还原所引起的着色），还可以雕刻肉眼看不见，但是在紫外光线照射时会显现出不同颜色发光的图案。

激光切割加工是利用激光束聚焦形成的高功率密度光斑，将材料快速加热至气化温度，蒸发形成小孔洞后，再使光束与材料相对移动，从而获得窄的连续切缝。

激光打标加工是用激光束在各种不同的物质表面打上永久的标记。打标的方法有多种，有的是通过光的热效应使表层物质的蒸发露出深层物质，有的是通过光能导致表层物质发生化学物理变化而“刻”出痕迹，或者是通过光能烧掉部分物质，显出所需刻蚀的图形、文字。

三、激光刻绘加工所用设备

这里以 PHANTOM2000 型激光内雕机和 CM0906—100 型激光打标切割机为例来介绍激光刻绘加工所用设备的组成及其作用。

1. PHANTOM2000 型激光内雕机（见图 8 - 6）主要组成部分及其作用

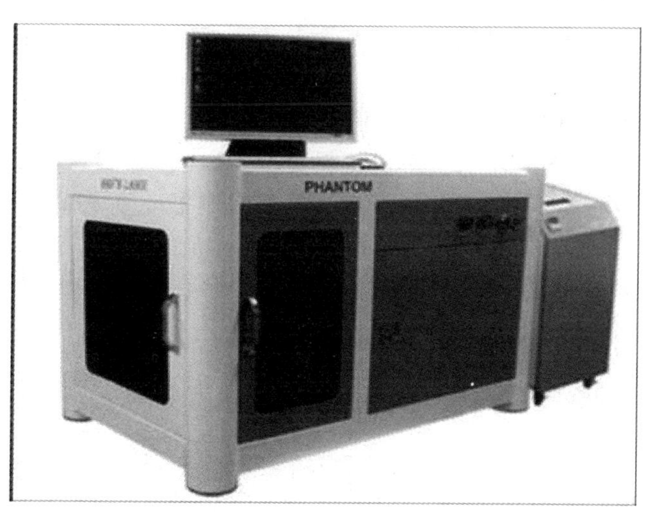

图 8 - 6　PHANTOM2000 型激光内雕机外观图

（1）组成（见图 8 - 7）。激光内雕机主要由激光器（YAG 内雕专用半导体泵浦固体绿激光器，波长为 532 nm）、扩束镜、聚焦镜、振镜组件、工作台组成。

（2）作用。

激光器。激光器为加工过程提供高能量高密度的光能，这种高能量高密度的光能被材料吸收并转化为热能，使材料被加工区域发生各种变化，达到加工的目的。

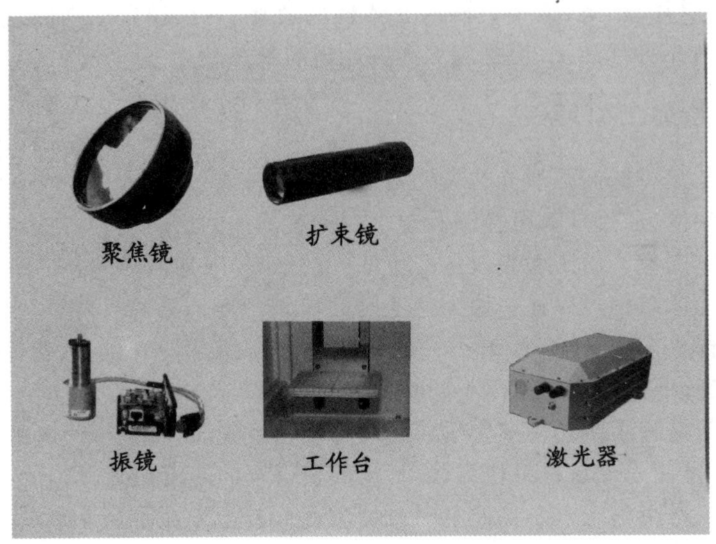

图 8-7　内雕机主要组成部分

扩束镜。虽然激光束的发散角很小，但仍然有几个毫弧度，发散角的存在直接影响聚焦效果。扩束镜的用途是压缩光束的发散角和增大光束的直径，以减小聚焦光斑尺寸；对于采用扫描振镜的系统，还可以降低振镜上的功率密度，防止振镜被打坏。

聚焦镜。激光是方向性最好的光源，但是它仍然有一定的发散角；激光也是光强度和光功率密度最高的光源，但是仍然不能满足许多加工应用中对激光功率密度的要求。因此必须通过聚焦镜将激光束聚焦在很小的区域（几微米至几十微米）中，以提高其功率密度，满足激光加工的要求。

振镜组件。振镜是机械振动式反射镜的简称，一般是由两个带有长方形光学反射镜片的伺服驱动器组成一组（见图 8-8）。计算机编辑出所要加工的程序文件，经专用 D/ A 卡将计算机的数字信号转换为模拟信号，再分别由两个伺服控制器驱动 X，Y 两个方向的振镜，使激光束在 X，Y 两个方向以不同的频率进行扫描合成，完成所需的加工程序。

工作台。用来放置被加工物体，并通过工作台的上、下移动实现三维内雕所必需的 Z 向坐标与 X，Y 向坐标之间的联动。

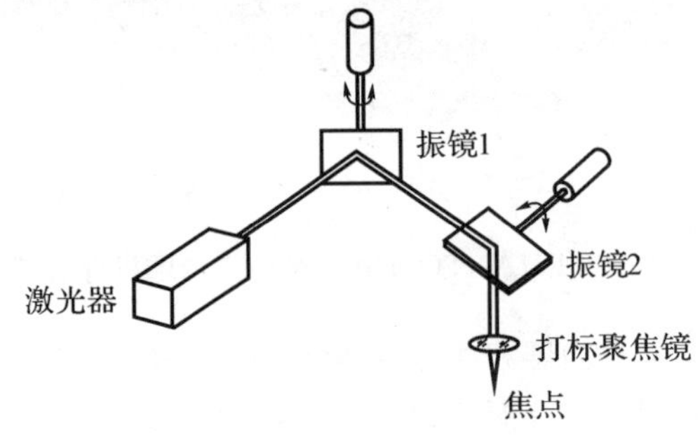

图 8-8　振镜工作示意图

(3) PHANTOM2000 型激光内雕机主要用途及技术性能指标。PHANTOM2000 型激光内雕机采用振镜和工作台联合工作方式,可在透明材料(如水晶、玻璃、亚克力等材料)内部进行雕刻。主要应用于工艺礼品等行业。其主要技术性能指标:雕刻范围为 80 mm×80 mm×80 mm;雕刻速度为 50 000 个点/min。

2. CM0906—100 型激光打标切割机(见图 8-9)主要组成部分及其作用

图 8-9　CM0906—100 型激光打标切割机外观图

(1)组成(见图 8-10)。CM0906—100 型激光打标切割机主要由激光器(CO_2 气体激光器,波长为 10.64 μm)、激光工作头、反光镜、聚焦镜、振镜组件、工作台组成。

(2)作用。

激光器。激光器为加工过程提供所需高能量高密度的光能。

激光工作头。激光工作头内部由切割和打标两个不同的工作系统组成。通过它可以实现打标加工时的定位扫描以及切割加工时的移动切割。

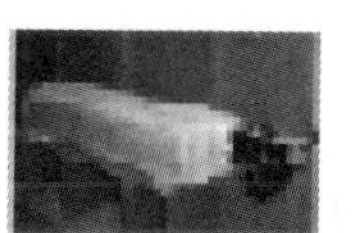
激光器

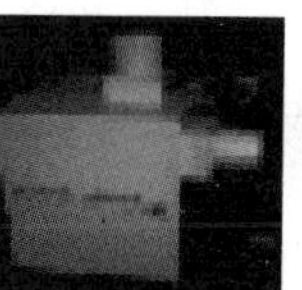
激光工作头

打标聚焦镜

反光镜

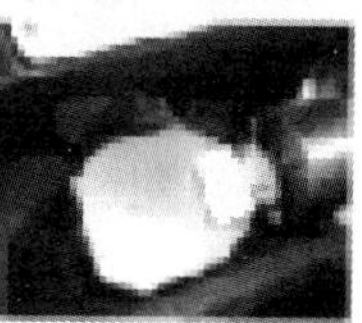
振镜组件

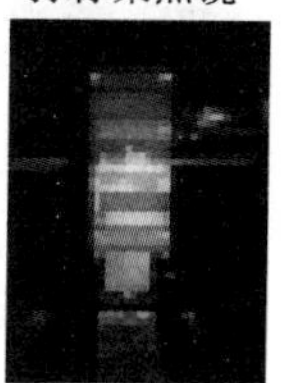
切割聚焦镜

图 8-10　激光打标切割机主要组成部分

反光镜。反光镜(见图 8-11)用来改变激光路径,还可以在打标和切割两个不同的工作系统之间进行激光光路的切换。

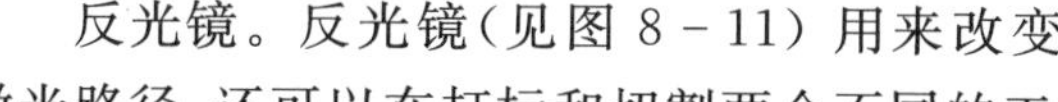

聚焦镜。激光打标切割机中聚焦镜有两组(在加工头内),它们分别担负切割和打标两个不同要求的激光聚焦工作。

振镜组件。振镜组件(见图 8-11)的作用是进行打标时激光光路扫描,完成所需的打标加工程序。

工作台。工作台用来放置被加工物体,并可通过工作台的上、下移动(手动)来调整激光焦点位置,这样在加工不同高度物体时,可使激光焦点正确处于被加工物体表面。

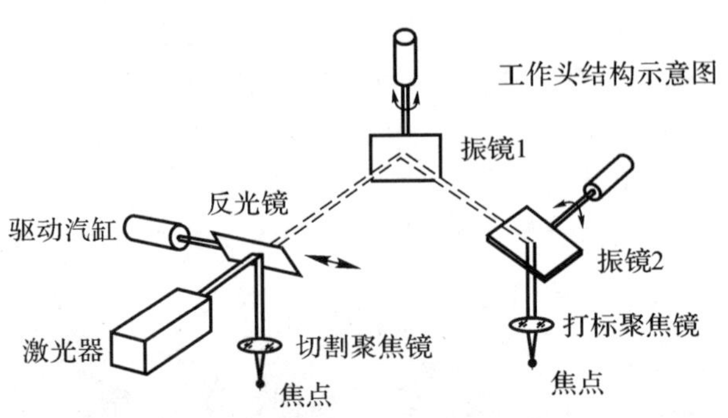

图 8-11 振镜及反光镜工作示意图

(3)CM0906—100 型激光打标切割机主要用途及技术性能指标。CM0906—100 型激光打标切割机可在塑料、木材、纸张、橡胶、皮革、亚克力、陶瓷、布匹纤维以及复合材料表面加工图案、文字、符号等,并能对上述材料进行切割。主要应用于木材加工、包装印刷、工艺饰品、广告装饰、工建模型、皮革服装等多种行业。其主要技术性能指标:

激光器的功率:100 W

单帧图像打标范围:70 mm×70 mm

最大切割范围:900 mm×600 mm

综合打标切割范围:800 mm×500 mm

切割速度:1～150 mm/s

打标速度:1～7 000 mm/s

最小切缝宽度:≤0. 3 mm (切割亚克力材料,深度为 2 mm 时)

最小打标线宽:≤0. 12 mm

最大切割深度:10 mm (切割速度为 8 mm/s 时)

四、激光刻绘加工模型的建立

激光刻绘加工的方法有多种多样,要求各异,因而加工所需模型的建立就要采用不同的方法。针对激光加工中采用激光刻绘加工设备的不同,建模方法分为内雕建模和打标切割建模。

1. 内雕建模

内雕建模又分为二维平面图形建模与三维立体模型建模两种方法。

二维平面图形建模方法及过程:

(1) 根据设计构思,绘画出图画作品,书写出书法作品,或者将所要表现的景物、人物拍摄成照片,或者从网络下载图形图片。

(2) 将图画、书法作品或照片经过扫描仪扫描输入计算机。

(3) 在计算机中用图像处理软件(如 Photoshop 等) 对输入的图画、书法作品或照片进行编辑处理(如构图裁剪,亮度、对比度、清晰度调整,特殊背景处理等) 。

(4) 将处理好的文件保存成 jpg 文件格式,完成建模工作,以备内雕处理时调用。

三维立体模型建模方法及过程:

(1) 对于建筑、卡通动物等立体模型,要先根据设计构思勾画出立体模型草图。

(2) 在计算机中根据模型草图用三维模型制作软件(如 3DS MAX 等) 按一定比例创建三

维立体模型。

(3) 对于人物肖像,则要用专用三维立体数码相机进行拍摄,生成三维立体人物肖像模型。

(4) 将创建好的模型从软件中导出,另存为 dxf,bmp,jpg 等文件格式完成建模工作,以备内雕处理时调用。

2. 打标切割建模

(1) 根据设计构思,在计算机中用矢量图形绘图软件(Core iDRAW)分别绘制切割图形和打标图形。

(2) 还可将已有的图形图片经扫描仪扫描输入计算机,再导入到矢量图形绘图软件进行描绘、编辑,生成矢量图。

(3) 将绘制、编辑、处理好的矢量图从软件中导出,另存为 dxf,bmp,jpg 等文件格式完成建模工作,以备打标切割处理时调用。

五、激光刻绘加工用软件简介

1. 激光内雕加工用软件

激光内雕加工用软件属于专用软件,它分为图形内雕软件(HL. exe)和三维图形处理软件(HL 3D. exe)。

图形内雕软件主要用来设置内雕参数、控制内雕过程。

三维图形处理软件主要用来对三维立体模型进行实体切层处理,生成立体内雕数据——点云。对于立体内雕数据还要将其从三维图形处理软件中导出,保存为 agl 文件以便立体内雕时在图形内雕软件中调用。

2. 激光切割打标用软件

激光切割打标用软件分为打标切割控制软件(ANC. exe)、图形切割软件(HD. exe)和图形打标软件(HL4.0)。

打标切割控制软件主要用来控制、协调图形切割软件和图形打标软件之间的联动,以及整个图形切割和图形打标工作。

图形切割软件主要用来处理切割图形,控制图形切割工作。

图形打标软件主要用来处理打标图形,控制图形打标工作。

六、激光刻绘加工工艺性分析

1. 内雕质量和主要影响因素

影响内雕质量的因素主要有:图片、照片本身的质量;被加工材料的质量;加工参数的正确选择等。

图片、照片本身的质量。用做内雕的图片、照片本身要求清晰,色彩对比要求层次分明,照片要求像素要比较高。这样雕刻出来的作品效果就要好一些,反之效果就差。

被加工材料的质量。用做内雕的水晶玻璃要求材质均匀(其中铅的含量不能太低),也不能在玻璃中存在气泡,否则会造成图像中的某一部分雕刻不上。另外还要求材料表面平整、干净不得留有污渍手印或划痕,否则会在雕刻出的图案中留下不应有的阴影。

加工参数的正确选择:

(1) 点间距、层间距。点间距、层间距数值过小，会因为表示实体的点之间距离太近而导致点的炸裂或炸花，甚至会使玻璃开裂；点间距、层间距数值过大，会使雕刻出来的作品显得粗糙缺乏细腻感；只有点间距、层间距数值适中（由实验确定），才能加工出层次丰富、细腻的作品。

(2) 雕刻电流强度。雕刻电流强度大小实质上决定了激光器输出的激光功率的大小。激光功率较大时，会引起较大范围的微爆炸，使雕刻质量下降；激光功率较小时，会使雕刻出来的点不清晰同样影响雕刻质量；只有选择合适的电流强度（由实验确定），才能加工出满意的作品。

(3) 雕刻速度。雕刻速度不同时激光与玻璃相互作用也有不同的变化。当雕刻速度较慢时，在相同区域内，激光滞留时间比较长，则玻璃吸收的能量很高，引起了该区域熔融与变性，雕刻面极其不均匀，雕刻面上出现了杂乱的纹路。当扫描速度较快时，由于使用的是脉冲激光，只有在激光脉冲到来时玻璃才能吸收能量，此时在该区域会引起微爆炸，在激光脉冲尚未到来时，该区域几乎不能吸收激光能量，因此雕刻面看起来就像由一些散点组成，很不均匀。

2. 激光打标切割质量和主要影响因素

由于激光打标切割加工要针对不同材质的非金属材料，而激光与物质的作用过程主要与激光的功率密度和激光的作用时间、材料的密度、材料的熔点、材料的相变温度以及激光的波长和材料表面对该波长激光的吸收率、热导率等有关；因此，影响激光打标切割质量的主要因素就是加工参数的正确选择。一般来说，如果加工时选择的激光功率过大、频率过高、打标切割速度过慢，加工出来的图像线条就会出现烧熔或烧糊现象，而且切口不平整光滑，质量也不高；而如果加工时选择的激光功率过小、频率过低、打标切割速度过快，加工出来的图像线条就不清晰，而且材料切不透。因此，要想获得较好的打标切割加工质量，就必须针对不同的被加工材料，通过实验选择确定不同的加工参数。

8.3 激光刻绘加工实例

本节将通过几个加工实例来分别介绍几种激光刻绘加工的方法和整个加工过程。

一、激光内雕加工

激光内雕加工的一般流程如图 8－12 所示。

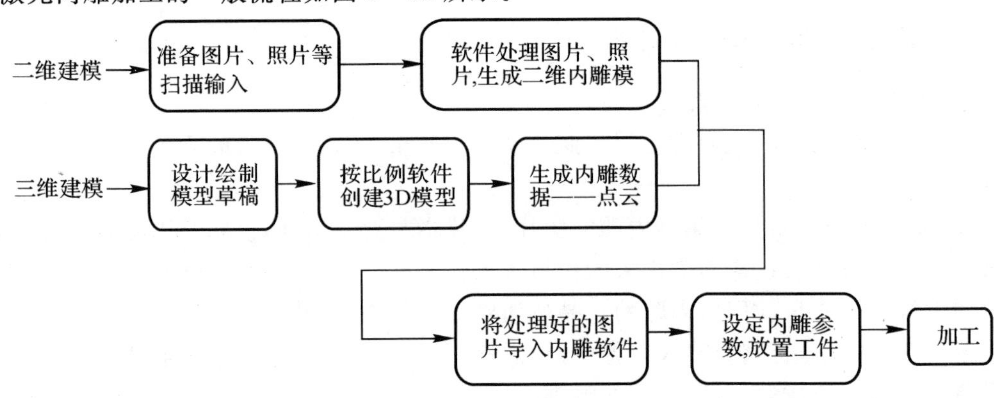

图 8－12 激光内雕加工流程图

[实例一]

雕塑马(二维平面,见图 8-13)。

图 8-13　成品外观图

材料:普通玻璃;
尺寸:80 mm×80 mm×8 mm;
内雕参数:物料高度"8";
Z 向坐标偏移量"-0.6";
点间距"0.12";
分层数"4";
层间距"0.4";
打标电流"19.2"。

步骤 1:准备好要雕刻的图片、照片、书法作品等(见图 8-14,本例为从网络下载的图片)。

图 8-14　网络下载图片

步骤 2:在图像处理软件(如 Photoshop) 中进行构图裁剪,调整亮度、对比度等编辑工作,生成二维内雕模型(见图 8-15)。

图 8-15　图像处理

步骤 3:将生成的二维内雕模型导入专用图形内雕软件(HL. exe) ,设置内雕参数(见图 8-16)。

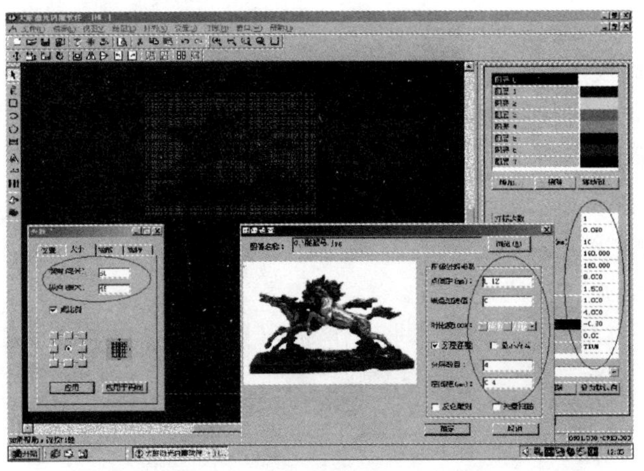

图 8-16　参数设置

步骤 4:调整内雕机初始状态(空打标一次) ,在工作台上放置好玻璃。

步骤 5:分别按下机器面板上的“LASER ON”“SCAN ON”“Q ON”按键打开激光器、振镜组件和 Q 驱开关,调整打标电流开始加工,直至加工结束。

[实例二]

西安工业大学图书馆(三维立体,见图 8-17)。

材料:水晶玻璃;

尺寸:80 mm×65 mm×30 mm;

内雕参数：物料高度“30”；
Z 向坐标偏移量“0”；
X 向点间距“0.2”；
Y 向点间距“0.2”；
Z 向层间距“0.3”；
打标电流“19.4”。

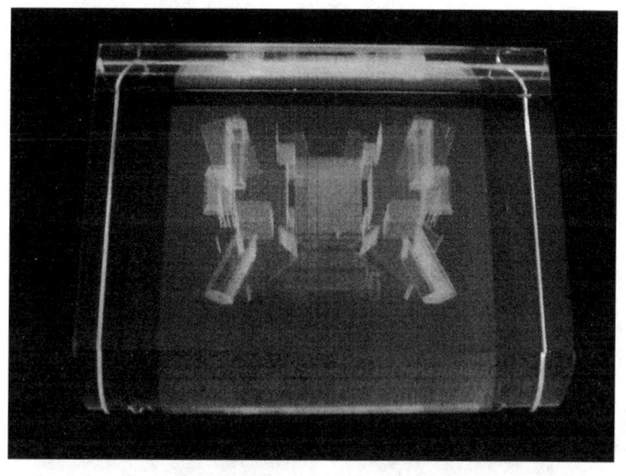

图 8-17　成品外观

步骤 1：设计绘制雕刻模型图形（本例为拍摄建筑模型照片，见图 8-18）。

图 8-18　模型照片

步骤 2：用三维制作软件（如 3DS MAX 等）按一定比例创建三维立体模型（见图 8-19）。

步骤 3：用三维图形处理软件（HL 3D.exe）对三维立体模型进行实体切层处理，生成立体内雕数据——点云。将内雕数据从三维图形处理软件中导出，保存为 agl 格式文件（见图 8-20）。

步骤 4：在图形内雕软件（HL.exe）中调用 agl 格式文件，设置雕刻参数（见图 8-21）。

步骤 5：调整内雕机状态（空打标一次），在工作台上放置好玻璃。

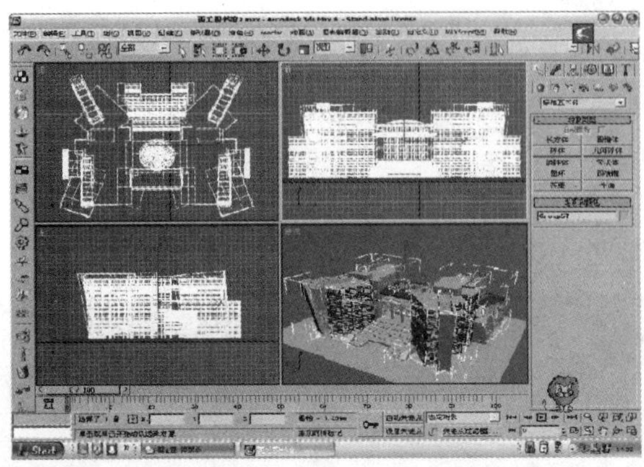

图 8－19　三维立体模型建模

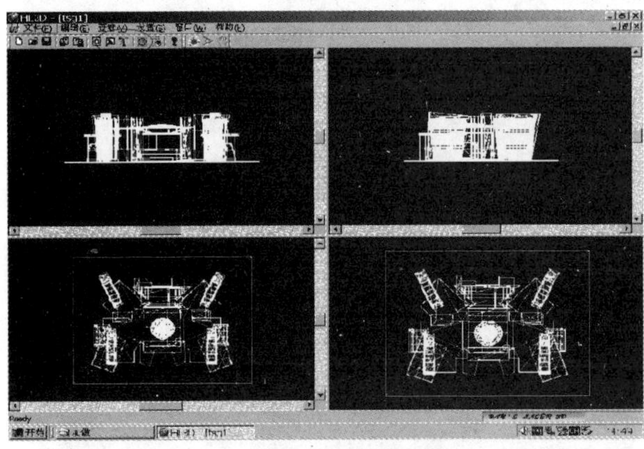

图 8－20　三维内雕处理

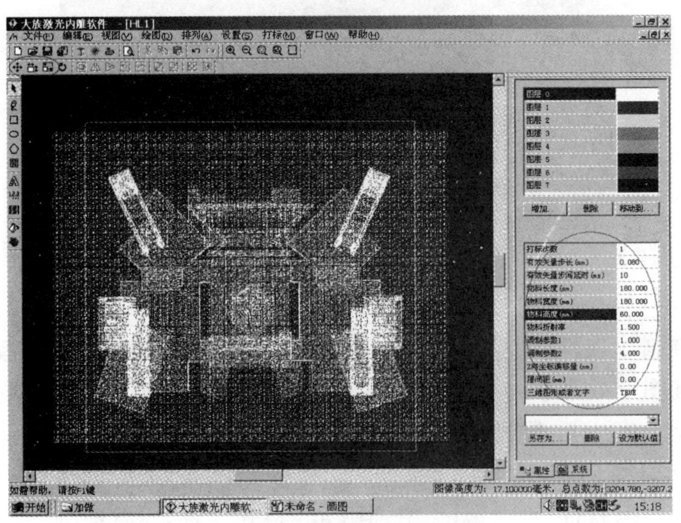

图 8－21　调用处理文件，设置参数

步骤 6:分别按下机器面板上的“LASER ON”“SCAN ON”“Q ON”按键打开激光器、振镜组件和 Q 驱开关,调整打标电流开始加工,直至加工结束。

二、激光打标切割加工

激光打标切割加工的一般流程如图 8-22 所示。

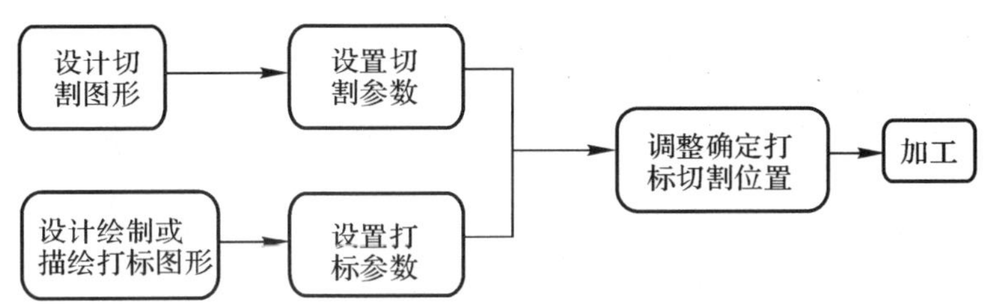

图 8-22　激光打标切割加工的流程图

[实例一]

图书信息牌(部件,见图 8-23)。

图 8-23　成品外观图

材料:亚克力板;

尺寸:300 mm×235 mm×5 mm;

内雕参数:切割激光功率“50”;

切割激光频率“10”;

切割速度“5”;

打标电流“10”;

Q 频率“5”;

Q 释放时间“10”。

步骤 1:在矢量图形绘图软件(Core iDRAW)中设计绘制切割图案,将图案保存为 dxf 格式文件(见图 8-24)。

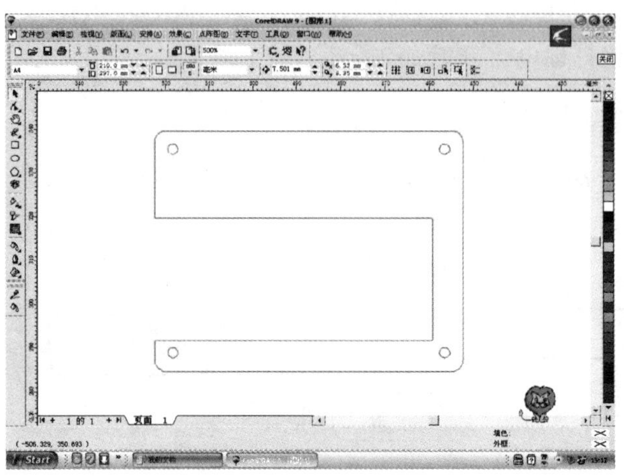

图 8-24　切割图案设计

步骤 2：设计绘制打标图案（本案例为照片），并将设计绘制好的打标图案导入矢量图形绘图软件（Core iDRAW）中进行描绘、编辑，然后存为 dxf 格式文件（见图 8-25）。

图 8-25　打标图案描绘、编辑

步骤 3：将切割图形文件、打标图形文件分别导入图形打标软件（HL4.0）中，将切割图形居中并将打标图形放置到适当位置，记下打标图形相对于切割图形的位置坐标（见图 8-26）。

步骤 4：在图形打标软件（HL4.0）中导入打标图形，将步骤 3 的位置坐标值输入“位置”选项的坐标输入框中然后点击“应用”，确定图形位置。设置打标参数，点击“通用打标”工具键进入待加工状态（见图 8-27）。

步骤 5：在图形切割软件（HD.exe）中导入切割图形，设置切割参数，进入待加工状态（见图 8-28）。

步骤 6：打开打标切割控制软件（ANC.exe），用十字方向控制键将激光工作头移动、调整到预定加工位置，并在图形切割软件（HD.exe）“位置”选项中勾选“设备坐标”后点击“应用”，将激光工作头的机床坐标系坐标输入打标切割控制系统（见图 8-29）中。

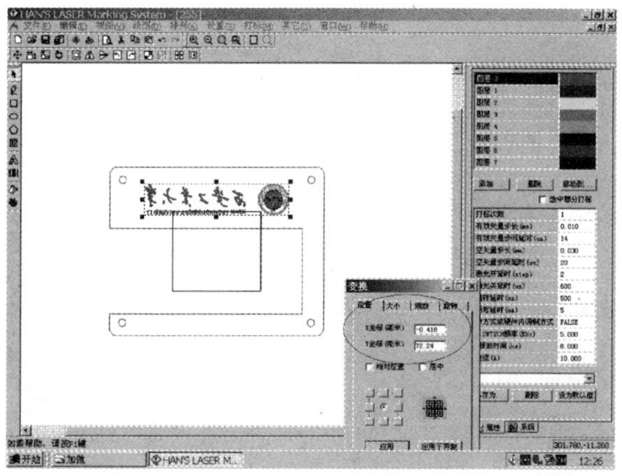

图 8 - 26　位置坐标调整

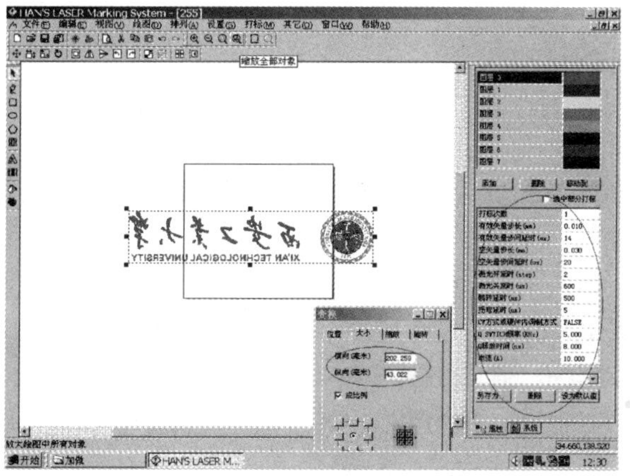

图 8 - 27　输入位置坐标,设置打标参数

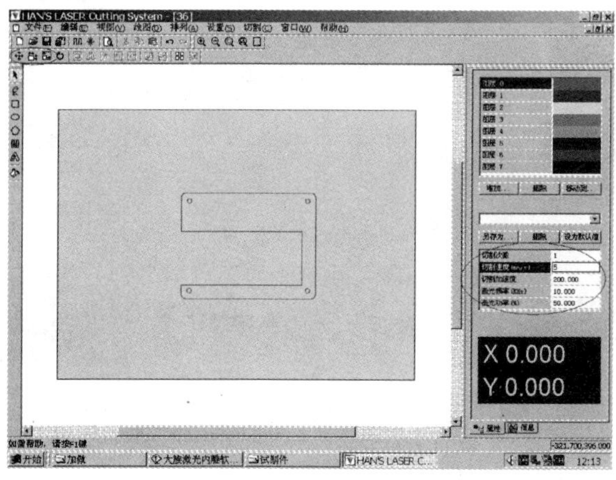

图 8 - 28　设置切割参数

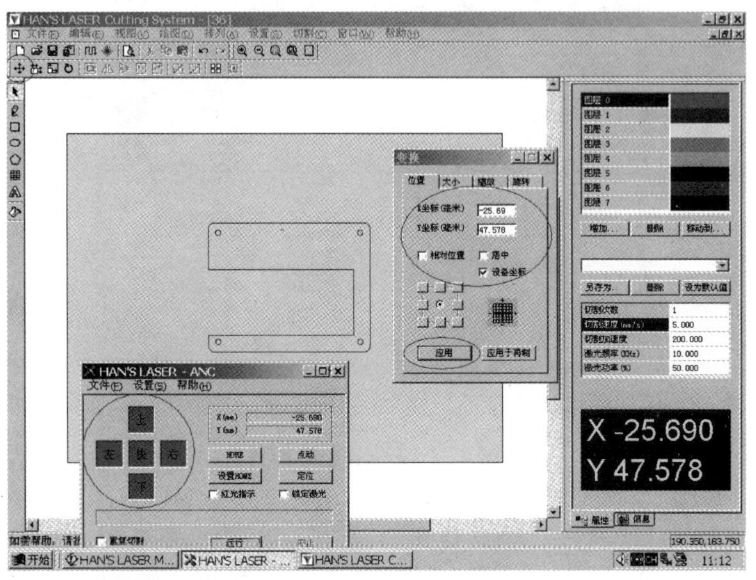

图 8-29　移动、调整工作头位置

步骤 7：在图形切割软件（HD.exe）中依次点击“通用切割”和“发送”键发送切割数据，并在打标切割控制软件（ANC.exe）中点击“运行”键进行一次空打标，调整机器初始状态。在工作台上放置好待加工工件。

步骤 8：按下机器面板上的“FAN ON”“LASER ON”按钮打开抽风机和激光器，在图形切割软件（HD.exe）中依次点击“通用切割”和“发送”键发送切割数据，并在打标切割控制软件（ANC.exe）中点击“运行”键开始进行加工，直至加工结束（见图 8-30）。

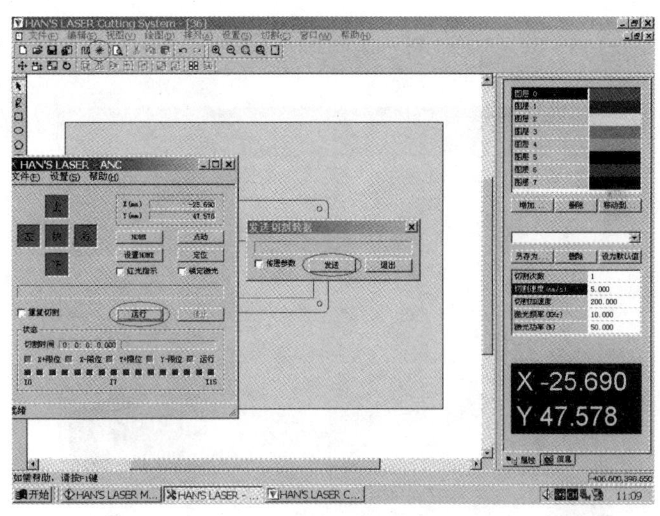

图 8-30　发送数据，进行加工

第 9 章

超声加工

超声加工(Ultrasonic Machining,简称 USM) 有时也称为超声波加工。电火花加工只能加工金属导电材料,不能加工不导电的非金属材料,然而超声加工不仅能加工硬质合金、淬火钢等脆硬金属材料,而且更适于加工玻璃、陶瓷、半导体锗片和硅片等不导电的非金属脆硬材料,同时还可以用于清洗、焊接和探伤等。

9.1 超声加工的基本原理和特点

一、超声波的特性

声波是人耳能感受到的一种纵波,其频率范围为 16～16 000 Hz。当声波的频率低于 16 Hz时就叫做次声波,高于 16 000 Hz 则称为超声波。加工用超声波的频率为 16 000～25 000 Hz,并具有如下特性。

(1) 超声波可在气体、液体和固体介质中传播,其传播速度与频率、波长、介质密度等有关,可用公式表示为

$$C = \lambda f \qquad (9-1)$$

式中 C —— 超声波传播速度,m/s;

λ —— 波长,m;

f —— 频率,Hz。

(2) 超声波在各种介质中传播,其运动轨迹都按余弦函数规律变化,其位移为

$$x = A\cos(\omega t + \varphi) \qquad (9-2)$$

式中 x —— 质点运动的位移,m;

A —— 振幅,m;

ω —— 圆频率,rad/s;

t —— 时间,s;

φ —— 振动的相位角,(°)。

其运动加速度为

$$a = \frac{\mathrm{d}^2 x}{\mathrm{d}t^2} = -A\omega^2\cos(\omega t + \varphi) = -\omega^2 x \qquad (9-3)$$

式中 a—— 加速度,m/s^2。

(3) 超声波可传递很强的能量,其能量强度可用垂直于波的传播方向单位面积的能量来表示,即

$$J = \frac{1}{2}\rho c(\omega A)^2 \qquad (9-4)$$

式中　J —— 振动的能量强度，W/cm^2；

ρ —— 介质密度，kg/m^3。

超声加工中的能量强度高达几百瓦每平方厘米，且90%作用于工件表面。

(4) 超声波会产生反射、干涉和共振现象。出现波的叠加作用，使弹性杆中某处质点始终不动，而某处质点的振幅则大大增加，从而获得更大的超声加工能量(见图9-1)。这是因为，超声波在同一弹性杆的一端向另一端传播时，在不同介质的介面上会产生一次或多次波的反射，结果在有限长弹性杆，将存在若干个周期相同、振幅相等、传播方向相同或相反的波。于是，在弹性杆传播的波，会出现波叠加，致使某处振动始终加强，或某处振动始终减弱，产生波的干涉现象。

如图9-1所示，$t=T/4$ 或 $3T/4$ 的情况是当弹性杆的长度恰为半波长的整数倍，且相位相同时，便会出现波的干涉而产生振幅增加的驻波，即波共振现象。在图9-1中，$t=0$，$T/2$ 和 T 的情况则是相位相反出现的干涉现象，使叠加后的振幅为零，不产生振动。

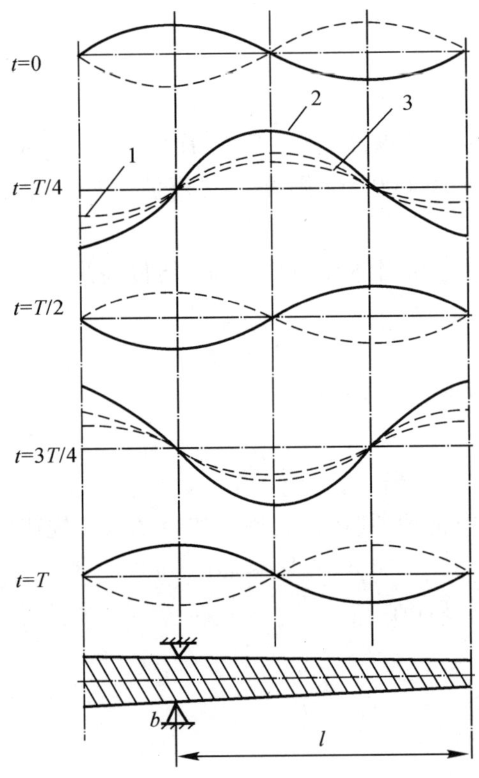

图9-1　弹性杆内质点振动情况

1—反射波；2—合成波；3—入射波

b—波节点；l—波节点至波反射端的距离

由上述分析可知，为了提高超声加工的生产效率，必须使弹性杆处于最大振幅的共振状态，其设计长度为半波的整数倍，杆的支点选在振动过程中的不动点，即波节点上；而杆的工作端部应选在最大振幅的波腹处。

(5) 超声波在液体介质中传播时，可在界面上产生强烈的冲击和空化现象，强化了加工过

程的进行。

因超声波通过悬浮磨粒的液体介质时，会使液体介质连续地产生压缩和稀疏区域，由于压力差而形成气体的空腔，并随着稀疏区的扩展而增大，内部压力下降；与此同时，受周围液体压力及磨粒传递的冲击力作用，又使气体空腔压缩而提高压力，于是，转入压缩区状态时，迫使其破裂产生冲击波。由于进行的时间极短，因此，会产生更大的冲击力作用于工件表面，从而加速磨粒的切蚀过程。

二、超声加工的基本原理

超声加工时，高频电源连接超声换能器（见图 9－2），由此将电振荡转换为同一频率、垂直于工件表面的超声机械振动，其振幅仅 0.005～0.01 mm，再经变幅杆放大至 0.05～0.1 mm，以驱动工具端面作超声振动。此时，磨料悬浮液（磨料、水或煤油等）在工具的超声振动和一定压力下，高速不停地冲击悬浮液中的磨粒，并作用于加工区，使该处材料变形，直至击碎成微粒和粉末。同时，由于磨料悬浮液的不断搅动，促使磨料高速抛磨工件表面，又由于超声振动产生的空化现象，在工件表面形成液体空腔，促使混合液渗入工件材料的缝隙里，而空腔的瞬时闭合产生强烈的液压冲击，强化了机械抛磨工件材料的作用，并有利于加工区磨料悬浮液的均匀搅拌和加工产物的排除。随着磨料悬浮液不断循环、磨粒不断更新、加工产物不断排除，实现了超声加工的目的。总之，超声加工是磨料悬浮液中的磨粒，在超声振动下的冲击、抛磨和空化现象综合切蚀作用的结果，其中，以磨粒不断冲击为主。由此可见，脆硬的材料愈容易受冲击作用而被破坏，故尤其适于超声加工。

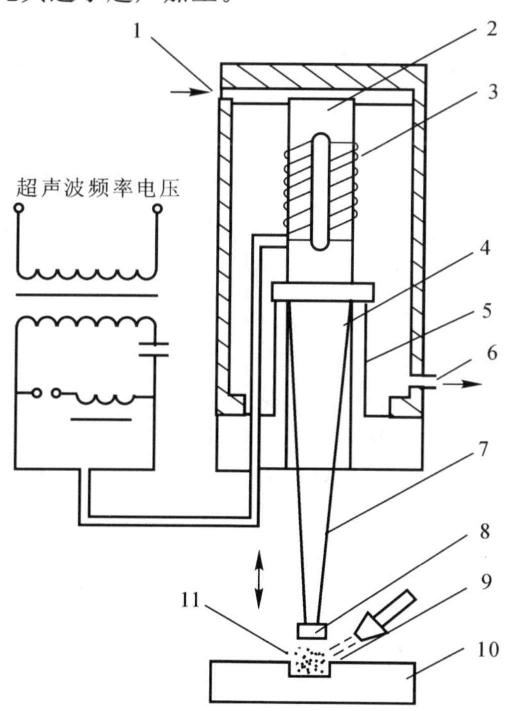

图 9－2　超声加工方法示意图

1—冷却水入口；2—换能器；3—激励线圈；4—变幅杆；5—谐振支座；
6—冷却水出口；7—工具锥；8—工具头；9—磨料射流；10—工件；11—磨料悬浮液

三、超声加工的特点

(1)适合加工各种硬脆材料,尤其是玻璃、陶瓷、宝石、石英、锗、硅、石墨等不导电的非金属材料。也可加工淬火钢、硬质合金、不锈钢、铁合金等硬质或耐热导电的金属材料,但加工效率较低。

(2)由于去除工件材料主要依靠磨粒瞬时局部的冲击作用,故工件表面的宏观切削力很小,切削应力、切削热更小,不会产生变形及烧伤。表面粗糙度也较低,R_a 为 0.63~0.08 μm,尺寸精度可达±0.03 mm,也适于加工薄壁、窄缝、低刚度零件。

(3)工具可用较软的材料做成较复杂的形状,且不需要工具和工件作比较复杂的相对运动,便可加工各种复杂的型腔和型面。一般超声加工机床的结构比较简单,操作、维修也比较方便。

(4)超声加工的面积不够大,但工具头磨损较大,故生产率较低。

9.2 超声波清洗

超声波清洗(也称超声清洗)是把被清洗对象放入清洗液中,同时在清洗液中导入超声而实现清洗的工艺过程。

一、超声清洗的原理与特点

超声清洗的原理主要是基于超声频振动在液体中产生的交变冲击波和空化作用。在超声清洗中,换能器将电源所提供的电能转变为超声机械振动,并将此振动传到清洗液中。当液体中有声波传播时,会产生空化现象,空化核在周围产生上千个大气压,破坏不溶性污物而使它们分散于清洗液中。蒸汽型空化对污层的直接反复冲击,一方面破坏污物与清洗件表面的吸附,另一方面也会引起污物层的破坏而脱离。气体型气泡的振动能对固体表面进行擦洗,污层一旦有缝可钻,气泡还能“钻入”裂缝中作振动,使污层脱落。由于超声空化作用,两种液体在界面迅速分散而乳化。当固体粒子被油污裹着而黏附在清洗件表面时,油被乳化,固体粒子即脱落。

声流和辐射压是大振幅波在媒质中传播时产生的非线性现象。空化气泡在振荡过程中会使液体媒质本身产生一种环流,即所谓声流。它可使振动气泡表面处存在很高的速度梯度和黏滞应力,促使清洗件表面污物的破坏和脱落。超声空化在固体和液体界面上所产生的高速微射流能够去除或削弱边界污层,腐蚀固体表面,增加搅拌作用,加速可溶性污物的溶解,强化化学清洗剂的清洗作用。此外,超声振动在清洗液中引起质点很大的振动速度和加速度,亦使清洗件表面的污物受到频繁而激烈的冲击。

上述作用机理可以简述为:当超声在清洗液中传播时,会产生空化、辐射压、声流等物理效应,这些效应对污物有机械剥落作用,同时能促进清洗液与污物的化学反应,其中空化效应在超声清洗中起主要作用。

超声产生的物理效应在清洗过程中的作用如图 9-3 所示。

由上述超声清洗原理可知,超声清洗有其显著的特点。凡是液体浸到空化产生的地方都有清洗作用,不受清洗件表面复杂形状的限制,如精密零部件表面的空穴、凹槽、狭缝和深孔、

微孔都能得到清洗，而这些部位用一般刷洗方法是不能清洗干净的；在某些场合可以用水剂代替油或有机溶剂进行清洗，或降低酸或碱的浓度，这样可以减少环境污染；易于实现遥控或自动化等。所以超声清洗能提高清洗速度、清洗质量，降低劳动强度，减少人们直接接触有害清洗液。鉴于以上优点，这项技术在工业上已得到广泛应用，并在不断发展。

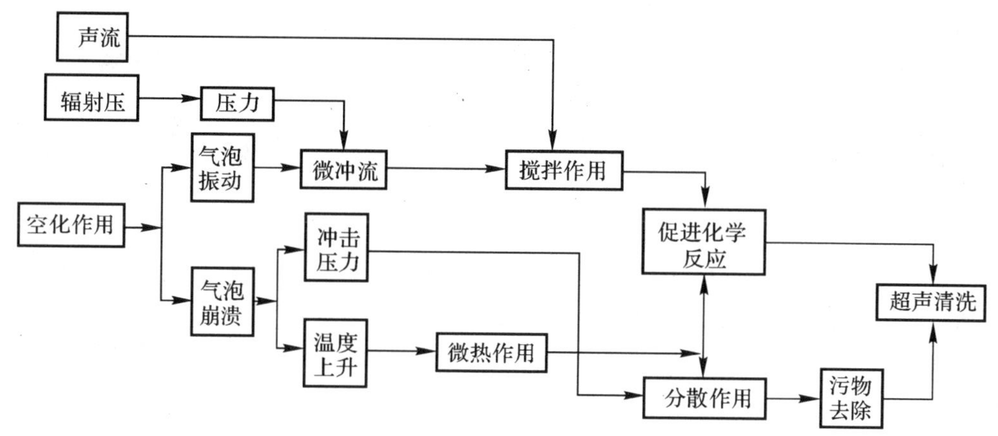

图 9－3　超声清洗过程图解

对声吸收较大的材料，如棉纱织物、橡胶和泡沫塑料等，超声清洗的效果较差。

二、影响超声清洗效率的因素

影响超声清洗效果的因素主要有声学参数、热力学参数和化学参数。

声学参数有声强、频率、声场分布和波形；热力学参数有温度、清洗液的表面张力黏性、蒸汽压；化学参数有清洗液性质、是否与污物发生化学反应、清洗时间；盛装清洗对象的容器等也对清洗有一定的影响。

实际应用中，以上各参数是一个非常重要的问题。选择的依据主要是污物的类型，污物与被清洗表面的结合强度等。以下分别讨论各个参数对清洗效果的影响。

超声清洗的物理机制主要是超声空化，所以要达到良好的清洗效果必须选择适当的声学参数和清洗剂的物理化学性质。

(1)声强。声强愈高，空化愈剧烈。但声强达到一定值后，空化趋于饱和，如果再增大声强，空化程度反而降低。声强过大会产生大量气泡，增加散射衰减；同时会增加非线性衰减，减弱远离声源地方的清洗效果。在高声强情况下，换能器辐射面与被清洗对象表面易产生空化腐蚀现象。因此，功率选择要适中。

(2)频率。频率愈高，空化阈愈高，也就是说，所需要的声强愈大。例如，在水中要产生空化，在 400 kHz 时所需要的功率比在 10 kHz 时大 10 倍。一般采用的频率范围是 20～40 kHz。在低频情况下，空泡生长的时间也长，体积较大，而空化泡闭合时产生的冲击力的大小又直接正比于空化泡的大小，所以，频率越低，空化越容易产生，空化越强烈。低频空化强度高，适用于大清洗件表面及污物与清洗件表面结合强度高的场合，但不易穿透深孔和表面形状复杂的部件，且噪声大；较高频率虽然空化强度较弱，但噪声小，适用于较复杂表面形状、狭缝及污物与清洗件表面结合力弱的场合。

(3)声场分布。稳定的混响场对清洗有利,若清洗槽中有驻波声场,则因声压分布不均匀,清洗件得不到均匀的清洗。因此,在可能的条件下,槽的几何形状要选择适合于建立混响声场的形状或者采用双频、多频和扫频工作方式来避免清洗死角。

(4)波形。常用的超声波形有半波、全波以及连续波,比较而言,连续波的清洗效果最好,矩形波比正弦波效果更好,因为此时清洗效果最好之处的范围增大。

(5)清洗液的温度。温度升高,液体的表面张力系数和黏度会下降,因而空化阈值下降,使空化易于产生;但由于温升,蒸汽压增大会降低空化强度。

温度影响空化强度和清洗中化学反应的速度。对空化强度而言,不同的清洗剂有不同的最佳温度。

(6)黏度。黏度大的液体难于产生空化,而且传播损失也加大,不利于清洗。

(7)蒸汽压。蒸汽压低,空化阈高,产生的空泡少,但空化泡闭合时产生的冲击力大。相反,蒸汽压高,空化阈低,产生空化泡多,但空化强度低。

(8)表面张力。清洗液的表面张力越大,空化强度越高。但太大的表面张力会阻止空化的形成。

(9)物件质量。由于被清洗对象要吸收一部分声能,导致空化强度降低。例如,铝和铸铁影响显著,大多数塑料对声波有较大吸收,所以会降低空化强度。

(10)网篮。小零件的超声清洗常使用网篮盛放,网篮也引起超声衰减。网篮的透声率与网孔的大小有关。

(11)液体中所含气体的种类。气体的比热容越大,空化强度越高。因此,使用单原子气体,如氦、氖和氩,比使用双原子气体,如氮和氧要好。

此外,清洗液不流动时对空化有利,但清洗液不经过滤循环,则污物会重新沉积于清洗件表面,故须流动,但不应流动过快。

三、超声清洗设备

1. 基本结构

超声清洗机的基本结构如图 9-4 所示,它主要由三部分组成,即超声波发生器、超声换能器和清洗槽。

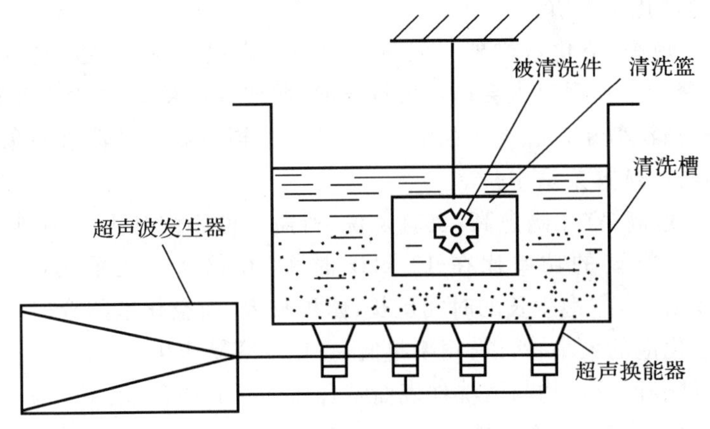

图 9-4　超声清洗设备组成

超声换能器通常置于清洗槽底部，也可以安装在槽的侧壁，或安装在一个密封的不锈钢匣中投入清洗槽或灵活安放，称为投入式或浸没式的换能器。由于液体负载是轻负载，为增大换能器的辐射阻，提高效率，目前一般采用喇叭型换能器来增大辐射面积，如图 9－5(a)所示。当要求功率密度大时，换能器一般采用夹心式压电换能器。大功率清洗机通常采用多个换能器并联组合，由一个超声发生器同时驱动，这时要求换能器的特性，尤其是共振频率一致。要做到这一点，实际上很困难。为此，提出了半穿孔宽频带夹心换能器结构，如图 9－5(b)所示。这种换能器不但便于多个并联工作，而且进一步提高了电声效率。

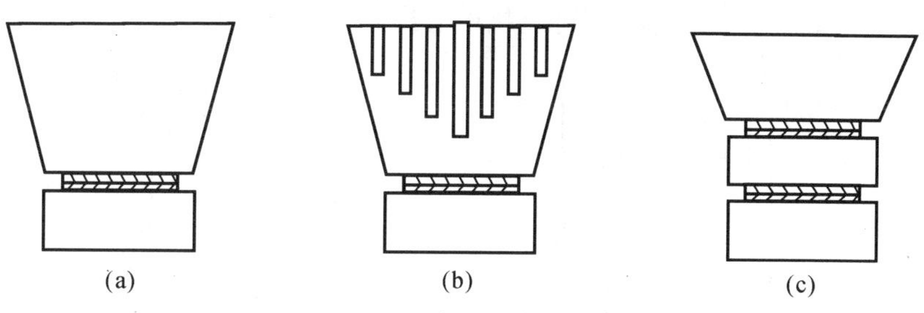

图 9－5 超声清洗换能器

(a)一般喇叭型； (b)半穿孔型； (c)具有两个共振频率

研究表明，使用不同频率清洗，能提高清洗质量。这时要求一个换能器能工作在几个不同的共振频率。图 9－5(c)所示给出了具有两个共振频率的夹心换能器结构。

清洗槽通常采用不锈钢材料制成，因为不锈钢强度高、不生锈、抗一般化学腐蚀。与换能器黏结的槽壁的厚度不宜太厚，一般取 1.5～3 mm，以减少声能损失。换能器与清洗槽的黏结要求胶的黏结力强，疲劳强度要高，能在较高温度和高湿度环境下工作。或者用高频电流焊的方法，在槽底焊一螺杆，然后拧上换能器以使声传导良好。与清洗液接触的一面要抛光，以减少空化腐蚀。声强一般取 0.3～2 W/cm^2，清洗污物结合力大的清洗件时常采用高的声强，专用快速清洗机的声强有时达到几十瓦每平方厘米。

根据不同的应用目的，超声清洗设备除基本组成部分外，还有各种附属设备。若需要在一定温度下清洗，则应设有加热器和控温装置；为避免清洗件直接压在清洗槽底而影响清洗效果，可以使用金属网篮或吊架，将清洗件悬于清洗槽中；若需要用挥发性大的有机溶剂清洗，则应设有冷凝、循环过滤回收溶剂系统等。

2. 超声清洗设备分类

根据清洗液的种类，超声清洗设备分为两大类。

(1) 使用水溶性为清洗溶液的清洗设备。这类超声清洗从使用频率上又可分为低频、高频、双频和调频等。低频超声清洗频率一般在 15～25 kHz。其空化阈低，但气泡数目较少，然而爆破力较强，清洗时间短，渗透作用较弱，且噪声较高，适宜清洗较大或较重的物件或较厚的污渍。

高频超声清洗频率一般在 30 kHz 以上，其空化阈低，超声气泡数目较多，声波可深入渗透细孔、狭缝等隐蔽处，清洗时间比低频长，适宜清洗轻便、精细或较复杂的元件或组合件。

双频超声波清洗的低频为 25～28 kHz，高频一般为 46～48 kHz。由于使用了双频超声波，使清洗缸内驻波场均匀度得到了一定的提高，从而改善了清洗效果。

单频超声清洗缸内易形成驻波场，双频清洗有所改善，但在某些点还不可避免地有驻波节

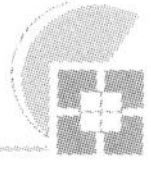

点，若采用了调频清洗，且有一定的宽度，则声波场的均匀度会更好。

(2) 使用有机溶剂的超声波气相清洗机。超声波气相清洗装置是由超声清洗槽、气相清洗槽、蒸馏回收槽、水分分离器、超声波发生器等组成。如图 9－6 所示。使用有机溶剂时，通常先加热清洗剂使之沸腾产生蒸汽，把工件放在清洗机的蒸汽区内，冷工件碰到蒸汽产生凝露，并与工件表面污物产生作用，随着液滴下落而带走污物，然后把工件浸入到超声波清洗缸中，通过强烈的超声空化作用，进行二次清洗，再用蒸馏回收的洁净清洗液进行喷枪喷淋并冲洗掉表面的残存污物，最后把工件停留在蒸汽区中进行干燥。超声波气相清洗选用有机溶剂作清洗液，具有极强的溶解污垢能力，再经超声清洗后效果更显著。

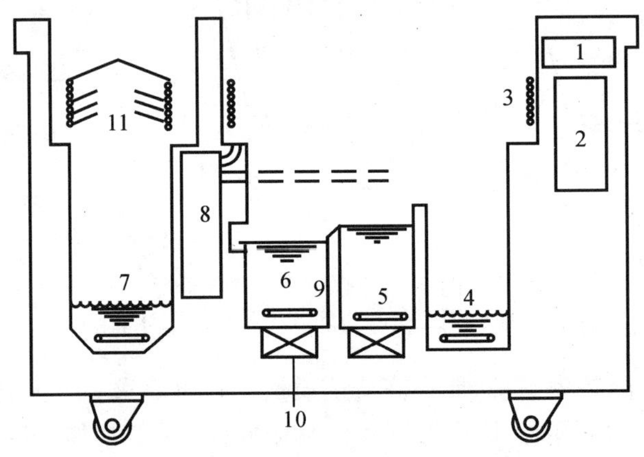

图 9－6　四槽式超声波气相清洗机简图

1—操作面板；2—超声波发生器；3—冷排管；4—气相清洗槽；
5—第二超声清洗槽；6—第一超声清洗槽；7—蒸馏回收槽；
8—水分分离器；9—加热装置；10—超声换能器；11—冷凝器

9.3　KQ2200E 型超声波清洗机的操作

KQ2200E 型超声波清洗机的使用方法如下：

(1)将需要清洗的物件放入清洗网架中，再把清洗网架放入清洗槽中。绝对不能将物件直放入清洗槽底部，以免影响清洗效果和损坏仪器。

(2)清洗槽内按比例放入清洗剂，注入水或水溶液，水位最低不得低于 60 mm，而最高不得超过 80 mm。

(3)将超声波清洗机接入 220 V/50 Hz 的三芯电源插座(使用电源必须有接地装置)。

(4)按下 ON 电源开关，绿色开关电源指示灯会亮，表示电源正常，可以工作。

(5)根据产品的清洗要求，用温度控制器调节好所需要的温度，温度指示灯会亮。当加热器已加热到所需要的温度时，温度指示灯会熄灭，加热器停止工作；当温度降到低于所需温度时会自动加热，温度指示灯会亮。

(6)当加热温度达到产品清洗要求时，可以开启清洗定时器，根据产品清洗要求设置定时器的工作时间，定时器位置可在 1～20 min 内任意调节，也可调在常通位置。一般清洗在 10～20 min。对于特别难清洗的部件，可适当延长清洗时间。

(7)清洗完毕后，从清洗槽中取出网架，并用温水清洗或在另一只无溶剂的温水清洗槽中漂洗。

(8)漂洗完毕后进行热风干燥、存放、组装。

第10章

CAD/CAM 技术在数控编程中的应用

10.1 CAD/CAM 技术概述

先进制造技术的兴起，为 CAD/CAM 技术注入了新的活力。在专家预测的先进制造技术 12 项前沿技术中，有多项与 CAD/CAM 技术密切相关。因此，CAD/CAM 技术被认为是现代制造技术的核心。

一、CAD/CAM 技术的基本概念

CAD/CAM 是计算机辅助设计/计算机辅助制造(Computer Aided Design and Computer Aided Manufacturing) 的简称。其核心是利用计算机快速高效地处理各种信息，协助人进行产品的设计与制造。

1. CAD 技术

计算机辅助设计(CAD) 以计算机图形处理学为基础，帮助设计人员完成数值计算、实验数据处理、计算机辅助绘图，进行图形尺寸、面积、体积、应力、应变等分析，以及实现实体切削仿真等。它表示了在产品设计和开发时直接或间接使用计算机的活动之和。

CAD 技术是 CAD/CAM 的基础，是一项理论与实际相结合的技术。在最初阶段，CAD 技术的研究与应用主要是围绕着几何造型展开的，先后经历了线框造型、曲面造型、实体造型和特征造型等发展阶段。几何造型技术满足了设计对象的计算机内部表达问题，但从产品设计的角度看，还远远不够，因为一个完整的产品不仅仅是对几何形状有所要求，更有诸如力学特性、运动学特性等方向的要求。因此，CAD 逐渐涉及有限元分析、动力学分析与仿真、运动学分析与仿真等考察产品综合特性的内容。随着计算机辅助手段在制造业中日益广泛的应用，实践中有了进一步提高生产组织的集成化和自动化程度的要求，CAD 从概念上进一步扩展到与制造全过程相关联。例如，在几何模型中要考虑如何方便工艺过程设计、数控加工自动编程、数控检测等环节的要求。可见，CAD 技术已经被赋予了比较广泛的意义。事实上，它已成为绘图、设计计算与分析一体化的综合技术。该项技术将人和计算机有机地结合在一起，充分发挥各自的优势，从而大大减轻了设计者的劳动强度，使劳动者将更多的精力投入到创造性工作中去。

2. CAM 技术

在初始阶段，CAM 技术主要是围绕着数控编程技术开始发展的。数控加工是 CAD/CAM 发挥效益最直接、最明显的环节之一。加工对象的形状越复杂，加工精度越高，设计更改越频繁，数控加工的优越性越容易得到发挥。因此，数控编程技术受到高度重视。然而从制造的全过程看，应用计算机作为辅助手段的不仅仅是数控编程，还有许多技术和方法归类于

CAM 的范畴,如计算机辅助工艺规划(CAPP)、计算机辅助生产管理(CAPM)、生产活动控制(PAC)等。其中有些内容已经超出了制造概念的本质,而上升到管理概念的层面。这就导致了对 CAM 的广义解释和狭义解释。

广义 CAM 是指从毛坯到产品的全部制造过程中,应用计算机辅助手段,包括直接制造过程和间接制造过程;狭义 CAM 则是指制造过程中某个环节上应用计算机,常常指的是计算机辅助数控加工程序的编制。

3. CAD/CAM 技术

自 20 世纪 60 年代开始,CAD 和 CAM 技术各自独立地发展,在国内外研究开发了一批性能优良的相互独立的商品化 CAD,CAPP,CAM 系统。这些独立的系统分别在产品设计自动化、工艺规程设计自动化和数控编程自动化方面起到了重要的作用。采用这些系统,无疑使企业生产提高了效率,缩短了产品设计与制造周期,使企业能够比过去以更快的速度更新自己的产品和响应市场的需求。

然而,这些各自独立的系统不能实现系统之间信息的自动传递和交换。例如 CAD 系统设计的结果不能直接为 CAPP 所接受,在进行 CAPP 作业时仍然需要设计者将 CAD 输出的图样文档转换成 CAPP 系统所需要的数据信息进行输入,这不仅影响了设计效率的提高,而且人为的转换难免不发生错误。因而,随着计算机辅助技术日益广泛的应用,人们很快地认识到,只有当 CAD 系统一次性输入的信息可为后续环节(如 CAPP,CAM) 直接地应用才能获得最大的经济效益。为此人们提出了 CAD/CAPP/CAM 集成的概念,并首先致力于 CAD,CAPP 和 CAM 系统之间数据自动传递和转换的研究,以便将业已存在和使用的 CAD,CAPP,CAM 系统集成起来。目前,这一技术已达到实用化水平。

所谓 CAD/CAM 集成是指在 CAD,CAPP,CAM 各模块之间有关信息的自动传递和转换。集成化的 CAD/CAM 系统借助于公共的工程数据库、网络通信技术以及标准格式的中性文件接口,把分散于机型各异的计算机中的 CAD/CAM 模块高效地集成起来,实现软、硬件资源共享,保证系统内信息的流动畅通无阻。

随着信息技术的不断发展,为使计算机辅助技术给企业带来更大的效益,人们又提出了要将企业内所有分散的信息系统进行集成,不仅包含生产信息,还包括生产管理过程所需的全部信息,从而构成一个计算机集成制造系统(CIMS,Computer Integrated Manufacturing System),而 CAD/CAM 集成技术则是计算机集成制造系统的一项核心技术。

二、CAD/CAM 系统的组成

CAD/CAM 系统是由硬件系统和软件系统组成的。硬件是 CAD/CAM 系统运行的基础,主要由计算机及其外围设备、生产设备组成,包括主机、外存储器、输入输出设备、网络通信设备以及生产加工设备;软件是 CAD/CAM 系统的核心,包括操作系统、各种支撑软件和应用软件等。CAD/CAM 软件在系统中占据越来越重要的地位,软件配置的档次和水平决定了 CAD/CAM 系统性能的优劣,软件的成本已远远超过了硬件设备。软件的发展呼唤更新更快的计算机系统,而计算机硬件的更新为开发更好的 CAD/CAM 软件系统创造了物质条件。CAD/CAM 系统的组成如图 10-1 所示。

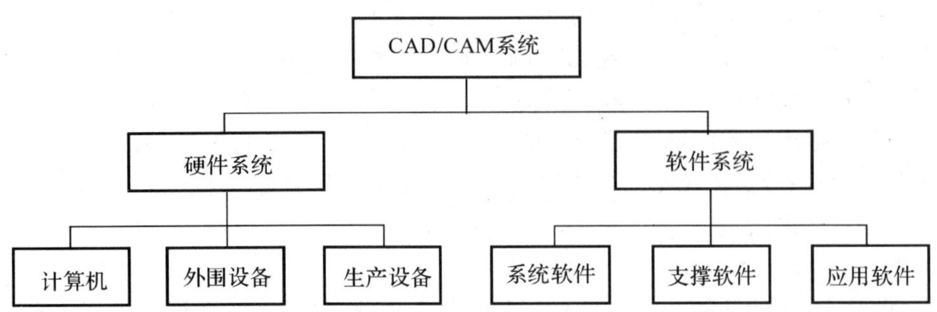

图 10-1 CAD/CAM 系统组成

1. CAD/CAM 硬件系统

CAD/CAM 计算机硬件系统主要包括主机、外存储器、输入输出设备及其他通信接口。CAM 中的生产加工设备包括数控机床、装配机器人、计算机控制的物料输送设备和检验用的自动检测装置等。

(1) CAD/CAM 系统的硬件组成形式。根据计算机技术的发展历程,CAD/CAM 系统的硬件组成大致可分为五类:主机型系统、小型机系统、工作站型系统、微机系统、基于网络的微机—工作站系统。其中主机型系统、小型机系统流行于 20 世纪七八十年代,目前大多已被淘汰,这里不再介绍。

1) 工作站型系统。随着 CAD/CAM 的发展,为了提高 CAD/CAM 的使用效率和自由度,CAD/CAM 开始使用专用的计算机——工作站。工作站包括工程工作站和图形工作站,工作站具有强大的科学计算和丰富的图形/图像处理、灵活的窗口及网络管理等功能,通过网络可以共享资源。只用一台工作站,能完成所有的 CAD/CAM 工作,同时能进行科学计算和软件的开发。其运算速度、精度都可和大型机匹敌,工作站可以单台使用,也可通过网络使用。工作站型系统便于逐步投资、逐步发展,因而受到用户的广泛欢迎。当前大多数的高端 CAD/CAM 支撑软件和应用软件都已经移植到工作站的运行平台,而且随着工作站性价比的提高,工作站向上越来越多地覆盖了中、小型机甚至大型机、巨型机的应用领域,向下则可与微机争夺巨大的低端市场。

2) 微机系统。随着微机硬件性能的提高,已经出现了 Autodesk 公司的 AutoCAD 系统、CV 公司的 CADDS 系统、Solidworks 系统、Master CAM 系统等。进入 21 世纪以来,微机的性价比越来越高,许多工作站版本的 CAD/CAM 系统也相继出现了微机版本,微机档次的 CAD/CAM 系统越来越普及。

3) 基于网络的微机—工作站系统。该类 CAD/CAM 系统应用计算机技术及网络通信技术,将分布于不同地点的多台计算机以网络形式连接起来,可以共享软、硬件资源,充分准确地交流设计信息,协调各种作业,完成并行工程。基于网络的 CAD/CAM 微机—工作站系统的硬件包括计算机、输入/输出设备、网络设备和制造执行子系统等。

(2) CAD/CAM 系统对硬件的要求。

1) 高性能的计算机。计算机是硬件系统的核心,CAD/CAM 系统的所有计算、分析和控制都是由主机完成的,主机的类型和性能在很大程度上决定 CAD/CAM 系统的使用性能。CAD/CAM 系统对主机的要求是要有高的运算速度和大容量的内存。CAD/CAM 系统常用

的主机类型有大中型计算机、小型计算机、工作站和微机。

2）大容量的存储器。CAD/CAM 系统软件规模迅速扩大，同时图形、图像、声音等多媒体数据在 CAD/CAM 系统中被广泛应用，因此 CAD/CAM 系统一般需要几十到几百兆以上的存储及工作空间。内存容量是衡量计算机性能的一个重要方面，内存越大，可容纳和处理的程序和数据量就越大。外存储器可以永久保存信息，且通过采用虚拟内存管理技术，外存储器可用于扩大逻辑工作内存容量。最常用的外存储器有硬盘、软盘、光盘和 U 盘等。

3）灵活的人—机交互能力。CAD/CAM 系统是一个人—机交互系统，人—机交互设备是 CAD/CAM 系统的重要硬件资源，人—机交互设备主要由输入设备和图形显示设备组成。这主要包括键盘、鼠标、扫描仪、数字化仪、数码相机及触摸屏等。

4）逼真的图形输出能力。由于 CAD/CAM 系统的应用主要表现为图形/图像的处理、显示和输出，因此对输出设备的图形处理能力的要求也相应提高。系统中普遍采用的输出设备主要包括显示器和打印机。显示器的主要性能参数是分辨率和扫描频率。显示器与主机之间的联系是通过图形适配器（又称显示卡）实现的，它通过总线与 CPU 和显示器相连。显示卡的性能主要取决于显示处理芯片的性能和显示内存容量的大小。高级显示卡的价格非常贵。

5）良好的网络通信功能。除了上述所介绍的 CAD/CAM 系统所必需的硬件以外，构成网络化 CAD/CAM 微机—工作站系统的硬件设备还包括网络适配器（网卡）、传输介质（双绞线、同轴电缆和光缆）以及调制解调器（MODEM）。从应用角度来讲，借助网卡、调制解调器以及传输介质就可以组建 CAD/CAM 微机—工作站系统的局域网。为了提高网络性能，保证在局域网之间或不同网络之间能够有效地传输信息，在组建 CAD/CAM 微机—工作站系统时，一般还需要根据具体情况选用中继器、集线器、网关等互联设备。

2. CAD/CAM 系统的软件

软件是 CAD/CAM 系统的核心，CAD/CAM 系统的软件分为三个层次：系统软件、支撑软件和应用软件，如图 10－2 所示。

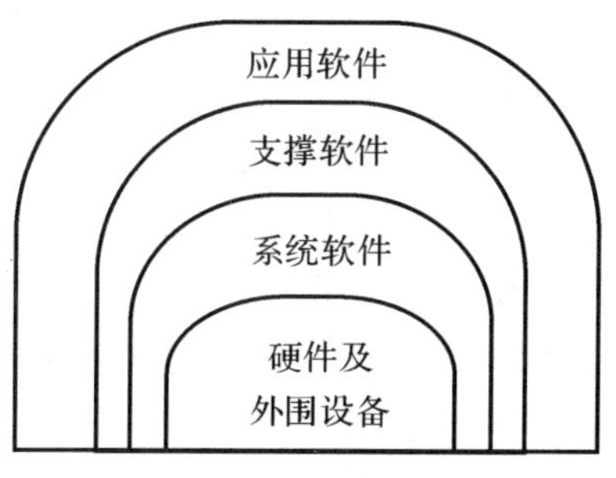

图 10－2　CAD/CAM 系统软件层次

（1）系统软件。系统软件主要负责管理硬件资源以及各种软件资源，是应用和开发 CAD/CAM 系统的软件平台，一般包括操作系统、网络系统、窗口系统。当前系统软件越来越趋于开放和标准化。例如，目前微机上流行的窗口系统 Windows 98、Windows 2000、Windows XP 和 Windows NT，工作站上流行的 Unix 操作系统，GKS 和 PHIGS 图形软件，Motif 图形界面开发工具，TCP/IP 网络协议等，都称为当前 CAD/CAM 系统的通用开发平台。在这类环境下开发的软件容易移植，可以运行于各种流行的机型上；用户界面统一，便于使用人员掌握和适应;开放性好,容易与其他软件衔接和进行二次开发。

(2) 支撑软件。支撑软件就是目前市场上供应的各种商品化 CAD/CAM 系统,我国从国外引进的商品化 CAD/CAM 系统有 CATIA,Pro/Engineer,Unigraphics,Computer Vision,Intergraph,Solidworks,Applicon,DUCT,CDC/ICEM,CADAM,MasterCAM,Calma 等,都属于这一类型。国内自主开发的 CAD/CAM 系统支撑软件的优秀代表当数 CAXA,对于机械产品,它的内容一般包含二维绘图,三维线框,曲面、实体造型,真实感显示,特征设计,有限元前、后置处理,运动机构造型,几何特性计算,数控加工和测量编程,工艺过程设计,装配设计,钣金件展开和排样,加工尺寸精度控制,过程仿真和干涉检查,工程数据管理和技术文件签发系统等。设计中的分析计算工作,如有限元分析、机构分析、模态分析等,在用计算机完成时往往称为计算机辅助工程分析(CAE)。

(3) 应用软件。应用软件在不同的专业领域里有不同的内容,如飞机设计包括了总体方案、质量计算、空气动力计算、载荷分析、结构分析、应力计算、动力颤振分析、疲劳断裂计算、起落架设计、飞行控制、航空电子、电气系统、液压系统、机构设计、可靠性设计、弹射座椅、火力控制、隐身设计等。工程设计包含的内容更广。在激烈的市场竞争中,各家公司都力求保住技术优势,决不肯轻易出售自己的 CAD 专业设计系统,这类软件必须由各行业、各企业单位自己开发。

三、产品 CAD/CAM 过程

一般来讲,一个计算机辅助设计和制造系统,都是适用于某一类产品的设计和制造的。因此,为了研究一个实用的 CAD/CAM 系统,必须全面地了解生产某类产品所需要的知识和生产中可能遇到的问题及处理方法。这也是开发一个具有明确应用目标的 CAD/CAM 系统的必要条件。产品生产的 CAD/CAM 过程,实际上就是通过计算机(包括相应的软件)把产品设计和制造的全过程用更高、更科学的形式加以综合并用相应的软件表示的过程。

1. 产品的传统生产过程

一个机电产品,尤其是比较复杂的产品,在设计过程中要涉及许多学科的知识。而且产品设计是一个不断探索、多次循环、逐步深化的求解过程。满足设计要求的设计方案可能有多种,其中必有一种是最优的。如何找到这个最优方案呢?用传统的方法是较难获得的,或者只能获得一个近似的最佳结果。而采用 CAD/CAM 技术进行设计,就有可能通过各种方法建立起比较符合客观实际的数学模型,进行优化设计和有限元分析,并以仿真的方法进行逻辑上的探测和计算等,求出最佳结果。

开发一个产品一般需要方案论证、总体设计、技术设计、详细设计、试生产、性能试验和修改定型等工作过程。

(1) 方案论证。这一阶段的主要任务是:①分析研究用户提出的各种性能和使用要求;②论证这些要求的合理性和可行性,用以作为产品正式设计工作的原始依据。

(2) 总体设计。总体设计阶段的主要任务是,通过反复地对总体方案进行讨论和修改,最后确定一个最佳的总体方案。在这一阶段,往往要做大量的实验和计算,对各种方案反复分析、评价和优化。

(3) 技术设计。这一阶段的主要任务是确定主要部件的工作原理、结构形式和主要尺寸件的结构设计。为了获得理想的结构,常常要对几种不同方案进行比较。

(4) 详细设计。在详细设计阶段,主要是根据技术设计阶段确定的结构布置和主要尺寸,进一步作结构的细节设计,并对其作反复地比较和修改,从而得到一个既达到设计要求,又满足所有约束条件的设计结果,最后绘制出全套图纸和写出各种技术文件。

(5) 试生产。制造部门根据成套的图纸和技术文件,首先进行工艺准备,然后制造各个零件,最后把零件按要求装配成实际的产品——样机。

(6) 性能试验和修改定型。在这一阶段,首先要对产品进行例行试验(如冲击振动、温度等方面的试验),通过这些试验后,进入实际的性能试验。经实际考核可能会暴露出来一些问题,产品设计和生产单位必须根据暴露出来的问题作进一步的修改,再试验,待获得满意结果后,即可作设计定型和小批量生产。

由上述过程可知,传统的设计和制造方法不仅工作量大,周期长,而且不易获得设计的一次成功,试验费用大。

2. 产品的 CAD/CAM 过程

对于产品的设计过程,如果从计算机学科的角度来看,设计过程就是一个信息处理、交换、流通和管理的过程。这个过程也就是计算机辅助设计过程。

计算机辅助设计技术是计算机在工程和产品设计中的应用。设计过程中的需求分析、可行性分析、方案论证、总体构思、分析计算和评价以及设计定型后产品信息传递都可以由计算机来完成。在设计过程中,利用交互设计技术,在完成某一设计阶段后,可以把中间结果以图形方式显示在图形终端的屏幕上,以供设计者直观地判断。设计者判断后若认为还需要进行某一方面的修改,可以立即把要修改的参数输入至计算机;计算机对这一批新数据立即进行处理,再输出结果,再判断,再修改。这样的过程可反复多次,直至取得理想的结果为止。最后用绘图机输出工程图纸或数控加工信息。整个设计过程如图 10-3 所示。由于采用 CAD/CAM 技术,在产品设计过程中就可应用仿真技术对产品的性能进行模拟,发现问题在设计过程就可以修改,而不必等到样机试验时发现问题再修改。这不仅可以节省时间和经费,而且更重要的是产品可获得最佳性能和设计一次成功的可能。随着计算机科学的发展,应用 CAD/CAM 技术进行产品设计和制造的优点还将不断显现出来,为此,世界主要工业国家对 CAD/CAM 技术的应用都十分重视。

四、CAD/CAM 技术与数控编程

计算机辅助制造(CAM)是数控加工技术发展的必然需求,它为解决复杂曲面加工编程问题提供了有效的解决途径。计算机辅助制造是利用 CAD 产生的几何模型,应用 CAM 程序自动生成 NC 加工机床所需的控制程序。因此,CAM 程序是依赖于 CAD 的 NC 加工自动编程系统。CAM 的应用,取代了数控加工编程中手工计算节点和刀位的方法,提高了编程的精度和效率。

早期的计算机辅助设计和 NC 加工自动编程是独立发展的两个分支,但随着它们的推广应用,尤其是图形交互式自动编程技术的发展,二者的相互依存关系越来越明显。CAD 系统只有配合 NC 加工,才能显示出巨大的优越性;而 CAM 系统只有依靠设计系统产生的模型,才能发挥其效率。因此,在实际应用中二者很自然地紧密结合起来,形成了 CAD/CAM 集成系统。在 CAD/CAM 系统中,设计和制造利用公用数据库中的数据,即数据共享,这样既提高了工作效率,又降低了出错的几率,在现代工业生产中得到了越来越广泛的应用。

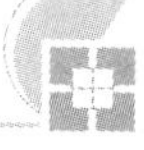

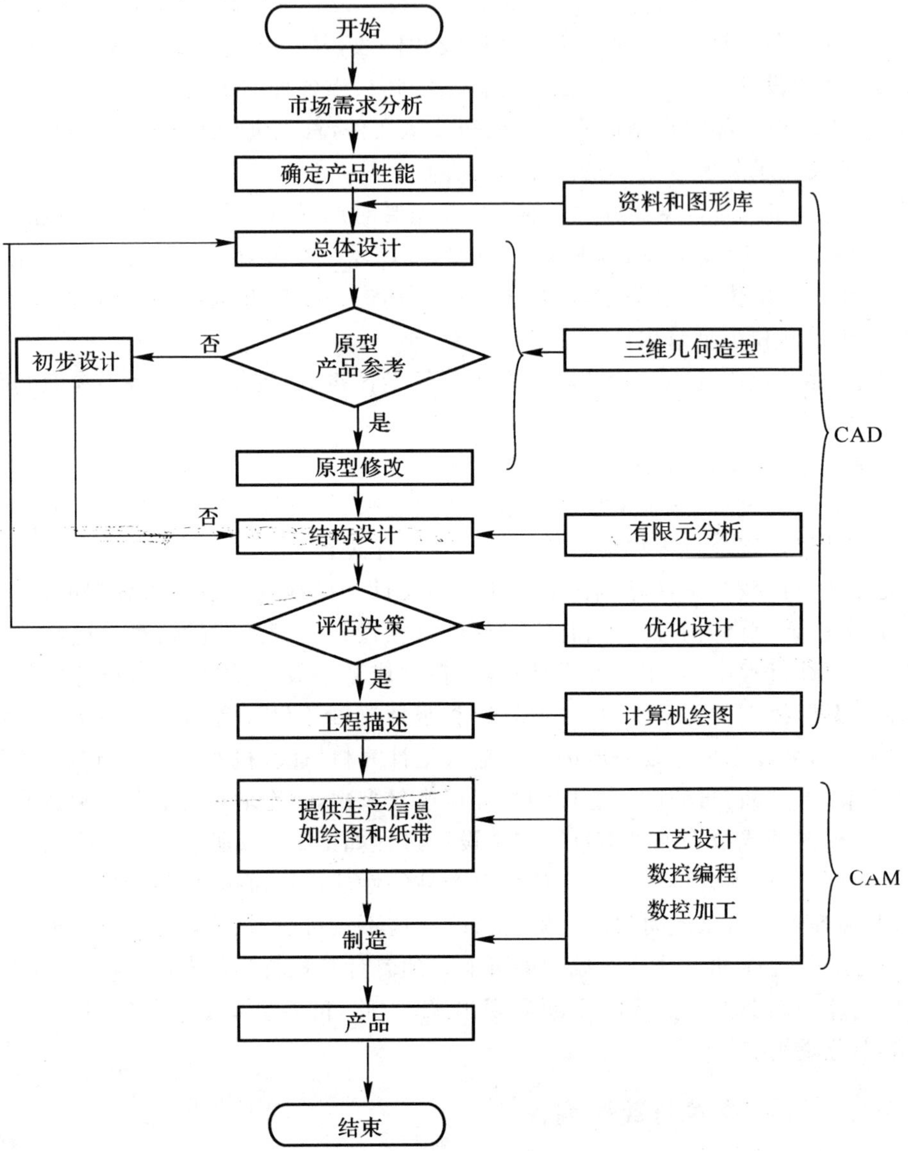

开始
市场需求分析
确定产品性能
资料和图形库
总体设计
三维几何造型
原型产品参考
否
初步设计
是
原型修改
否
结构设计
有限元分析
评估决策
优化设计
是
工程描述
计算机绘图
CAD
提供生产信息如绘图和纸带
工艺设计
数控编程
数控加工
CAM
制造
产品
结束

图 10-3 机电产品生产的 CAD/CAM 过程

10.2 计算机辅助编程

数控机床是采用计算机控制的高效能的自动化加工设备，数控加工程序是数控机床运动与工作过程控制的依据，因此数控加工编程是数控机床应用中的重要内容。使用计算机进行数控机床程序编制工作，即由计算机自动地进行数值计算，编写零件加工程序单，自动地打印输出加工程序单，并将程序记录到控制介质上，这些工作大部分或全部由计算机完成的过程，称为计算机辅助编程。计算机辅助编程（Computer Aided Programming）也称自动编程（Automatic Programming）。

早期曾使用自动编程工具（Automatically Programmed Tools，APT）语言进行机械零件数控加工的自动编程。由于其编程方法直观性差，编程过程比较复杂不易掌握，且不便检查，它的推广使用受到很大局限。近年来由于计算机技术发展迅速，计算机的图形处理功能有很大提高。因此，一种直接将零件的几何图形信息自动转化为数控加工程序的全新的计算机辅助编程技术——图形交互自动编程应运而生。

图形交互自动编程，是通过专用的计算机软件来实现的。它通常以机械方面的 CAD 软件为基础，利用 CAD 软件的图形编辑功能将零件的几何图形绘制到计算机上，形成零件的图形文件。然后调用数控编程模块，采用人—机交互方式在计算机屏幕上指定被加工的部位。最后输入相应的加工参数，计算机便可自动进行必要的数学处理并编制出数控加工程序，同时在计算机屏幕上动态显示刀具的加工轨迹。显然，这种方法具有速度快、精度高、直观性好、使用简便、便于检查等优点。因此，图形交互自动编程已成为目前国内外先进的 CAD/CAM 软件中普遍采用的数控编程方法。

一、图形交互自动编程的步骤

图形交互式自动编程是建立在 CAD 和 CAM 基础上的。目前，国内外图形交互自动编程软件的种类很多，其软件功能和面向用户的接口方式有所不同，所以编程的具体过程和使用的指令也不尽相同。但从总体上其编程的基本原理及基本步骤大体一致。归纳起来可分为以下步骤：零件图及加工工艺分析、几何造型、刀位轨迹的生成、后置处理、程序输出等。下面分别说明。

1. 零件图及加工工艺分析

零件图及加工工艺分析是数控编程的基础。目前，由于计算机辅助工艺过程设计（Computer Aided Process Planning，CAPP）技术尚未达到普及应用阶段，因此该项任务仍需依靠人工进行。图形交互自动编程需要将零件被加工部位的图形准确地绘制在计算机上，并需要确定有关工件的装卡位置、工件坐标系、刀具尺寸、加工路线及加工工艺参数等数据。

因此，作为编程前期工作的零件图及加工工艺分析的任务有：

(1)校准零件的几何尺寸公差及精度要求。

(2)确定零件相对于机床坐标系的装夹位置及被加工部位所处的坐标平面。

(3)选择刀具并准确测定刀具的有关尺寸。

(4)确定工件坐标系编程零点，确定基准面及对刀点。

(5)确定加工路线。

(6)选择合理的工艺参数。

2. 几何造型

几何造型就是利用图形交互自动编程软件的图形绘制、编辑修改、曲线曲面造型等有关指令，将零件被加工部位的几何图形准确地绘制在计算机屏幕上；同时，计算机自动生成零件的图形数据文件，这些图形数据是下一步刀位轨迹计算的依据。在自动编程过程中，软件将根据加工要求自动提取这些数据，进行分析判断和必要的数学处理，以形成加工的刀位轨迹数据。

3. 刀位轨迹的生成

刀位轨迹的生成是人—机交互进行的。首先在刀位轨迹生成菜单中选择所需的菜单项，然后根据屏幕提示用光标选择相应的图形目标，指定相应的坐标点，输入所需的各种参数。软

件将自动从图形文件中提取编程所需的信息进行，分析判断计算出节点数据，并将其转换成刀位数据，存入指定的刀位文件中或直接进行后置处理生成数控加工程序，同时在屏幕上显示出刀位轨迹图纸。

4. 后置处理

后置处理的目的是形成数控加工指令文件。后置处理程序是根据数控机床的要求设计出的程序，它可以把刀位数据、有关的工艺参数和辅助信息等转换成数控系统所能接受的 NC 代码指令和程序格式，并能自动地输出零件的加工程序单，或由计算机将加工指令通过通信接口直接传送给数控系统。

5. 程序输出

由于图形交互自动编程软件在编程时可在计算机中自动生成刀位轨迹图形文件和数控指令文件，所以程序输出可以是打印输出的程序清单、绘图机绘制的刀位轨迹、磁带输出、磁盘输出，或与数控系统联机，将数控加工程序直接送给数控系统，再由数控机床加工出合格的零件。

图形交互自动编程是一种先进的自动编程技术，是自动编程的发展方向。目前国内外先进的编程软件普遍采用了这种编程技术。

二、自动编程的主要特点

与手工编程相比，自动编程速度快、质量好，这是因为自动编程具有以下主要特点。

1. 数学处理能力强

对轮廓形状不是由简单的直线、圆弧组成的复杂零件，特别是空间曲面零件，以及几何要素虽不复杂、但程序量很大的零件，计算相当繁琐，采用手工编程是难以完成的。例如，对一般二次曲线轮廓形，手工编程必须采取直线或圆弧逼近的方法，算出各节点的坐标值，其中列算式、解方程，虽说能借助计算器计算，但工作量之大是难以想象的。而自动编程借助于系统软件强大的数学处理能力，人们只需给计算机输入该二次曲线的描述语句，计算机就能自动计算出加工该曲线的刀具轨迹，快速而又准确。功能较强的自动编程系统还能处理手工编程难以胜任的二次曲面和特种曲面。

2. 能快速、自动生成数控程序

对非圆曲线的轮廓加工，手工编程即使解决了节点坐标的计算，也往往因节点数过多、程序段很大而使编程工作既慢又容易出错。自动编程的一大优点，就是在完成计算刀具运动轨迹之后，后置处理程序能在极短的时间内自动生成数控程序，且该数控程序不会出现语法错误。当然，自动生成程序的速度还取决于计算机硬件的档次，档次越高，速度越快。

3. 后置处理程序灵活多变

同一个零件在不同的数控机床上加工，由于数控系统的指令形式不相同，机床的辅助功能也不一样，伺服系统的特性也有差别，因此，数控程序也是不一样的。但在前置处理过程中，大量的数学处理、轨迹计算却是一致的。也就是说，前置处理可以通用化，只要稍微改变一下后置处理程序，就能自动生成适用于不同数控机床的数控程序来；后置处理相比前置处理工作量要小得多，但灵活多变，能适应不同的数控机床。

4. 程序自检、纠错能力强

复杂零件的数控加工程序往往很长，要一次编程成功、不出一点错误是不现实的。手工编程时，可能书写笔误，可能算式有问题，也可能程序格式出错，靠人工检查一个个错误是困难

的，费时又费力。采用自动编程，程序有错主要是原始数据不正确而导致刀具运动轨迹有误，或刀具与工件干涉，或刀具与机床相撞等。自动编程能够借助于计算机在屏幕上对数控程序进行动态模拟，连续逼真地显示刀具加工轨迹和零件加工轮廓，发现问题及时修改，快速又方便。现在，往往在前置处理阶段，计算出刀具运动轨迹以后立即进行动态模拟检查，确定无误以后再进入后置处理，从而编写出正确的数控程序来。

自动编程技术优于手工编程，这是不容置疑的。但是，并不等于说，凡是编程必选自动编程。编程方法的选择必须考虑被加工零件形状的复杂程度、数值计算的难度和工作量的大小、现有设备条件以及时间、费用等诸多因素。一般来说，加工形状简单的零件，如点位加工或直线切削零件，用手工编程所需的时间和费用与计算机自动编程所需的时间和费用相差不大，这时采用手工编程比较合适。

10.3 CAD/CAM软件简介

一、典型CAD/CAM软件

1. UG

UG(Unigraphics)是美国UGS(Unigraphics Solutions)公司的CAD/CAM一体化软件，广泛应用于航天航空、汽车、通用机械及模具等领域。其功能强大，可以轻松实现各种复杂3D实体的造型构建。国内外已有许多科研院所和厂家选择了UG作为企业的CAD/CAM系统。UG运行于Windows NT平台，无论装配图还是零件图设计，都从三维实体造型开始，使图形直观、逼真。三维实体生成后，可自动转换成工程图（如三视图、轴侧图、剖视图等）。其三维CAD是参数化的，修改一个草图尺寸，就使零件相关的尺寸随之变化。该软件还具有人—机交互方式下的有限元分析，并可对任何实际的二维及三维机构进行复杂的运动学分析和设计仿真，以及完成大量的装配分析工作。UG的CAM模块提供了一种产生精确刀具路径的方法。该模块允许用户通过观察刀具运动来图形化地编辑刀具轨迹。UG软件所带的后置处理程序支持多种数控机床。UG基于标准的IGES和STEP产品，被公认为在数据交换方面处于世界领先地位。UG还提供了大量的直接转换器（如CATIA，CADDS，SDRC，EMC和AutoCAD），以确保同其他系统高效地进行数据交换。

2. Pro/Engineer

Pro/Engineer是美国参数科技公司（PTC公司）开发的CAD/CAE/CAM软件，在我国有很多用户。它采用面向对象的单一数据库和全参数化造型技术，为三维实体造型提供了一个优良的平台。其工业设计方案可以直接读取内部的零件和装配文件，在原始造型被修改后，具有自动更新的功能。它的CAD模块的功能很强大，这是同行中公认的。MOLDESIGN模块用于建立几何外形，可迅速而又简捷地将一个模型分解为型芯和型腔，从而节省复杂零件的编程时间。Pro/E2000i可以创建最佳加工路径，并允许NC编程人员控制整体的加工路径直到最细节的部分。该软件还支持高速加工和多轴加工，带有多种图形文件接口。Pro/E可运行于Unix，Windows NT，Windows 95/98平台。

3. Cimatron

Cimatron系统是源于以色列为了设计开发喷气式战斗机所开发出来的软件。它集成了

设计、制图、分析与制造，是一套结合机械设计与 NC 加工的 CAD/CAE/CAM 软件。从模型绘制、产生凹凸模、模具设计、建立组件、检查零件之间是否关联、建立刀具路径到支持高速加工、图形文件的转换和数据的管理等都做得相当成功。它支持 IGES，VDA，STEP，DXF，SLA，PTC，SAT，ACIS 等图形文件转换，且转换成功率非常高。其 CAD 模块采用参数式设计，具有双向设计组合功能，并且在修改子零件时，装配件中对应零件也随之自动修改，但其窗口界面不同于下拉式 Windows 菜单形式。CAM 模块功能除能够对含有实体和曲面的混合模型进行加工外，其走刀路径能沿着残余量小的方向寻找最佳路线，使加工路径最优化，从而确保制造过程无过切现象。CAM 的优化功能能使加工零件达到最好的加工质量，此功能明显优于其他同类产品。该软件可运行于 Windows NT 4.0，Windows 98 平台。

4. Master CAM

Master CAM 是由美国 CNC Software 公司开发的。V5.0 以上运行于 Wondows 95/98 或 Windows NT，是国内引进最早，使用最多的 CAD/CAM 软件。CAM 功能操作简便、易学、实用，高校及技工学校 CAD/CAM 教学使用较多，作为 CAD/CAM 教学，是最合适的一个软件。它包括 2D 绘图、3D 模型设计、NC 加工等，在使用线框造型方面具有代表性。8.0 版本已加入参数式实体造型功能，具有各种连续曲面加工功能、自动过切保护以及刀具路径优化功能，可自动计算加工时间，并对刀具路径进行实体切削仿真，其后处理程序支持铣、车、线切割、激光加工以及多轴加工。Master CAM 提供多种图形文件接口，如 SAT，IGES，VDA，DXF，CADL 等，能直接读取 Pro/E2000i 的图形文件。

5. SolidWorks

SolidWorks 三维实体建模软件是美国 SolidWorks 公司的产品。SolidWorks 是世界上第一个基于 Windows 开发的三维 CAD 系统，提供了强大的零件建模、装配建模、钣金建模、二维工程图、运动仿真和有限元分析等设计功能，并集成和兼容了所有 Windows 系统的卓越性能，具有出色的技术和市场表现。它使用最新的物体导向软件技术，采用特征管理员的参数式 3D 设计方式及高效率的实体模型核心，并具有高度的文件兼容性，可载入编辑及输出 IGES，Parasolid，STL，ACIS，STEP，TIFF，VDAFS，VRML 等文件模式，可迅速而又简捷地将一个模型分解为型芯和型腔。功能强大、易学易用和技术创新是 SolidWorks 软件的三大特点。

6. CAXA

CAXA 制造工程师是由我国北京北航海尔软件有限公司研制开发的全中文、面向数控铣床和加工中心的三维 CAD/CAM 软件。它基于微机平台，采用原创 Windows 菜单和交互方式，全中文界面，便于轻松地学习和操作。它全面支持图标菜单、工具条、快捷键。用户还可以自由创建符合自己习惯的操作环境。它既具有线框造型、曲面造型和实体造型的设计功能，又具有生成二至五轴的加工代码的数控加工功能，可用于加工具有复杂三维曲面的零件。此外，CAXA 还有数控车削、数控线切割等其他 CAM 产品，CAXA 系列产品的特点是易学易用、价格较低，已在国内众多企业、院校及研究院中得到广泛应用。

正如以上介绍的那样，常用 CAD/CAM 软件所创建的图形都能与标准三维数据格式（IGES）转换。所以，从理论上说，不论是用哪个 CAD/CAM 软件创建的三维图形，通过标准数据格式 IGES 转换，都可以被其他软件使用，生成加工程序。从这个意义上讲，学习 CAD/CAM 软件，只要学通一种软件，利用以上的手段，在实际应用中就不会有太多的困难。

二、CAXA 制造工程师应用实例

CAXA 制造工程师的主界面如图 10－4 所示。各种功能通过菜单和工具条来实现。

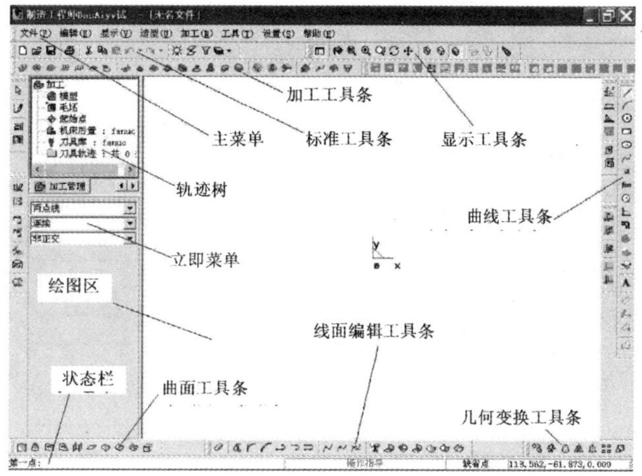

图 10－4　CAXA 制造工程师主界面

这里，以图 10－5 所示零件为例，加工零件的方槽部分，完成自动编程，并将程序传至机床。

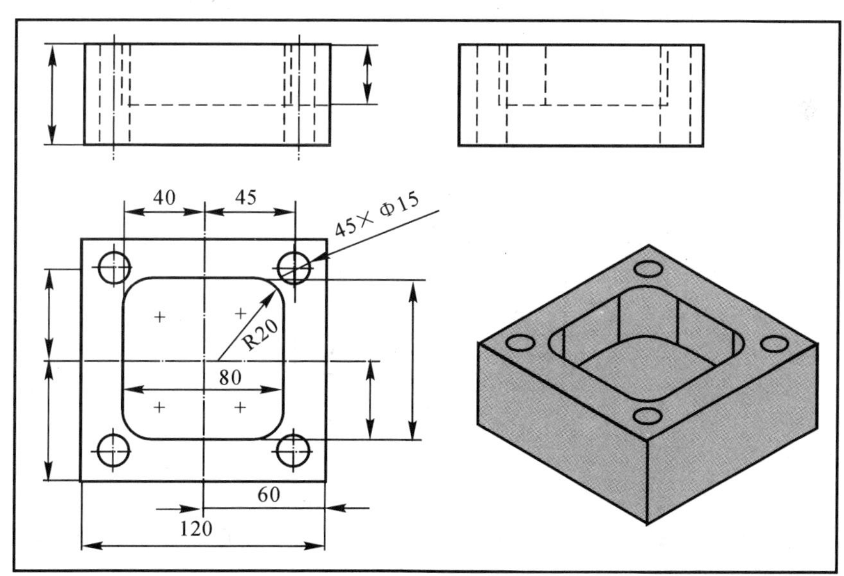

图 10－5　零件图

利用 CAXA 制造工程师实现加工的步骤如下：

1. 正确设置机床及其他后置参数

在 CAXA 制造工程师主界面中选择“加工”菜单“后置处理”子菜单中的“后置设置”选项，出现如图 10－6 所示的对话框，输入正确的机床信息及后置参数。

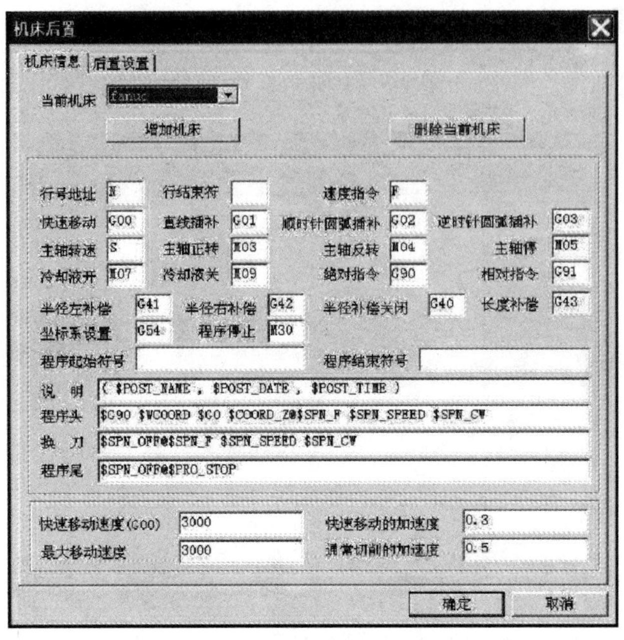

图 10－6 “后置设置”对话框

2．零件造型

利用 CAXA 制造工程师 CAD 部分功能对图 10－5 所示的零件进行造型，结果如图 10－7 所示。

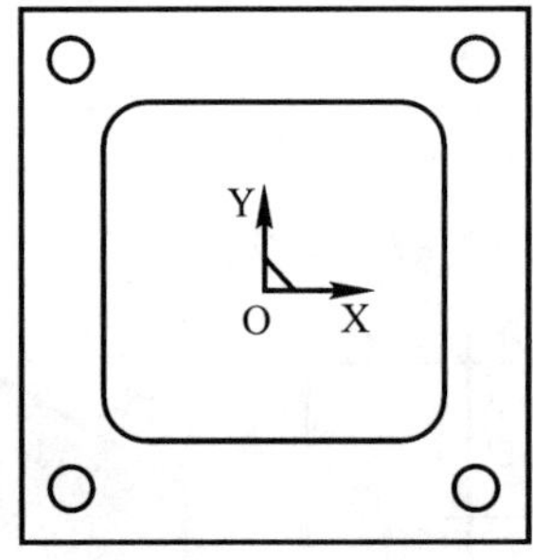

图 10－7 造型结果

3．生成加工轨迹

针对加工条件，选择合适的刀具、加工方式和加工参数，生成加工轨迹（粗加工、半精加工和精加工）。

在这一阶段，首先“定义毛坯”，其中包括毛坯尺寸、基准点、毛坯类型、精度等信息，如图 10－8 所示。图 10－9 为最终设定完成的毛坯效果。然后在“刀具库管理”对话框（见图 10－10）中，进一步设定粗加工刀具和精加工刀具（见图 10－11）。最后，根据加工要求选择区域式粗加工和轮廓线精加工，分别生成加工轨迹，如图 10－12、图 10－13 所示。

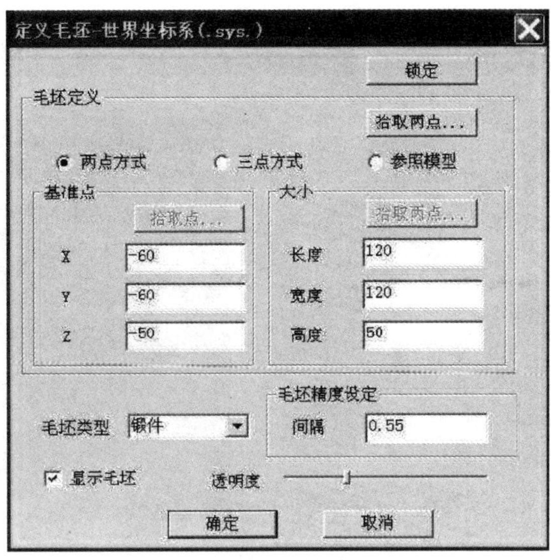

图 10-8　毛坯定义对话框

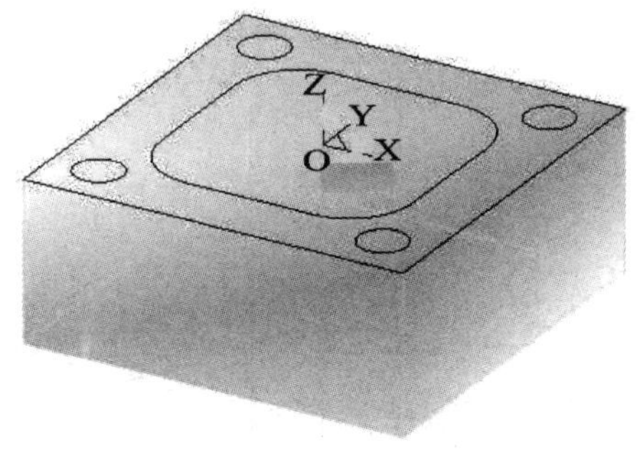

图 10-9　毛坯

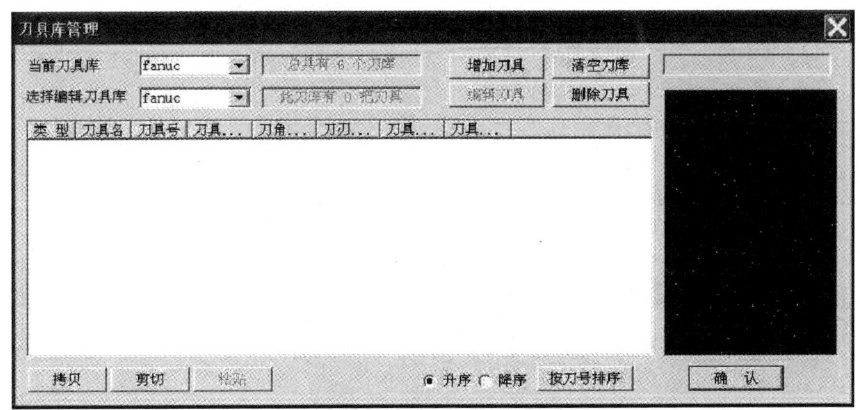

图 10-10　刀具库管理对话框

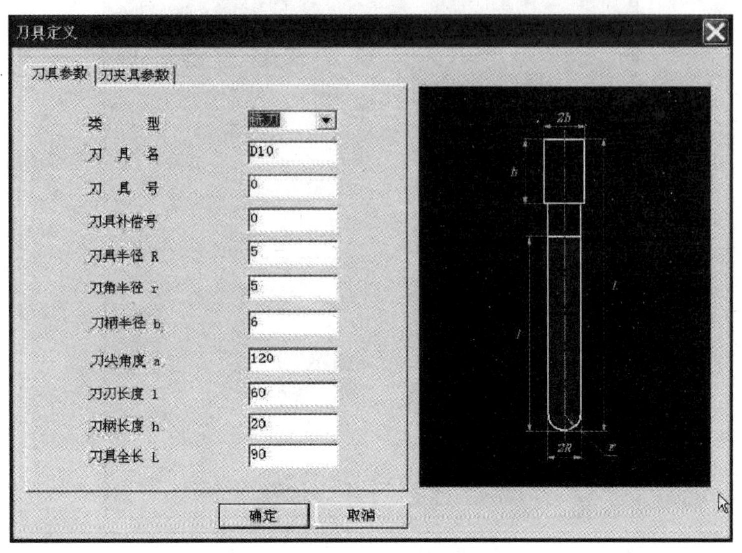

图 10－11　“刀具定义”对话框

图 10－12　粗加工轨迹

图 10－13　精加工轨迹

4. 轨迹仿真

打开仿真器(见图 10－14),进行粗、精加工的轨迹仿真(见图 10－15)。若仿真加工过程正确,可进入后置处理;若不正确,则可重新设定加工方法或刀具等,直到满足要求。

5. 进行后置处理,生成 G 代码

在“选择后置文件”对话框中,输入文件名,保存后,系统会提示拾取刀具轨迹,分别拾取粗、精加工轨迹,即生成 G 代码(见图 10－16)。最后,将生成的 G 代码通过传输软件传至机床进行加工。

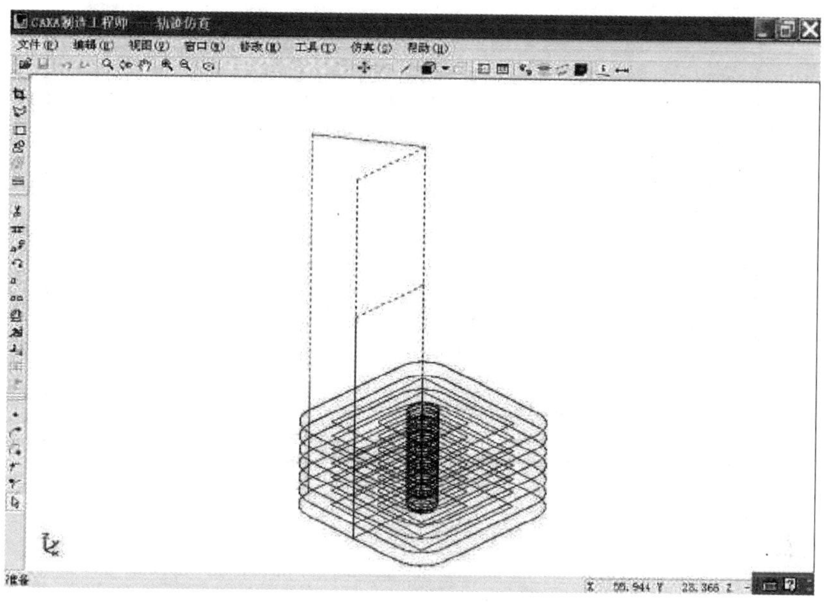

图 10－14　仿真器界面

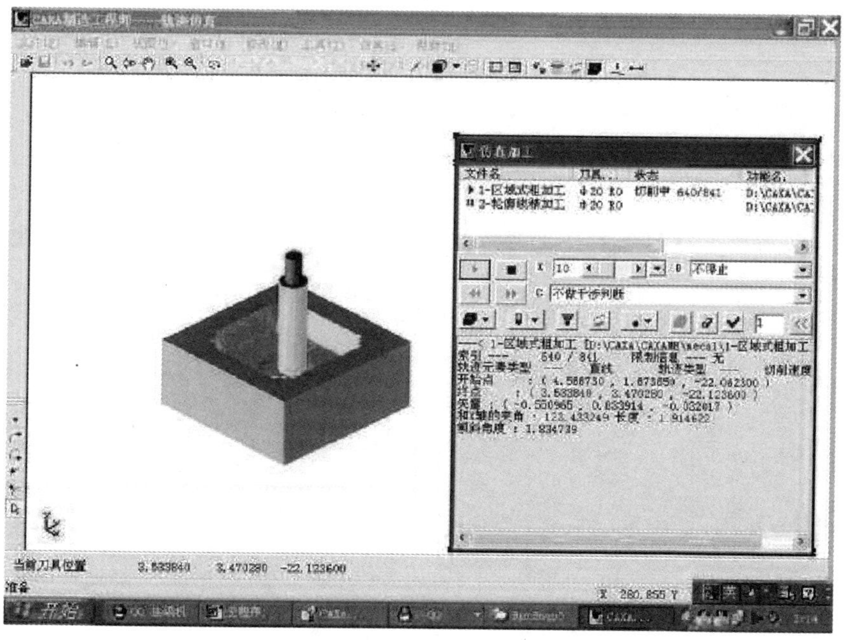

图 10－15　仿真加工过程

o0001 - 记事本
文件(F) 编辑(E) 格式(O) 查看(V) 帮助(H)
(o0001.cut,2005.6.22,17:26:29.875)
N10G90G54G00Z100.000
N12S3000M03
N14X0.000Y0.000Z100.000
N16X-0.033Y-0.033
N18Z15.000
N20G01Z5.000F100
N22X4.967
N24X4.589Y1.874Z4.938
N26X3.534Y3.470Z4.876
N28X1.984Y4.541Z4.816
N30X0.179Y4.962Z4.757

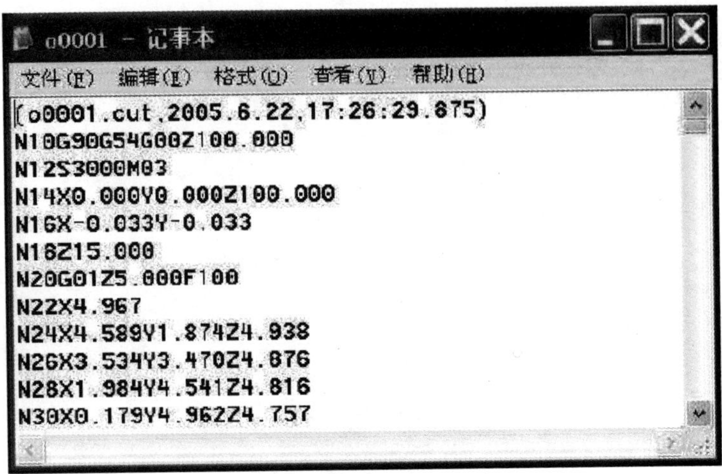

图 10-16 生成 G 代码

第 11 章

面向环境的设计制造

绿色制造 GM (Green Manufacturing)又被称为环境意识制造 ECM (Environmentally Conscious Manufacturing)和面向环境的制造 MFE(Manufacturing For Environment)等。美国制造工程师协会(SME)于 1996 年发表的关于绿色制造的蓝皮书(*Green Manufacturing*)首次较为系统地提出了绿色制造的概念、内涵和主要内容,并于 1998 年在 Internet 发表了绿色制造的发展趋势报告,对绿色制造研究的重要性和有关问题又作了进一步的介绍。近年来,绿色制造的研究正在国际上迅速开展。

美国国家科学基金会 1999 年资助课题研究报告会(NSF Design & Manufacturing Grantees Conference)所报告的与绿色制造有关的研究课题就有 10 余项。美国国际贸易部工业科学技术代理处机械工程实验室的 Inoue 和 Sato 对工业产品环境问题进行了研究,并在该实验室开始"生态工厂技术"的协作项目,该项目的主要范围包括产品技术、生产技术、拆卸技术及回收技术。加州大学伯克利分校不仅设立了关于环境意识设计和制造的研究机构,还在 Internet 上建立了可系统查询的绿色制造专门网页 Green mfg。卡耐基美隆大学的绿色设计研究所从事绿色设计、管理、制造、法规制定等的研究与教育工作,并与政府、企业、基金会等广泛合作。不少企业也进行了大量的研究,美国 AT&T 公司在企业技术学报上发表了不少关于绿色制造的论文。

加拿大 Windsor 大学建立了环境意识设计和制造实验室(ECDM lab)和基于 W W W 的网上信息库,发行了 *International Journal of Environmentally Conscious Design and Manufacturing* 杂志,对环境意识制造中的环境性设计、生命周期分析 LCA(Life Cycle Analysis)等进行了深入的研究。

在欧洲,国际生产工程学会 CIRP 近年来有许多论文对环境意识制造、多生命周期等与绿色制造本质一致的问题进行了研究。英国 CFSD(The Center for Sustainable Design)对生态设计、可持续性设计进行了研究,发行了 *The Journal of Sustainable Product Design* 杂志。

日本通产省 1992 年开始实施了一项"生态工厂"的计划,预计投入 100 ～150 亿日元,对生产系统工厂和恢复系统工厂进行研究。对于生产系统工厂,致力于产品设计和材料处理、加工及装配等进程的研究;对于恢复系统工厂,致力于产品(材料使用)生命周期结束时的材料处理和回收的研究。丰田公司于 1995 年 10 月公布了一份汽车拆卸回收工艺,并详细阐述了其汽车拆卸的过程。

在我国,近年来在绿色制造及其相关问题方面也进行了大量的研究,国家自然科学基金和国家 863/CIMS 主题都支持了绿色制造方面的研究课题,已取得了一定的研究成果。国家 863/CIMS 主题还在中国现代集成制造系统网络(CIMS - Net)上开辟了绿色制造专题,对国内外绿色制造研究情况进行综合介绍。国家环保局成立了华夏环境管理体系审核中心,并建立了专门的网站——中国环境管理体系认证信息网,负责 ISO14000 系列标准在我国的实施。

综合国内外相关研究成果可知，所谓绿色制造就是一个综合考虑环境影响和资源消耗的现代制造模式，其目标是使得产品从设计、制造、包装、运输、使用到报废处理的整个生命周期中，对环境的负面影响最小、资源利用率最高，并使企业经济效益和社会效益最高。绿色制造的“制造”涉及产品整个生命周期，是一个“大制造”的概念，并且涉及多学科的交叉与集成，体现了现代制造科学的“大制造、大过程、学科交叉”的特点。绿色制造的主要研究内容有绿色制造系统、绿色设计技术、绿色材料技术、绿色包装技术等。下面就这几方面的内容进行简要的介绍。

11.1 绿色设计

绿色设计是获得绿色产品的基础。它是指在产品生命周期的全过程中，充分考虑对资源和环境的影响，在考虑产品的功能、质量、开发周期和成本的同时，优化有关设计因素，使得产品及其制造过程对环境的影响和资源的消耗最小。因此，绿色设计应遵循如图 11－1 所示的设计准则。

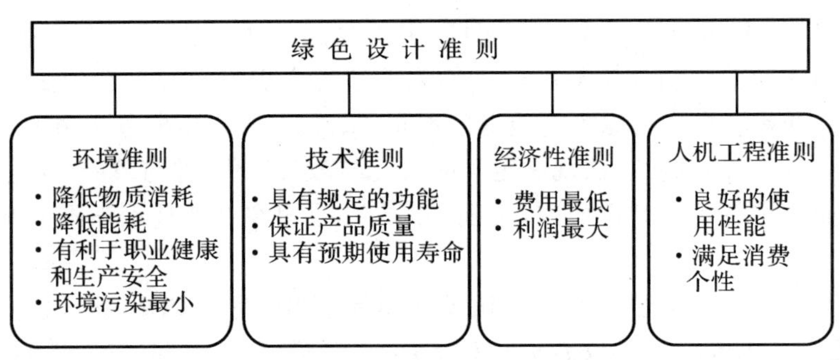

图 11－1　绿色设计准则

一、绿色设计的方法

绿色设计涉及机械制造学科、材料学科、管理学科、社会学科、环境学科等诸多学科的内容，具有较强的多学科交叉特性。因此，仅用某一种设计方法是难以满足绿色设计的要求的。绿色设计是设计方法集成和设计过程集成，是一种综合了面向对象技术、并行工程、生命周期设计的发展中的系统设计方法，是集产品的质量、功能、寿命和环境于一体的设计系统。

绿色设计过程就是将产品生命周期内为适应挑战性要求而提出的所有技术属性、商业属性、社会属性和环境属性汇集起来的过程。为了在设计过程中考虑产品的整个生命周期，在设计观念、方法和组织模式方面必然产生根本性的变革，并行工程正是实现这一目标的有效途径。

要实现并行绿色设计，首先要实现人员的集成，即采用绿色协同工作组 GTW（Green Team Work）的模式。GTW 小组由环保技术人员、产品设计人员、工艺设计人员、市场营销人员、维护服务人员、回收处理人员、职业健康及安全监督人员等组成。其次，并行绿色设计需要

一定的支撑环境，除了支持并行工程的协同工作环境外，还应有支持绿色设计的知识库及相关评价体系等，如图 11－2 所示。

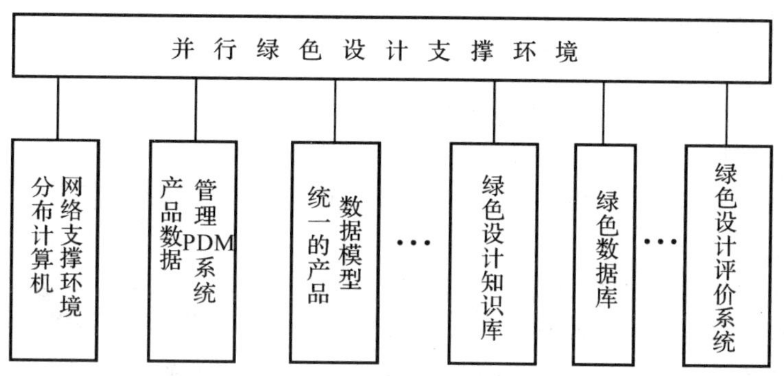

图 11－2　并行绿色设计支撑环境

与传统设计相比，并行绿色设计实现了各环节之间的信息交流与反馈，在每一次决策中都能从产品生命周期的角度考虑问题全局优化，从而消除了产品设计过程中的反复修改。而且在设计过程中将产品寿命终结后的拆卸、分离、回收、处理等环节都考虑进去，使所设计的产品从概念形成到寿命终结再回收处理形成一个闭环过程，满足了产品生命周期全程的绿色要求。图 11－3 为绿色产品并行闭环设计流程图。

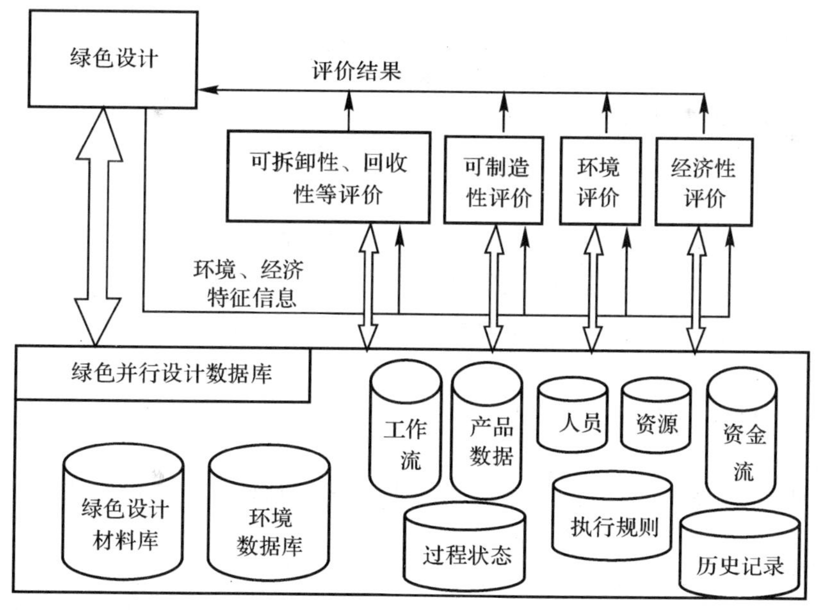

图 11－3　绿色产品并行闭环设计流程图

二、绿色设计的关键技术

1. 面向拆卸的设计

面向拆卸的设计 DFD(Design For Disassembly)也称拆卸设计，就是在设计过程中，将可

拆卸性作为设计目标之一，使产品的结构不仅便于制造和具有良好的经济性，而且便于装配、拆卸、维修和回收。可拆卸性是产品的固有属性，单靠计算和分析是设计不出好的可拆卸性能，需要根据设计和使用、回收中的经验，拟定准则，用以指导设计。拆卸设计的设计准则如下：

(1)拆卸工作量最少准则。包括零件合并原则、减少零件所用材料种类原则、材料相容性原则、有害材料集成原则等。

(2)结构可拆卸准则。包括采用易于拆卸或未破坏的连接方法、紧固件最少原则、简化拆卸运动、可达性原则等。

(3)拆卸易于操作准则。包括单纯材料零件原则、废液排泄原则、便于抓取原则、非刚性零件原则等。

(4)易于分离准则。包括一次表面原则、便于识别原则、零部件标准化原则、模块化设计原则等。

(5)产品结构的可预估性准则。包括避免将易老化或易腐蚀的材料与需要拆卸、回收的材料零件组合并防止要拆卸的零件被污染和腐蚀等。

图 11-4 所示是德国某公司开发的具有良好拆卸性能的现代波轮式洗衣机。其中所有高技术部件，如泵、电动机及电子装置均安装在底座壳体内，并无特殊连接结构，只要将洗衣机箱体倾斜到适当位置，所有部件均清楚可见，拆卸维修非常方便；当将箱体转动到正常位置时，所有部件又都相应被确定。

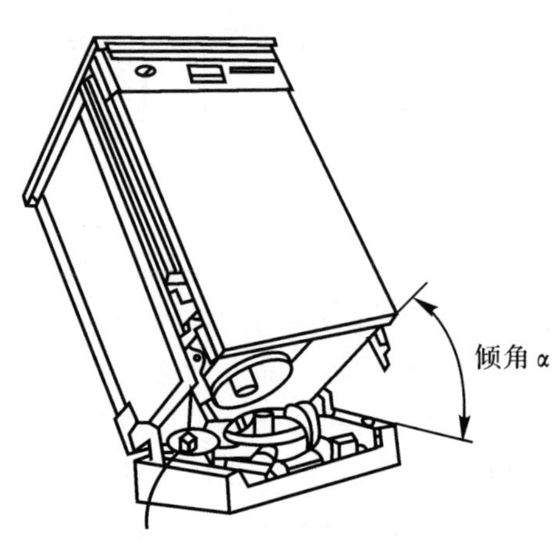

图 11-4　有良好拆卸性能的洗衣机。

2. 面向回收的设计

面向回收的设计 DFR(Design For Recovering & Recycling)也称回收设计，这里所说的“回收”是区别于通常意义上的废旧产品回收的一种广义回收。它有如下几种方式：

(1)重用(Reuse)。即将回收的零部件直接用于另一种用途，如电动机等。

(2)再加工(Remanufacturing)。指回收的零部件在经过简单的修理或检修后，应用在相同或不同的场合。

(3)高级回收(Primary Recycling)。指经过重新处理的零件材料被应用在另一更高价值的产品中。

(4)次级回收(Secondary Recycling)。指将回收的零部件用于低价值产品中，如计算机的电路板用于玩具。

(5)三级回收(Tertiary Recycling)。也称化学分解回收，指将回收的零部件的聚合物通过化学方式分解为基本元素或单元体，用于生产新材料，也可用于生产其他产品，如石油、沥青等。

(6)四级回收(Quaternary Recycling)。也称燃烧回收，即燃烧回收的材料用以生产或发电。

(7)处理(Disposal)。主要指填埋。

回收设计就是实现广义回收的手段或方法，即在进行产品设计时，充分考虑产品零部件及材料回收的可能性、回收价值大小、回收处理方法、回收处理结构工艺性等一系列与回收有关

的问题，以达到零部件及材料和能源的充分利用，环境污染最小的一种设计思想和方法。

回收设计的主要内容包括产品零部件的回收性能分析、可回收材料及其标志(编码)、可回收工艺及方法、回收的经济性分析、可回收产品结构工艺性等几方面的内容。

3. 绿色设计的数据库与知识库

绿色设计涉及产品生命周期全过程，因此，绿色设计数据包括产品生命周期过程中的所有数据，如材料数据、不同材料的环境负担值、材料的自然及人工降解周期，制造、装配、销售及使用过程中产生的废弃物数量及能耗，回收分类特征数据及产品生命周期各阶段的费用及时间等。这些数据有静态的也有动态的，静态数据主要是指经过标准化和规范化的设计数据，如设计手册中的所有数据、回收分类特征等，这些数据常用表格、线图、公式、图形及格式化的文本表示；动态数据是指在设计过程中产生的有关信息，如中间过程数据、零件图形数据、环境数据等。由此可见，绿色设计的数据库与知识库也是工程数据库，但具有数据类型和数据结构复杂、动态变化的特点，因而，在设计构造绿色设计的数据库与知识库时，要充分考虑其特殊需求。

4. 绿色设计的工具及其开发

绿色设计涉及很多学科领域的知识，这些知识不是简单地组合或叠加，而是有机地融合。利用常规的分析方法、计算方法和设计工具，是无法满足绿色设计要求的。因此，绿色设计必须有相应的工具支持。绿色设计工具也就是绿色产品的计算机辅助设计 GCAD(Computer Aided Design for Green Product)，是目前绿色设计研究的热点之一。

绿色设计工具的主要组成部分包括：

(1)绿色设计的目标和需求分析。

(2)生命周期过程描述与设计。

(3)设计评价。

(4)设计模拟。

(5)系统信息模型。

11.2　绿色材料

绿色材料 GM (Green Material)又称环境协调 ECM (Environmental Conscious Material)，是指具有良好使用性能，并对资源和能源消耗少，对生态与环境污染小，有利于人类健康，再生利用率高或可降解循环利用，在制备、使用、废弃直至再生循环利用的整个过程中，都与环境协调共存的一大类材料。绿色材料开发不仅包括直接具有净化、修复环境等功能的高新技术材料的开发，也包括对使用量大、使用面广的传统材料的改造，使其“环境化”。

一、绿色材料的特点

绿色材料与环境具有良好的协调性，主要表现在以下两个方面。

(1)在其生命周期全程(原材料获取、生产、加工、使用、废弃、再生等)具有很低的环境负荷值。环境负荷值是评价一种材料对生态和环境的污染程度及再生利用率高低的综合指标。具有高的再生利用率并对生态和环境的污染小的材料具有低的环境负荷值。该值通常有标准设定值，该设定值可作为评判标准。该标准主要参考国家标准和国际标准。由于科学技术的进步和人类环境意识的提高，环境污染标准和等级应不断修改和提高，其值表现出一定的动态性。有些材料从某一过程看，它是与环境相协调的，但从其全过程来看，就不一定了。如有些高分子材料，在制备过程中，其环境污染较小，而在废弃处置过程中环境污染却很大。又如某些环境净化材料，虽然在使用阶段具有净化环境的能力，但它在生产和废弃处理过程中的环境污染量可能大于其净化的量，这些材料都不能说具有良好的环境协调性，也不能认为是绿色材料。

(2)具有很高的循环再生率。这本身就可以节约资源、能源，减少原材料生产制造过程中的污染。从某种意义上讲，具有很高的循环再生率本身就是具有较低环境负荷的表现之一。

二、绿色材料的评价

产品设计中所选材料是否是绿色材料，绿色程度有多大，这对材料比较和选择具有重要作用，这种材料的选择决策就是绿色材料评价。常用的材料绿色程度的评价方法如下：

(1)材料的 LCA(Life Cycle Assessment)评价。生命周期评价 LCA 是一个对产品从原材料取得阶段到最终废弃处理的全过程中对社会和环境影响的评价方法。它把环境分析和产品设计联系起来。其主要内容有成本分析、能源分析、二氧化碳分析、灾害分析、材料的 LCA、产品的 LCA、社会的 LCA 和企业的 LCA 等。

(2)泛环境函数法。这是一个能量、资源和环境影响的综合评价方法。材料的评价不仅要考虑污染物的直接危害，还要考虑资源消耗和能源消耗的间接危害。这些危害和影响涉及的范围称之为泛环境(Panenvironment)，可用一个函数，即泛环境函数来描述，泛环境函数的通用表达式为

$$ELV = \Psi(n) = f[R(n), E(n), P(n)]$$

式中，ELV 为泛环境函数，其值称之为泛环境负荷，是材料在某过程或全过程中的资源消耗、能源消耗、污染物排放对生态环境的干扰和危害的综合程度的衡量。它是材料过程数目 n 的函数。R 为材料的资源环境因子。E 为材料的能源环境因子。P 为材料的污染环境因子。R，E，P 都是过程数目 n 的函数。泛环境函数 ELV 有两种处理方式，一种是加和处理法，另一种是乘积处理法，即加和模型和乘积模型。

(3)材料再生循环利用度的评价及表示系统。这是日本关西大学的学者中野加都之提出的一种面向消费者的普及型绿色材料评价方法，它将产品(商品)的所有零部件分类并加以标识与说明：①可以再生循环利用的原材料；②再生循环利用；③再生循环利用度。

三、绿色材料的选择与管理

绿色材料选择是一个系统性和综合性很强的复杂问题。因为绿色材料尚无明确界限，实际中选用很难处理，而且选用材料，不仅要考虑其绿色性，还必须考虑产品的功能、质量、成本等多方面问题。美国卡耐基梅隆大学 Rosy 提出了一种将环境因素融入材料选择的方法，该方法在满足功能、几何形状、材料等特性和环境等需求的基础上，使零件的成本最低。该材料选择方法的流程图如图 11－5 所示。

具体地说，绿色设计时，材料的选择应从以下几方面着手：

(1)选择绿色材料。

(2)减少所用材料种类。

(3)选用废弃后能自然分解并为自然界吸收的材料。

(4)选用不加任何涂镀的原材料。

(5)选用回收材料或再生材料。

(6)尽可能选用无毒材料。

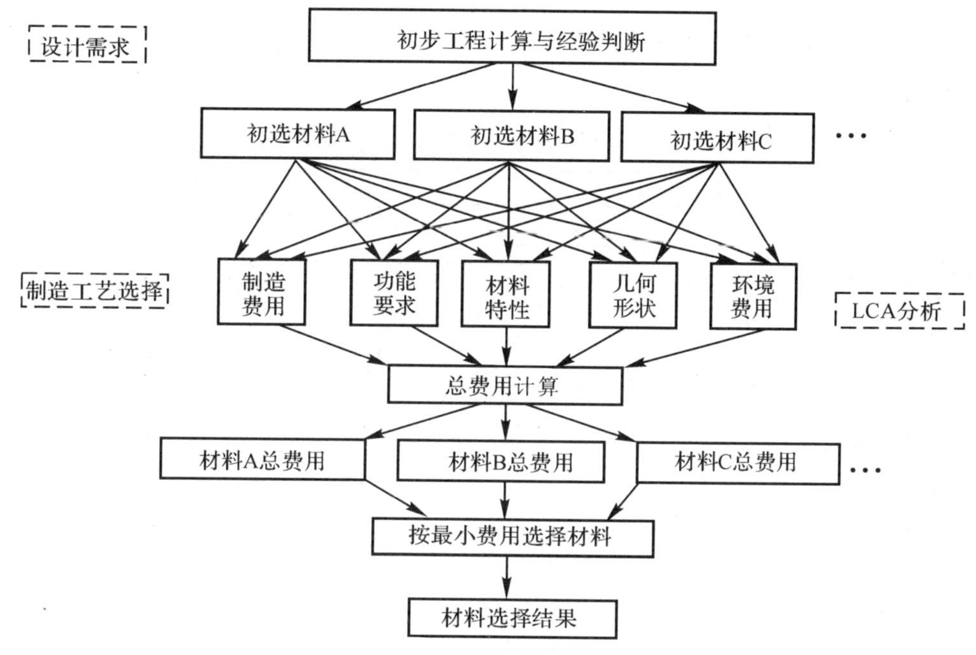

图 11-5　材料选择的流程图

绿色设计的材料管理包括两方面的内容，一是原材料的管理，二是回收重用材料的管理。对原材料管理而言，就是不能把含有有害成分的材料与无害材料混在一起，以免引起材料之间的交叉感染。对结束产品生命周期的产品来说，其有用部分要充分有效地回收利用，并根据材料的性能分类存放管理；不能重用的材料采用适宜的工艺方法进行处理处置，使其对环境的影响降低到最低限度。因此，产品设计时，可回收利用的部分要有识别标志，连接结构要易于拆卸，并增加可处理性。目前常用的材料管理方法有：减少材料种类，研究开发新材料替代有毒有害材料，开发使用天然材料，并增加产品结构的可拆卸性、可回收性及可重用性。

11.3　绿色工艺规划技术

大量的研究和实践表明，产品制造过程的工艺方案不一样，物料和能源的消耗将不一样，对环境的影响也将不一样。绿色工艺规划就是要根据制造系统的实况，尽量采用物料和能源消耗少、废弃物少、对环境污染小的工艺路线。绿色制造工艺的开发策略如图 11-6 所示。

机械加工中的绿色制造工艺主要包括干式切削、干式磨削和少屑或无屑加工。少屑或无屑加工是利用精密铸造工艺，使工件一次成形，减少切削加工量；干式加工就是在加工过程中不用切削液的加工法。近年来，在高速切削工艺发展的同时，工业发达国家的机械制造行业受到环境立法和降低制造成本的双重压力，正在利用现有刀具材料的优势探索干式切削加工工艺。国外不仅在汽车行业，而且在中小型制造业，干式切削的应用也越来越广泛。根据有关部

门统计，目前在西欧已有近一半企业采用了干式切削，德国企业尤为普遍。但干式切削并不是简单地取消切削液就能实现，有意义且经济可行的干式切削加工要求仔细分析特定的边界条件和掌握干式切削加工的复杂因素，并为干式切削工艺系统的设计提供所需的信息数据。干式磨削由于会使磨削液的效果完全丧失，因此，目前在实际加工中应用不多。其中较为有效的一种方法是强冷风磨削。

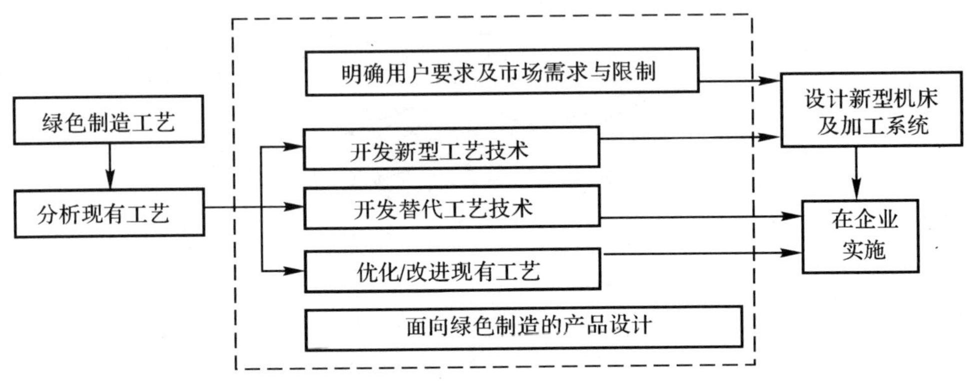

图 11-6　绿色制造工艺开发策略

加州大学伯克利分校的 Sheng. P 等提出了一种环境友好的零件工艺规划方法，这种工艺规划方法分为两个层次：①基于单个特征的微规划，包括环境性微规划和制造微规划；②基于零件的宏规划，包括环境宏规划和制造宏规划。应用基于 Internet 的平台对从零件设计到生成工艺文件的规划问题进行集成。在这种工艺规划方法中，对环境规划模块和传统制造模块进行同等考虑，通过两者之间的平衡协调，得出优化的加工参数。

11.4　绿色包装

绿色包装是国际环保发展趋势的需求，是避免新的贸易壁垒的重要内容，是国际贸易的强有力手段之一。它是指采用对环境和人体无污染、可回收重用或可再生的包装材料及其制品进行包装。绿色包装必须符合“3R1D”原则，即 Reduce 减少包装材料消耗；Reuse 或 Refill 包装容器的再填充使用；Recycle 包装材料的循环再利用；Degradable 包装材料具有可降解性。绿色包装技术研究的内容大致可以分为包装材料、包装结构和包装废弃物回收处理三个方面。

一、包装材料

绿色包装材料的研制开发是绿色包装得以实现的关键。绿色包装材料主要包括以下几种：

(1)轻量化、薄型化、无氟化、高性能的包装材料。如采用新型的镁质材料可部分代替金属包装材料。

(2)重复再用和再生的材料。再生利用是解决固体废弃物的好办法，并且在部分国家已成为解决材料来源，缓解环境污染的有效途径，如瑞典等国家实行聚酯 PET 饮料瓶和 PC 奶瓶的重复利用可达 20 次以上。

(3)可食性包装材料。它具有原料丰富齐全，可以食用，对人体无害甚至有利，并有一定强度等特点，在近几年获得了迅速的发展，广泛地应用于食品、药品的包装，其原料主要有淀粉、

蛋白质、植物纤维和其他天然材料。

(4)可降解包装材料。它是指在特定时间内造成性能损失的特定环境下，其化学结构发生变化的一种塑料。发展可降解塑料包装材料，逐步淘汰不可降解塑料包装材料，是目前世界范围内包装行业发展的必然趋势，是材料研究与开发的热点之一。可降解塑料一般可分为生物降解塑料、生物分裂塑料、光降解塑料和生物 /光双降解塑料。可降解塑料可广泛用于食品包装、周转箱、杂货箱、工具包装及部分机电产品的外包装箱，它在完成使用寿命以后，可通过土壤和水的微生物作用，或通过阳光中紫外线的作用，在自然环境中分裂降解和还原，最终以无毒的形式重新进入生态环境中，回归大自然。

(5)利用自然资源开发的天然生物包装材料。如纸、木材、竹编材料、麻类制品、柳条、芦苇以及农作物茎杆、稻草、麦秸等，在自然环境中容易分解，不污染生态环境，而且可资源再生，成本较低。

(6)大力发展纸包装。纸包装具有很多优点，如资源相对丰富，易回收，无污染。西方发达国家早就开始用纸包装来包装汉堡包、快餐、饮料等，并有取代塑料软包装之势。我国也在着手研制用纤维膜替代塑料膜作为农用薄膜，以避免对农田的污染。由于我国森林资源贫乏，必须发展纸包装主要资源的替代利用，探索新的非木纸浆资源，用芦苇、竹子、甘蔗、棉杆、麦秸等代替木材造纸，并设法扩大造纸木材的树种和充分利用丫材、废弃材和加工剩余边材，以扩大原料来源。

二、包装结构

在保证实现产品包装基本功能的基础上，从产品生命周期全过程考虑，应改革过度包装，发展适度包装，尽量减少使用包装材料，降低包装成本，节约包装材料资源，减少包装材料废弃物的产生量。

三、包装废弃物回收

包装废弃物主要包括可直接重用的包装、可修复的包装、可再生的废弃物、可降解的废弃物、只能被填埋焚化处理的废弃物等。图 11－7 所示是包装废弃物回收处理的系统框图。

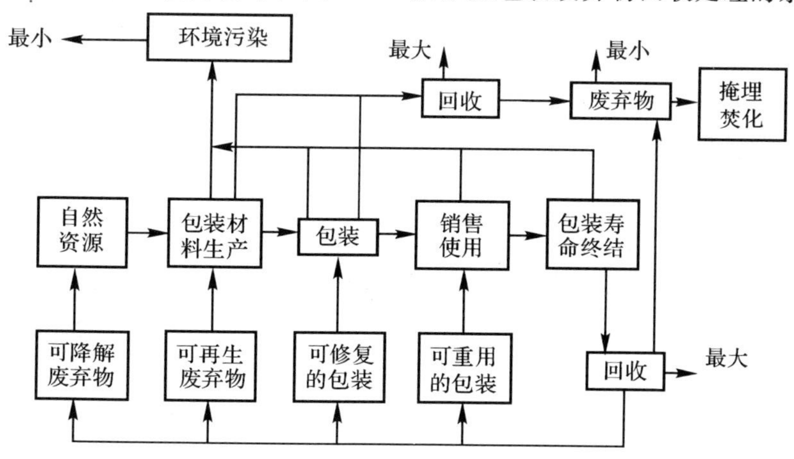

图 11－7　包装废弃物回收处理的系统框图

11.5 绿色制造系统

联合国从人类长远生存的角度，提出了全球经济发展的可持续性战略，绿色制造就是可持续发展战略在制造业中的体现，其核心和重点是在确保产品满足人类物质文化需求的前提下，通过优化资源能源消耗，减少乃至消除废物产生，使企业生产过程以及与之相关的产品消费过程无损于生态环境。因此，绿色制造具有以下几个方面的特点：

(1)具有系统性。

(2)突出预防性。

(3)保持适合性。

(4)符合经济性。

(5)注意有效性和动态性。

一、绿色制造系统的体系结构

根据绿色制造的特点、可持续发展对制造业的要求以及有关文献，重庆大学等院校在国家自然科学基金资助项目中，提出了绿色制造系统的体系结构，如图 11－8 所示。

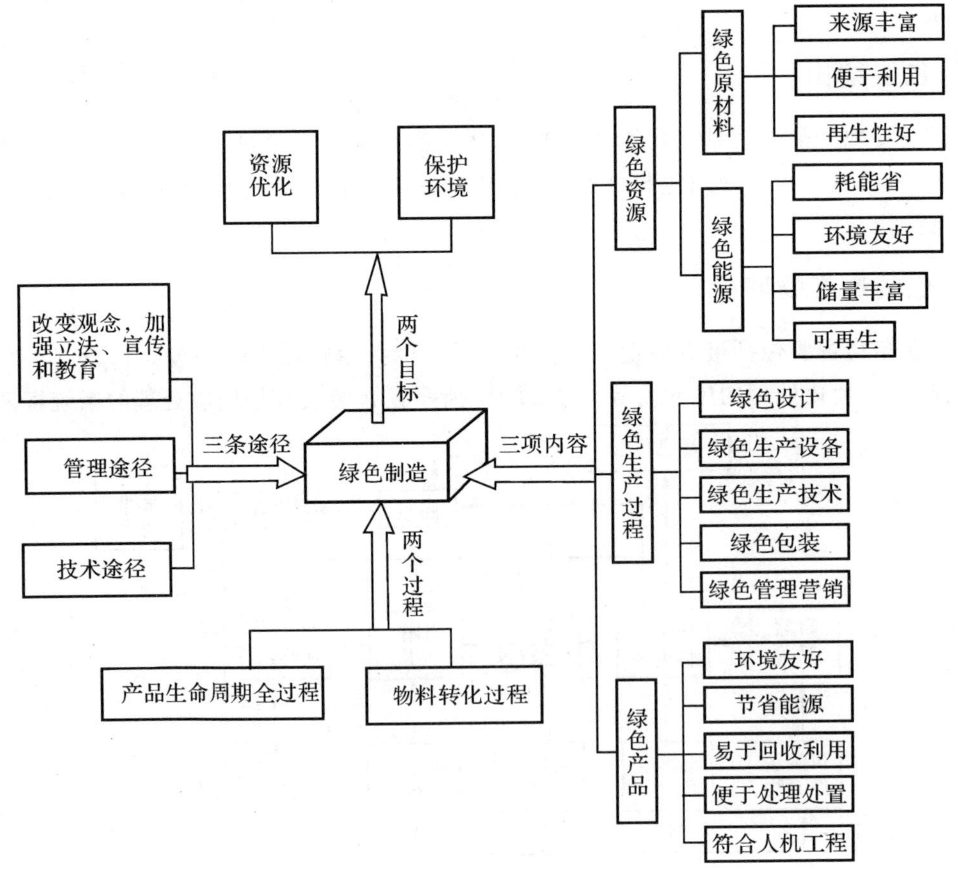

图 11－8 绿色制造系统体系结构

绿色制造系统的体系结构中包括两个层次的全过程控制，三项具体内容、两个实现目标和三条实现途径。

两个层次的全过程控制，是指在具体的制造过程即物料转化过程和在包括构思、设计、制造、装配、包装、运输、销售、服务、报废回收环节的产品生命周期全过程中，充分考虑资源和环境问题，实现最大限度地优化利用资源和减少环境污染。

三项具体内容即用绿色材料、绿色能源，经过绿色生产过程生产出绿色产品。

绿色制造不仅是一个技术问题，也是一个管理问题和认识观念问题；绿色制造本身是企业行为，也是政府行为。因此，实现绿色制造的途径有三条：一是改变观念，树立良好的环境保护意识，并体现在具体行动上，可通过立法、宣传教育来实现；二是针对具体产品，采取技术措施，即采用绿色设计和绿色制造工艺，建立产品绿色程度评价机制等，解决所出现的问题；三是加强管理，利用市场机制和法律手段，促进绿色技术、绿色产品的发展和延伸。

绿色制造的两个目标是资源优化利用和环境保护。这两个目标的实现是在产品设计和制造过程中，始终按照绿色制造的三个内容要求，设计产品及其制造系统和制造环境，对绿色制造的两个过程进行全过程最优控制，合理配置资源，最大限度地发挥制造系统的效用，利用不同技术途径，最终实现节约资源保护环境的绿色制造目标要求。

二、绿色制造评价系统

实施绿色制造是一个极其复杂的系统工程问题。制造系统中资源的消耗种类繁多，因而制造过程对环境的影响状况多样，程度不一，极其复杂。如何测算和评估这些状态，如何评估绿色制造实施的状况和程度，这是当前绿色制造研究和实施均面临着的急需解决的问题。也就是说，绿色制造需一套评估体系。

(1)绿色制造系统的评价指标体系。这一体系应该包括环境属性、资源属性、能源属性、经济性、宜人性、绿色管理和设备维护性、人机工程等几类指标，如图 11 - 9 所示。

(2)绿色制造系统的评价标准。评价一个产品的环境负荷时，得到的可能是一个或一组“绝对”数据，孤立来看这些数据，对产品设计决策来说意义不是很大。因此，往往不能仅仅根据一组“绝对”数据来判断评价结果是好还是不好，而应该用它与某些参照数据进行对比才能衡量出评价结果的好坏，这些参照数据就是评价标准。目前绿色制造的评价标准来自两方面，一方面是依据现有的环境保护标准、产品行业标准及某些地方性的法规来制定相应的绿色制造评价标准，这种标准是绝对性标准；另一方面是根据市场的发展和用户需求，以现有产品及相关技术确定参照产品，用新开发产品与参照产品的对比来评价产品的绿色程度，这种标准是相对性标准。

参照产品一般分为两类，一类是功能参照，即参照市场上现有的一种等效产品；另一类是技术参照，即代表新产品技术内容的一个产品集合。根据参照产品的概念，在绿色制造评价中可以用参照产品来制定评价标准。若新开发的产品是在原有产品的基础上形成的，评价的目的是为了比较所设计的新产品对原有产品在“绿色”程度方面的改善，那么在评价中，就可以将原有产品作为功能参照的产品，以原有产品的各项指标值作为评价参考，把设计的新产品与参照产品的各项指标进行综合比较，评价出新产品的“绿色程度”是否高于原有产品。若评价的目的是对产品的绿色程度进行环境标志认证或判断设计的新产品的各项指标是否符合绿色产品的各项性能指标要求，就可以形成一个技术参照的形象化产品。这个“产品”是一个标准的绿色产品,它的每一项指标都符合国家、行业环境标准及技术要求。然后,把要评价的产品与参照产品进行比较,得出评价结果。

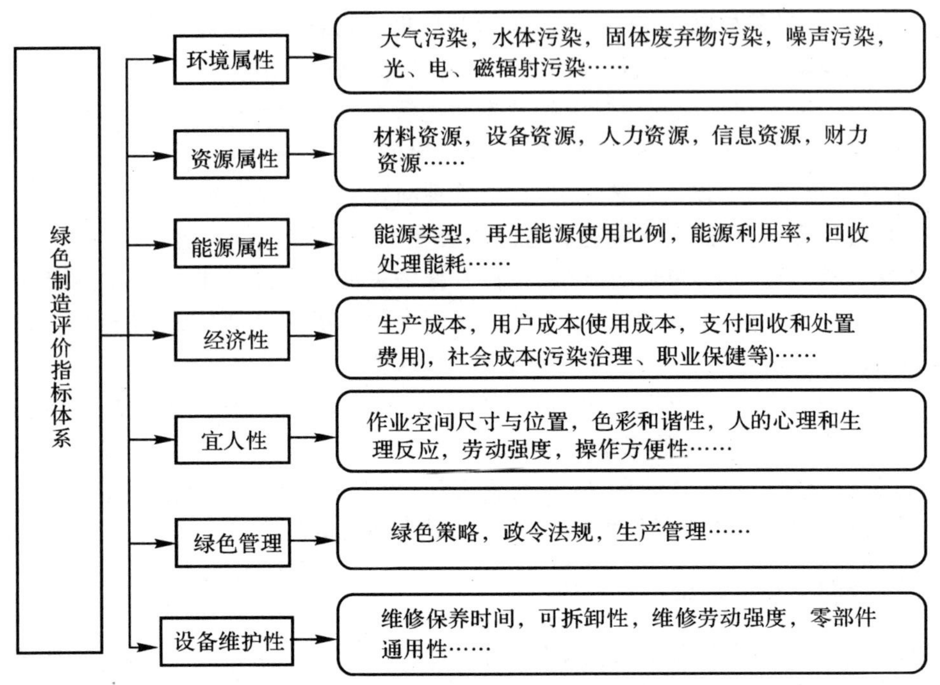

图 11-9　绿色制造系统评价指标体系

绿色产品是一种相对的概念,其绿色程度也具有相对性。随着国家和各个行业对绿色产品要求的不断变化和技术进步,绿色产品的评价标准将越来越严格,参照产品的参照值也将发生变化。而且工业产品的构成涉及多方面的因素,具有动态性、时域性,因此,绿色制造的评价标准是一个发展中的相对量值,评价时可根据具体产品、具体情况对指标进行选择,对评价标准进行修改完善。

(3)绿色制造系统的评价方法。评价方法本身必须具有可操作性,并且正确、简便。下面介绍两种方法:

1)绿色制造的 LCA 方法。由于产品的绿色性能在设计阶段已经决定,因此,绿色制造的最重要环节就是研究开发对产品整个生命周期进行评价的方法和工具。产品生命周期评估 LCA 就是运用系统的观点,对产品体系在整个生命周期中的资源消耗、环境影响的数据和信息进行收集、鉴定、量化、分析和评估,并为改善产品的环境属性提供全面、准确的信息的一种评价工具。图 11-10 所示为产品生命周期评估 LCA 的体系结构。

目前,国际上已出现一些 LCA 评估工具,如荷兰 Pre 咨询机构的 SimaPro4.0、瑞典 CIT Ekologik 的 LCAiT4.0、德国斯图加特大学 IKP 研究所的 GaBi3、丹麦工业大学的产品开发研究所的绿色产品 LCA 评价方法和工具等,这些软件已经商业化并在大型企业,如 Procter&Gamble,AT&T,3M 等,得到了应用。

2)基于生命周期的绿色制造模糊层次评价方法。这是合肥工业大学提出的一种系统化方法:它是在对产品进行分析的基础上,建立待评对象的递阶层次结构,根据评价指标的属性,利用模糊数学原理,对其绿色程度进行综合评价,其过程如图 11-11 所示。

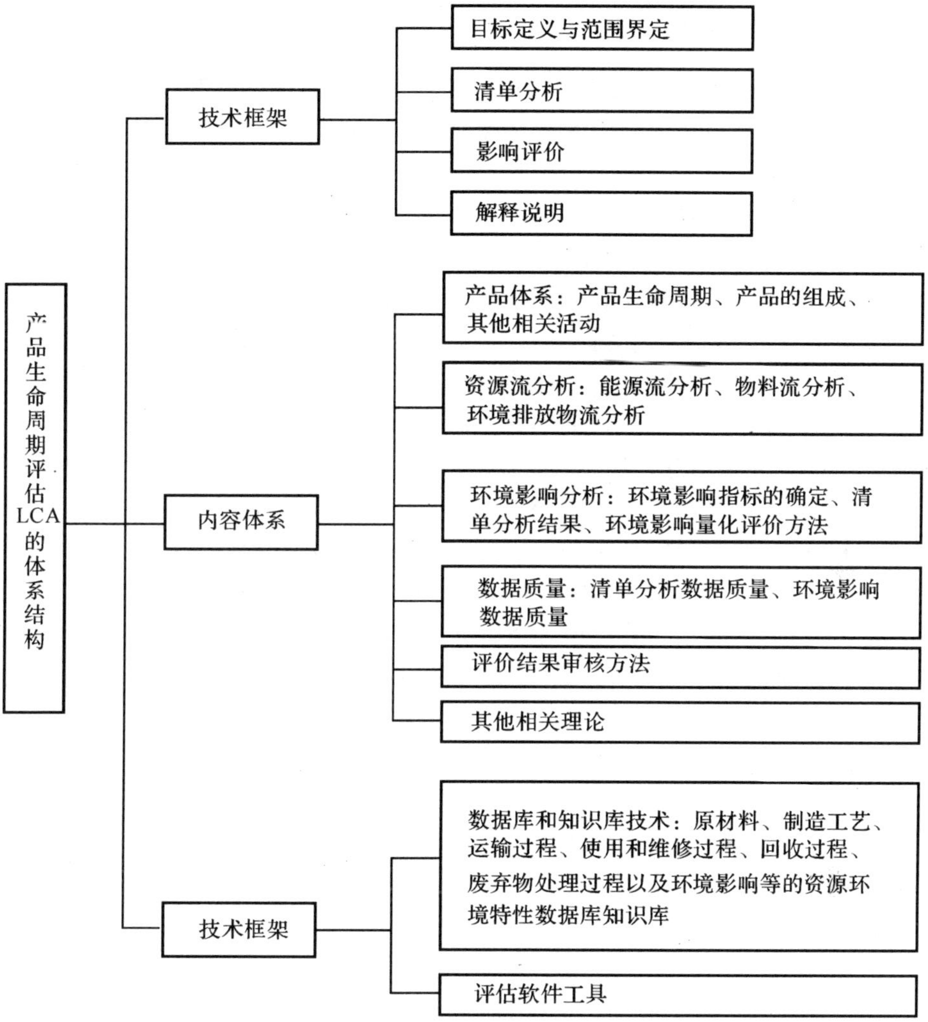

- 产品生命周期评估LCA的体系结构
  - 技术框架
    - 目标定义与范围界定
    - 清单分析
    - 影响评价
    - 解释说明
  - 内容体系
    - 产品体系：产品生命周期、产品的组成、其他相关活动
    - 资源流分析：能源流分析、物料流分析、环境排放物流分析
    - 环境影响分析：环境影响指标的确定、清单分析结果、环境影响量化评价方法
    - 数据质量：清单分析数据质量、环境影响数据质量
    - 评价结果审核方法
    - 其他相关理论
  - 技术框架
    - 数据库和知识库技术：原材料、制造工艺、运输过程、使用和维修过程、回收过程、废弃物处理过程以及环境影响等的资源环境特性数据库知识库
    - 评估软件工具

图 11－10　产品生命周期评估 LCA 的体系结构

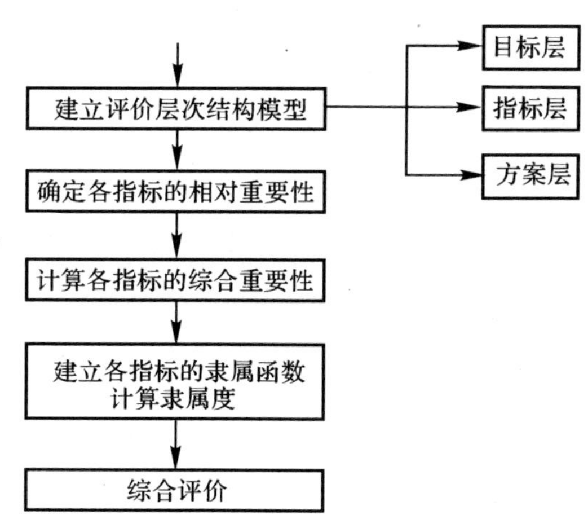

图 11－11　模糊层次评价方法步骤

三、绿色制造过程的环境管理

绿色制造过程的环境管理，也就是目前广泛探讨并实施的国际环境管理标准 ISO14000。ISO14000 系列标准是一整套国际环境管理标准，完全不同于以往的水、气、声、渣的质量和排放标准，体现着国际标准的通用性和公平性。ISO14000 的主要内容有环境管理体系、环境审监、环境标志、环境行为评价、生命周期评定术语和定义等。其基本框架如下：

ISO14001～ ISO14009 环境管理体系标准。

ISO14010～ISO14019 环境审核和环境监测标准。

ISO14020～ISO14029 环境标志标准。

ISO14030～ ISO14039 环境行为评价标准。

ISO14040～ISO14049 产品生命周期评价标准。

虽然 ISO14000 不具有法律上的约束力，但它可用来向消费者推荐有利于保护生态环境的产品，以形成强大的市场和社会压力，因而引起世界各国的高度重视，被誉为企业“通向世界市场的绿色通行证”。我国国家环保局于 1996 年 1 月批准成立了国家环保总局华夏环境管理体系审核中心，专门负责 ISO14000 系列标准在我国的实施、培训工作以及同国际有关机构的交流，并建立了专门的网站——中国环境管理体系认证信息网。ISO14000 环境管理体系标准引起了我国众多企业的重视。

参考文献

[1] 赵云龙. 先进制造技术. 西安:西安电子科技大学出版社,2006.

[2] 李佳. 计算机辅助设计与制造(CAD/CAM). 天津:天津大学出版社,2002.

[3] 孙燕华. 先进制造技术. 西安:西安电子科技大学出版社,2006.

[4] 田美丽. CAD/CAM 应用技术. 大连:大连理工大学出版社,2006.

[5] 廖建. 数控机床编程与加工:数控铣床/加工中心分册. 武汉:华中科技大学出版社,2006.

[6] 曹祥瑞. 现代航空制造技术基础. 西安:西北工业大学出版社,2004.

[7] 张书军. 机械制造基础与实践. 沈阳:东北大学出版社, 2006.

[8] 韩鸿鸾. 数控编程. 济南:山东科学技术出版社,2005.

[9] 张海军. 数控编程与操作. 重庆:重庆大学出版社,2006.

[10] 董建国. 数控编程与加工技术. 长沙:中南大学出版社, 2006.

[11] FW 用户手册. 北京:北京阿奇夏米尔电子有限公司,2007.

[12] FW 应用指南. 北京:北京阿奇夏米尔电子有限公司,2007.

[13] SE 用户手册. 北京:北京阿奇夏米尔电子有限公司,2007.

[14] SE 应用指南. 北京:北京阿奇夏米尔电子有限公司,2007.

[15] 秦启书. 数控编程与操作. 西安: 西安电子科技大学出版社,2006.

[16] 贾建军. 数控编程与加工技术:实训篇. 大连:大连理工大学出版社,2002.

[17] 马立克. 数控编程与加工技术:基础篇. 大连:大连理工大学出版社,2004.

[18] 逯晓勤. 数控机床编程技术. 北京:机械工业出版社,2002.

[19] 世纪星车床数控系统 HNC—21/22T 编程说明书. 武汉:武汉华中数控股份有限公司,2001.

[20] HNC—21T 世纪星车削数控装置操作说明书. 武汉:武汉华中数控股份有限公司,2001.

[21] 世纪星铣床数控系统 HNC—21/22M 编程说明书. 武汉:武汉华中数控股份有限公司,2002.

[22] HNC—21M 世纪星铣削数控装置操作说明书. 武汉:武汉华中数控股份有限公司,2002.

[23] 杨显宏. 数控加工编程技术. 成都:电子科技大学出版社,2006.

[24] 朱岱力. 数控加工实训教程. 西安:西安电子科技大学出版社,2006.

[25] 姜慧芳. 数控车削加工技术. 北京: 北京理工大学出版社,2006.

[26] 王洪. 数控加工程序编制. 北京:机械工业出版社,2006.

[27] 杨建明. 数控加工工艺与编程. 北京:北京理工大学出版社,2006.

[28] 林亨,严京滨. 数控加工技术. 北京:清华大学出版社,2005.

[29] 刘晋春. 特种加工. 北京:机械工业出版社,2007.

[30] 张国顺.现代激光制造技术.北京:化学工业出版社,2006.

[31] PHANTOM2000 型激光内雕机用户手册. 深圳:深圳大族激光科技股份有限公司,2007.

[32] CM0906—100 型激光打标切割机用户手册. 深圳:深圳大族激光科技股份有限公司,2007.